21世纪高等教育土木工程系列教材

土木工程计价基础

主　编　魏显峰　李前进
副主编　张岩俊
参　编　熊清清　李文平　韩　石
主　审　刘冬林

机 械 工 业 出 版 社

本书以《建筑安装工程费用项目组成》（建标〔2013〕44号文发布）、《建设工程工程量清单计价规范》（GB 50500—2013）、《铁路工程预算定额》（国铁科法〔2017〕33号文发布）、《铁路基本建设工程设计概（预）算编制办法》（TZJ 1001—2017）和《铁路工程工程量清单规范》（TZJ 1006—2020）为依据，以工程建设项目决策、设计、发承包阶段的工程计价为主线，介绍施工图设计阶段、发承包阶段的建筑工程、铁路工程概（预）算的编制方法和工程量清单计价方法。内容包括土木工程计价概论，铁路工程、建筑工程总投资费用构成，工程定额的分类，建筑安装工程施工资源单价的确定，施工定额、预算定额、概算定额和概算指标的编制方法和应用，以及投资估算、设计概算、施工图预算、工程量清单计价的编制步骤和方法。为了加深读者理解和方便应用，书中列举了实际工程案例。

本书可作为高等院校土木工程专业、工程管理专业及工程造价专业学生的教材，也可作为工程造价管理从业人员的参考用书。

本书配有PPT电子课件，免费提供给选用本书作为教材的授课教师。需要者请登录机械工业出版社教育服务网（www.cmpedu.com）注册后下载。

图书在版编目（CIP）数据

土木工程计价基础/魏显峰，李前进主编. —北京：机械工业出版社，2023.9
21世纪高等教育土木工程系列教材
ISBN 978-7-111-73795-7

Ⅰ.①土… Ⅱ.①魏… ②李… Ⅲ.①土木工程-工程造价-高等学校-教材
Ⅳ.①TU723.3

中国国家版本馆CIP数据核字（2023）第167884号

机械工业出版社（北京市百万庄大街22号 邮政编码100037）
策划编辑：刘 涛　　　责任编辑：刘 涛 高凤春
责任校对：郑 婕 王 延　　　封面设计：张 静
责任印制：李 昂
河北宝昌佳彩印刷有限公司印刷
2023年12月第1版第1次印刷
184mm×260mm · 16.75印张 · 412千字
标准书号：ISBN 978-7-111-73795-7
定价：53.90元

电话服务　　　网络服务
客服电话：010-88361066　　机 工 官 网：www.cmpbook.com
010-88379833　　机 工 官 博：weibo.com/cmp1952
010-68326294　　金 书 网：www.golden-book.com

机工教育服务网：www.cmpedu.com

前　言

本书是根据《建筑安装工程费用项目组成》（建标〔2013〕44号文发布）、《建设工程工程量清单计价规范》（GB 50500—2013）、《铁路工程预算定额》（国铁科法〔2017〕33号文发布）、《铁路基本建设工程设计概（预）算编制办法》（TZJ 1001—2017）和《铁路工程工程量清单规范》（TZJ 1006—2020）编写而成的。

本书以工程建设项目决策、设计、发承包阶段的工程计价为主线，重点介绍了施工图设计阶段、发承包阶段的建筑工程、铁路工程概（预）算的编制方法和工程量清单计价的方法；系统介绍了铁路工程、建筑工程总投资费用构成，施工定额、预算定额、概算定额和概算指标的编制方法和应用，以及设计概算、投资估算的编制步骤、方法；详细介绍了施工图预算、工程量清单计价的编制方法。为便于读者对基本知识的学习和掌握，书中列举了必要的算例。本书立足基本理论，系统性、逻辑性强，重点内容突出，具有简单实用、通俗易懂的特点。

本书由石家庄铁道大学魏显峰、李前进主编。全书共分九章，第一章由石家庄铁道大学魏显峰编写，第二章由石家庄铁道大学李前进编写，第三、九章由石家庄铁道大学张岩俊编写，第四、七、八章由石家庄铁道大学魏显峰、李前进编写，第五章由石家庄铁道大学熊清清、韩石编写，第六章由石家庄铁道大学李文平、熊清清编写。本书由石家庄铁道大学刘冬林教授主审。

本书在编写过程中参阅了许多文献，在此对这些文献的作者表示诚挚的谢意。

由于作者理论水平和实际工作经验有限，书中难免存在不当或错误之处，恳请广大读者批评指正。

编　者

目 录

1

第一章 概论

第一节 工程项目基本知识

工程项目是指工程建设领域中的项目，一般是指为某种特定的目的而进行投资建设并含有一定建筑或建筑安装工程的建设项目。例如工业与民用建筑工程、铁路工程、公路工程等。

一、工程项目的基本特征

（1）唯一性。每个工程项目都具有特定的建设时间、地点和条件，其实施都会涉及某些以前没有做过的事情，所以，它总是唯一的。例如，尽管建造了许多楼房、桥梁、隧道，但每一个项目都是唯一的。

（2）一次性。每个工程项目都有确定的起点和终点，所有工程项目的实施都将达到其终点，而不是持续不断地工作。

唯一性和一次性是工程项目和非工程项目共有的特征。

（3）固定性。工程项目都含有建筑安装工程，并固定在一定的地点，是不可移动的。工程项目都受所在地点资源、气候、地质等条件的制约，这是工程项目区别于非工程项目最主要的特征。

（4）整体性。一个工程项目的产品往往由多个单项工程和多个单位工程组成，彼此之间紧密相关，必须结合到一起才能发挥工程项目产品的整体功能和效益。

（5）不可逆转性。工程项目实施完成后，在其寿命期内一般不会推倒重来，那将造成很大的损失。因此，工程项目具有不可逆转性。

（6）不确定性。工程项目建设过程中涉及面广，不确定性因素较多。随着工程技术复杂化程度的增加和项目规模的日益增大，工程项目中的不确定性因素日益增加，因而复杂程度较高。不确定性会给既定的建设目标带来风险。

二、工程项目的分类

为了适应科学管理需要，可从不同角度对工程项目进行分类。

1. 按建设性质划分

工程项目可分为新建项目、扩建项目、改建项目、迁建项目和恢复项目。一个工程项目只能有一种性质，在工程项目按总体设计全部建成之前，其建设性质始终不变。

（1）新建项目。新建项目是指从无到有，“平地起家”，新开始建设的项目。新建项目包括新建的企业、事业和行政单位及新建输电线路、铁路、公路、水库等独立工程。现有企业、事业和行政单位的原有基础很小，经建设后，其新增加的固定资产价值超过其原有固定资产价值（原值）3倍以上，也应算为新建。

（2）扩建项目。扩建项目是指原有企业为扩大已有产品的生产能力或开发新产品、扩大运输能力和效益增加固定资产的项目；事业单位和行政单位为扩大使用效益在原单位增建的项目。例如工厂增建的生产车间、生产线，行政机关增建的办公楼等。

（3）改建项目。改建项目是指原有企业为提高生产效益、改进产品质量或改变产品方向，提高运输能力和效益，对原有厂房、设备、生产工艺流程、运输线路进行技术改造的项目；事业单位为改变原有功能或提高使用效益而进行的改造项目。

（4）迁建项目。迁建项目是指原有企业、事业和行政单位由于某种原因而搬迁到另地建设的项目。在搬迁另地建设过程中，不论其建设规模是维持原规模，还是扩大规模，都属于迁建项目。

（5）恢复项目。恢复项目是指企业、事业和行政单位因地震、水灾、风灾等自然灾害或战争等人为灾害原因，使原有固定资产已全部或部分报废，又投资建设，进行恢复的项目。在恢复建设过程中，不论其建设规模是按原规模恢复，还是在恢复的同时进行扩建，都属于恢复项目。

2. 按投资作用划分

工程项目可分为生产性项目和非生产性项目。

（1）生产性项目。生产性项目是指直接用于物质资料生产或直接为物质资料生产服务的工程项目。主要包括：工业建设项目、农业建设项目、基础设施建设项目、商业建设项目等。

（2）非生产性项目。非生产性项目是指用于满足人民物质和文化、福利需要的建设和非物质资料生产部门的建设项目。主要包括：办公建筑、居住建筑、公共建筑及其他非生产性项目。

3. 按项目规模划分

为适应分级管理需要，工程项目可分为不同等级，即大型项目、中型项目、小型项目。不同资质等级的企业可承担不同等级的工程项目。工程项目等级划分标准，根据各个时期经济发展和实际工作需要而有所变化。

4. 按投资效益和市场需求划分

工程项目可分为竞争性项目、基础性项目和公益性项目。

（1）竞争性项目。竞争性项目是指投资回报率比较高、竞争性比较强的工程项目，如商务办公楼、酒店、度假村、高档公寓等工程项目。其投资主体一般为企业，由企业自主决策、自担投资风险。

（2）基础性项目。基础性项目是指具有自然垄断性、建设周期长、投资额大而收益低的基础设施和需要政府重点扶持的一部分基础工业项目，以及直接增强国力的符合经济规模的支柱产业项目，如交通、能源、水利、城市公用设施等。

（3）公益性项目。公益性项目是指为社会发展服务、难以产生直接经济回报的工程项目。公益性项目包括：科技、文教、卫生、体育和环保等设施，公、检、法等政权机关以及政府机关、社会团体办公设施，国防建设等。公益性项目的投资主要由政府用财政资金安排。

5. 按投资来源划分

工程项目可划分为政府投资项目和非政府投资项目。

（1）政府投资项目。政府投资项目是指政府通过财政投资、发行国债或地方财政债券、利用外国政府赠款以及国家财政担保的国内外金融组织的贷款等方式独资或合资兴建的工程项目。

按其营利性不同，政府投资项目又可分为经营性政府投资项目和非经营性政府投资项目。经营性政府投资项目是指具有营利性质的政府投资项目。政府投资的水利、电力、铁路等项目基本都属于经营性政府投资项目。非经营性政府投资项目一般是指非营利性的、主要追求社会效益最大化的公益性项目。学校、医院以及各行政、司法机关的办公楼等项目都属于非经营性政府投资项目。

（2）非政府投资项目。非政府投资项目是指企业、集体单位、外商和私人投资兴建的工程项目。这类项目一般均实行项目法人责任制，使工程项目建设与运营实现一条龙管理。

三、工程项目的层次划分

为了工程项目建设管理的需要，保证工程计价的可操作性和计价对象的确定性，工程项目分解为若干层次。工程项目的层次划分为建设项目、单项工程、单位工程、分部工程和分项工程。

1. 建设项目

建设项目是指具有一个总体设计文件并能按总体设计要求组织施工，在完工后具有完整的系统，可以独立地形成生产能力或使用价值的建设工程。例如，在工业建设中，以一个企业（如一个钢铁厂、一个棉纺厂等）为一个建设项目；在民用建设中，以一个事业单位（如一所学校、一所医院等）为一个建设项目；在公路、铁路项目建设中，一条完整的公路、铁路线路为一个建设项目。大型分期建设的工程，如果分为几个总体设计，则就有几个建设项目。

2. 单项工程

单项工程是指具有独立的设计文件，建成后能够独立发挥生产能力、投资效益的一组配套齐全的工程项目。例如，工业建设项目中，各个独立的生产车间、实验大楼等；民用建设项目中，学校的教学楼、实验室、图书馆、宿舍楼等；在公路、铁路项目建设中，独立合同段的一条公路、铁路可以称为一个单项工程。单项工程是工程项目的组成部分，一个工程项目有时可以仅包括一个单项工程，也可以包括多个单项工程。

3. 单位工程

单位工程是指具有独立的设计文件，具备独立施工条件并能形成独立使用功能，但完工后不能独立发挥生产能力或效益的工程。单位工程是单项工程的组成部分。例如，一个车间，一般由土建工程、装饰工程、工业管道工程、设备安装工程、电气照明工程和给排水工程等单位工程组成；一个独立合同段的铁路的路基工程、轨道工程、桥涵工程、隧道工程、信号工程等单位工程。一个单位工程可以包含若干个分部工程。单位工程是编制工程概（预）算文件的基本对象，即每一个单位工程均具有独立的工程概（预）算文件。

4. 分部工程

分部工程是指按工种、结构部位、设备种类、使用材料等不同，将单位工程划分为若干较细的部分，即分部工程。例如，一幢房屋的土建工程，可以划分为土方工程、桩基础工程、砌筑工程、混凝土及钢筋混凝土工程、门窗工程、楼地面工程、屋面工程等分部工程；一条公路、铁路的桥梁工程由基础、下部结构、上部结构等分部工程组成；隧道工程由洞口工程、洞身开挖、支护、衬砌、防排水等分部工程组成。

5. 分项工程

分项工程是指按使用材料或制品规格、施工工艺等不同因素，将分部工程再进一步划分为若干较细的部分，即分项工程。分项工程是分部工程的组成部分。例如，房屋建筑工程的土方工程由人工挖沟槽、挖基坑、回填土、平整场地、土方运输等分项工程组成；桥梁下部结构桥台、桥墩分部工程由钢筋、模板、混凝土等分项工程组成；隧道的支护分部工程由锚杆、钢筋网、钢架、喷射混凝土等分项工程组成。

分项工程是工程项目施工生产活动的基础，是建设项目最基本的构成要素，也是计量工程用工用料和机械台班消耗，进行工程计价的最基本单元。工程项目层次划分及其关系如图 1-1 所示。

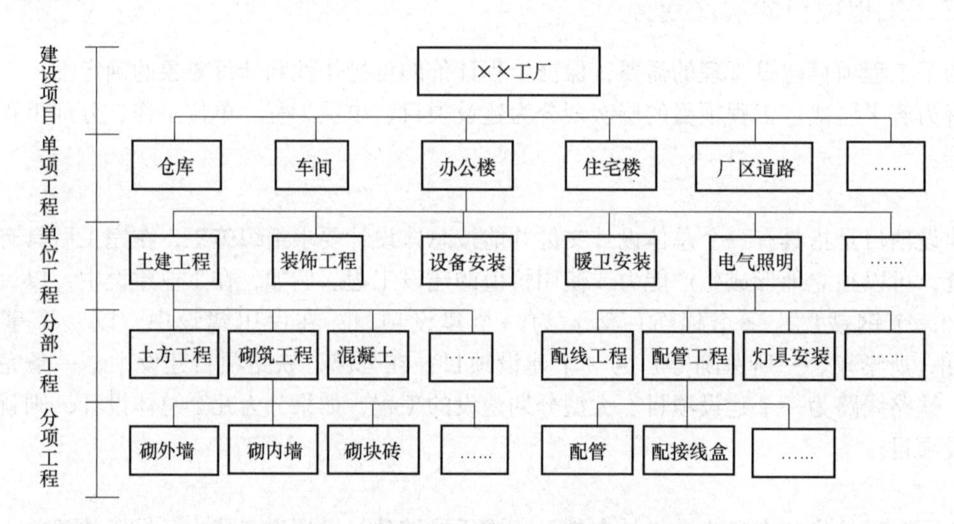

图 1-1 工程项目层次划分及其关系示意图

四、工程建设程序

工程建设程序是指工程项目从策划、评估、决策、设计、施工到竣工验收、投入生产或交付使用整个过程中，各项工作必须遵循的先后次序。工程建设程序是工程建设过程客观规律的反映，是工程项目科学决策和顺利实施的重要保证。工程建设程序可分为三大阶段：决策阶段、建设实施阶段、项目后评价阶段，如图 1-2 所示。

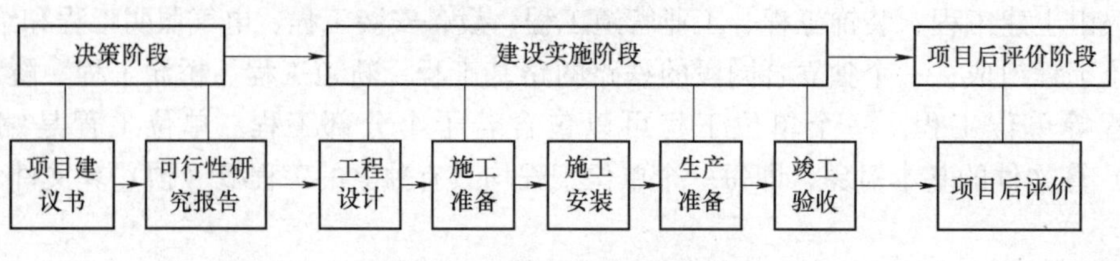

图 1-2 工程建设程序示意图

（一）决策阶段

1. 项目建议书

项目建议书是拟建项目单位向国家提出的要求建设某一项目的建议文件，是对工程项目建设的轮廓设想。项目建议书论述拟建工程项目的必要性，建设条件可行性，经济效益、社会效益获得的可能性，环保和投资估算等方面的说明，是拟建项目是否取得立项资格的前提。项目建议书的主要作用是推荐一个拟建项目，供国家选择并确定是否进行下一步工作。

对于政府投资项目，项目建议书按要求编制完成后，应根据建设规模和限额划分报送有关部门审批。项目建议书经批准后，并不表明项目非上不可，批准的项目建议书不是项目的最终决策。

2. 可行性研究报告

项目建议书批准后，即可开展可行性研究。经过调查（包括厂址选择）、预测、分析，对拟建项目的技术先进性、经济合理性以及综合效益进行科学的评价，选择最优方案，并提出投资估算和设计任务书，形成可行性研究报告。

对于政府投资项目，政府需要从投资决策的角度审批项目建议书和可行性研究报告，同时还要严格审批其初步设计和概算。对于企业不使用政府资金投资建设的项目，政府不再进行投资决策性质的审批，企业投资建设《政府核准的投资项目目录》中的项目时，仅需向政府提交项目申请报告，不再经过批准项目建议书、可行性研究报告和开工报告的程序。对于《政府核准的投资项目目录》以外的企业投资项目，除国家另有规定外，由企业按照属地原则向地方政府投资主管部门备案。

（二）建设实施阶段

1. 工程设计

工程设计是指建设单位委托设计单位，按照可行性研究报告的有关要求，按建设单位提出的技术、功能、质量等要求来对拟建工程进行图纸方面的详细说明。它是工程项目的具体化。工程项目一般按初步设计、施工图设计两个阶段进行；大型的、重要的、技术上复杂的建设项目，可按初步设计、技术设计和施工图设计三个阶段进行。例如特大桥、互通式立体交叉、隧道等。技术简单的小型建设项目，可做一阶段施工图设计。

施工图设计文件完成后，对于房屋建筑和市政基础设施工程，建设单位应当将施工图送施工图审查机构审查。对于交通运输等基础设施工程，施工图设计文件则实行审批或审核制度。审查或审批或审核合格的施工图，才能用于施工。

2. 施工准备

项目在开工建设之前要切实做好各项准备工作，其主要内容包括：征地、拆迁和平整场地；完成施工用水、电、通信、道路等接通工作；组织招标，选择工程监理单位、施工单位及设备、材料供应商；准备必要的施工图纸；办理工程质量监督和施工许可手续等准备工作。

3. 施工安装

工程项目经批准新开工建设，即进入施工安装阶段。项目新开工时间是指工程项目设计文件中规定的任何一项永久性工程第一次正式破土开槽开始施工的日期。不需开槽的工程，正式开始打桩的日期就是开工日期。铁路、公路、水库等需要进行大量土、石方工程的，以正式开始进行土方、石方工程的日期作为正式开工日期。工程地质勘查、平整场地、旧建筑物的拆除、临时建筑、施工用临时道路和水、电等工程开始施工的日期不能算作正式开工日期。分期建设的项目分别按各期工程开工的日期计算，如二期工程应根据工程设计文件规定的永久性工程开工的日期计算。

施工安装活动应按照工程设计要求、施工合同及施工组织设计，在保证工程质量、工期、成本及安全、环保等目标的前提下进行，达到竣工验收标准后，由施工单位移交给建设单位。

4. 生产准备

对于生产性项目而言，生产准备是项目投产前由建设单位进行的一项重要工作。它是衔接建设和生产的桥梁，是项目建设转入生产经营的必要条件。建设单位应适时组成专门机构做好生产准备工作，确保项目建成后能及时投产。

生产准备工作的内容根据项目或企业不同，其要求也各不相同，但一般应包括：招收和培训生产人员，组织准备，技术准备，物资准备等主要内容。

5. 竣工验收

当工程项目按设计文件规定内容和施工图要求全部建完后，便可组织验收。竣工验收是投资成果转入生产或使用的标志，也是全面考核工程建设成果、检验设计和工程质量的重要步骤。

（三）项目后评价阶段

项目后评价阶段是工程项目实施阶段管理的延伸。工程项目竣工验收交付使用，只是工程建设完成的标志，而不是工程项目管理的终结。工程项目建设和运营是否达到投资决策时所确定的目标，只有经过生产经营取得实际投资效果后，才能进行正确判断。也只有在这时，才能对工程项目进行总结评价，才能综合反映工程项目建设和工程项目管理各环节的工作成效和存在的问题，并为以后改进工程项目管理、提高工程项目管理水平、制订科学的工程项目建设计划提供依据。

第二节　工程计价基本知识

一、工程计价的概念

工程计价是指按照法律法规及标准规范规定的程序、方法和依据，对工程项目建设各个阶段的工程造价进行预测和计算的行为。简单说，工程计价就是对建设工程造价的计算和确定。

要准确理解工程计价的概念，首先要明确工程造价的含义。由于视角不同，工程造价有不同的含义。

第一种含义，从投资者（业主）的角度而言，工程造价是指建设工程投资费用。即工程造价是指一项建设工程从立项开始到建成交付使用预期花费或实际花费的全部固定资产投资费用。投资者选定一个投资项目，为了获得预期的效益，就要通过项目评估进行决策，然后进行设计招标、工程招标，直至竣工验收等一系列活动。在上述活动中所花费的全部费用，即构成工程造价。

第二种含义，从市场交易角度而言，工程造价是指工程价格，即工程造价是指为建成一项工程，预计或实际在土地市场、设备市场、技术劳务市场以及承发包市场等交易活动中所形成的建筑安装工程价格或建设工程总价格。显然，工程造价的第二种含义是以社会主义商品经济和市场经济为前提的。它以工程这种特定的商品形式作为交易对象，通过招标投标或其他交易方式，在进行多次预估的基础上，最终由市场形成的价格。这里的工程既可以是整个建设工程项目，也可以是其中一个或几个单项工程或单位工程，还可以是其中一个或几个分部工程。

通常，将工程造价的第二种含义认定为建筑安装工程承发包价格。承发包价格是工程造价中一种重要的，也是最典型的价格形式。它是在建筑市场通过承发包交易（多数为招标投标），由需求主体（投资者或建设单位）和供给主体（承包商）共同确认或确定的价格。鉴于建筑安装工程价格在项目固定资产中占有较大的份额，又是工程建设中最活跃的部分；而且建筑企业是建设工程的实施者，具有重要的市场主体地位，建筑安装工程承发包价格被界定为工程造价的第二种含义，很有现实意义。但是，这样界定对工程造价的含义理解较狭窄。

工程造价的两种含义，是以不同角度把握同一事物的本质。对作为市场需求主体的投资者来说，工程造价就是项目投资，是“购买”工程项目需支付的费用。对作为市场供给主体的承包商、供应商和规划、设计单位等机构来说，工程造价是他们作为市场供给主体出售商品和劳务的价格的总和，或是特指范围的工程造价（如建筑安装工程造价）。

二、在建设程序各阶段中工程计价的表现形式

工程计价在工程项目的不同建设阶段具有不同的表现形式。按照我国的基本建设程序，在项目建议书和可行性研究阶段，对建设项目的计价称为投资估算，在初步设计阶段称为设计概算，在技术设计阶段（如果有）称为修正概算，在施工图设计阶段称为施工图预算；在工程招标投标阶段，招标方的工程计价包括编制标底或招标控制价，投标方的工程计价称为投标报价，承发包双方签订工程承包合同时形成的价格称为合同价；在合同实施阶段，承包商分期从业主取得工程价款时的工程计价称为工程结算；工程竣工验收后，对实际的工程造价的计算称为竣工决算。

（1）投资估算。投资估算是指在项目建议书和可行性研究阶段，依据现有资料，通过一定的方法对拟建项目所需投资额预先测算的工程造价。投资估算是进行项目决策、筹集资金和合理控制造价的主要依据。

（2）设计概算。设计概算是指在初步设计阶段，根据初步设计图、概算定额（或概算指标）、各项费用标准等资料，预先测算的工程造价。与投资估算相比，设计概算的准确性有所提高，但受投资估算的控制。

设计概算由建设项目总概算、各单项工程综合概算和各单位工程概算三个层次构成。

（3）修正概算。修正概算是指在技术设计阶段（如果有），根据技术设计要求，对初步设计概算的修正和调整而编制的工程造价。修正概算比设计概算准确，但受设计概算控制。

（4）施工图预算。施工图预算是指在施工图设计阶段，根据施工图、预算定额、各项取费标准、建设地区的自然技术经济条件以及各种资源价格信息等资料编制的用以确定拟建工程造价的技术经济文件。施工图预算比设计概算或修正概算更为详尽和准确，但同样要受

前一阶段工程造价的控制。目前，有些工程项目在招标时需要确定最高投标限价（招标控制价），以限制最高投标报价。施工图预算可作为确定最高投标限价（招标控制价）的依据。

（5）合同价。合同价是指在工程发承包阶段通过签订合同所确定的价格。合同价属于市场价格，它是由发承包双方根据市场行情通过招标投标等方式达成一致、共同认可的成交价格。但它并不等同于最终结算的实际工程造价。

工程承发包采用招标投标的交易方式时，招标人通常会限定拟招标工程的最高工程价格，即招标控制价。投标人报出对招标工程的预期价格，即投标报价，招标人按照规定的程序和评审办法，对投标人提交的投标文件进行评审，确定中标人。招标人和中标人签订工程合同，确定工程的成交价格，即合同价。

招标控制价是指招标人根据国家或省级、行业建设行政主管部门颁发的有关计价依据和办法，按照设计施工图计算的，对招标工程限定的最高工程造价。

投标报价是指投标人根据招标文件的规定，依据企业的计价文件，确定的招标工程的预期价格。

（6）工程结算。工程结算是指在工程项目施工阶段，依据施工承包合同中有关付款条款的规定和已经完成的工程量，按照规定的程序，对实际发生的工程量增减、设备和材料价差等进行调整后计算和确定的价格。

工程结算包括施工过程中的中间结算和竣工验收阶段的竣工结算。工程结算需要按实际完成的合同范围内合格工程量考虑，同时按合同调价范围和调价方法，对实际发生的工程量增减、设备和材料价差等进行调整后确定结算价格。工程结算反映的是工程项目实际造价。工程结算文件一般由承包单位编制，由发包单位审查，也可委托工程造价咨询机构进行审查。

（7）竣工决算。竣工决算是指在项目建设竣工验收阶段，当所建设项目全部完工并经过验收后，由建设单位编制的从项目筹建到竣工验收、交付使用全过程中实际支付的全部建设费用的经济文件。竣工决算是反映项目建设成果、实际投资额和财务状况的总结性文件，是业主考核投资效果，办理工程交付、动用、验收的依据。

三、工程计价的特征

1. 计价的单件性

任何一项工程都有其特定的功能、用途和规模，因此，对每个工程的结构、造型、空间分割、设备配置等都有具体的要求。即便是具有相同功能、用途和规模的建设工程，其所处的自然环境和技术经济环境也会有所不同。所以工程项目具有个别性、差异性。工程项目的个体差异性决定了工程计价必须对每项工程单独进行。

2. 计价的多次性

工程项目体积庞大、结构复杂、个体性强，其生产周期长、规模大、造价高，需要按程序、分阶段进行建设。对于工程计价来说，它需要根据建设阶段的不同多次进行，以保证工程造价计算的准确性和控制的有效性。

工程项目全过程多次计价是一个由粗到细、由浅到深，最终确定工程实际造价的过程，计价过程各环节之间相互衔接，前者控制后者，后者补充前者。工程建设各阶段多次计价流程如图 1-3 所示。

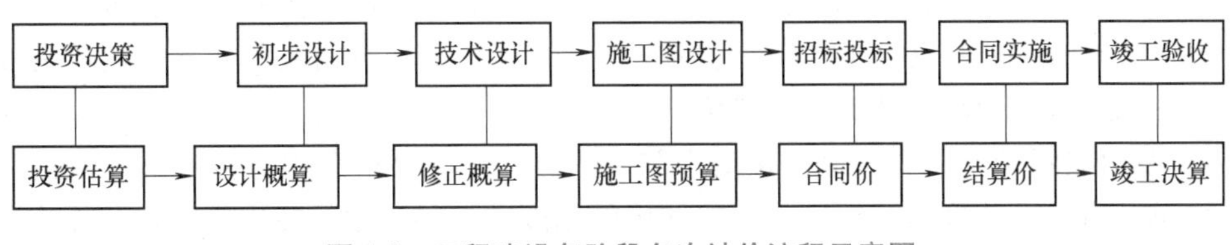

图 1-3 工程建设各阶段多次计价流程示意图

3. 计价的组合性

为了准确地确定工程造价和做好工程管理，必须对工程项目进行层次分解。根据前面所讲知识，工程项目由粗到细分为单项工程、单位工程、分部工程和分项工程。编制工程造价时，与工程项目层次划分相呼应，从最基本的费用构成单元即分项工程开始，逐层计算，逐层组合，最终确定建设项目的造价。其计价的基本顺序：分项工程费用→分部工程费用→单位工程造价→单项工程造价→建设项目总造价。例如，为确定建设项目总概算，要先计算各单位工程概算，再计算各单项工程综合概算，最终汇总成建设项目总概算。

4. 计价方法的多样性

由于多次性计价有各种不同的计价依据，以及对工程造价精确度的要求不同，所以计价方法具有多样性。不同的计价方法利弊不同，适应条件也不同，所以计价时要根据具体情况加以选择。例如，投资估算采用生产能力指数法、系数估算法编制；设计概算采用概算定额计价、概算指标计价编制；施工图预算常采用预算定额计价的单价法编制；招标控制价和投标报价按照工程量清单计价方法编制等。

5. 计价依据的复杂性

由于工程组成要素复杂，影响造价的因素较多，使得计价依据也较为复杂、种类繁多。计价依据主要可以分为以下七类：

1）计算设备和工程量的依据，包括项目建议书、可行性研究报告、设计文件等。

2）计算人工、材料、机械等实物消耗量的依据，包括投资估算指标、概算定额、预算定额等。

3）计算工程单价的依据，包括人工单价、材料价格、材料运杂费、机械台班费等。

4）计算设备单价的依据，包括设备原价、设备运杂费、进口设备关税等。

5）计算措施费、间接费和工程建设其他费用的依据，主要是措施项目定额和相关的费用定额、指标。

6）政府规定的税费。

7）物价指数和工程造价指数。

计价依据的复杂性不仅使计算过程复杂，而且要求计价人员熟悉各类计价依据，并加以正确地应用。

四、工程计价的作用

工程计价的作用表现在以下几方面：

1）工程计价结果反映了工程的货币价值。建设项目兼具单件性与多样性的特点，每一个建设项目都需要按业主的特定需求进行单独设计、单独施工，不能批量生产和按整个项目确定价格，只能将整个项目进行分解，划分为可以按有关技术参数测算价格的基本构造单元，即假定建筑安装产品（或称分部、分项工程），计算出基本构造单元的费用，再按照自下而上的分部组合计价法，计算出总造价。

2）工程计价结果是投资控制的依据。前一次的计价结果都会用于控制下一次的计价工作。具体说，后一次估价不能超过前一次估价的幅度。这种控制是在投资者财务能力限度内为取得既定的投资效益所必需的。工程计价基本确定了建设资金的需要量，从而为筹集资金提供了比较准确的依据。当建设资金来源于金融机构贷款时，金融机构在对项目偿贷能力进行评估的基础上，也需要依据工程计价来确定给予投资者的贷款数额。

3）工程计价结果是合同价款管理的基础。合同价款管理的各项内容中始终有工程计价活动的存在，如在签约合同价的形成过程中有最高投标限价、投标报价以及签约合同价等计价活动；在工程价款的调整过程中，需要确定调整价款额度，工程计价也贯穿其中；工程价款的支付仍然需要工程计价工作，以确定最终的支付额。

练 习 题

1. 工程项目按建设性质划分为新建项目、（　　）、（　　）、迁建项目和恢复项目。
2. 工程项目按投资作用划分为（　　）和（　　）。
3. 工程项目的层次划分为建设项目、（　　）、（　　）、（　　）和分项工程。

思 考 题

1. 简述工程项目的基本特征。
2. 简述工程建设程序各阶段的工作内容。
3. 简述工程造价的两种含义。
4. 简述在建设程序各阶段中工程计价的表现形式。
5. 简述工程计价的特征。
6. 简述工程计价的作用。

第二章

建筑工程项目总投资构成

建设项目总投资是为完成工程项目建设并达到使用要求或生产条件，在建设期内预计或实际投入的全部费用总和。不同专业类别的工程项目在总投资上会有所不同。本书以建筑工程和铁路工程两个专业类别为对象，分别介绍其总投资和工程造价构成。本章首先介绍建筑工程项目总投资构成。

第一节　建筑工程项目总投资构成概述

建筑工程项目总投资包括建设投资、建设期利息和流动资金三部分。建筑工程项目总投资的具体构成内容如图 2-1 所示。

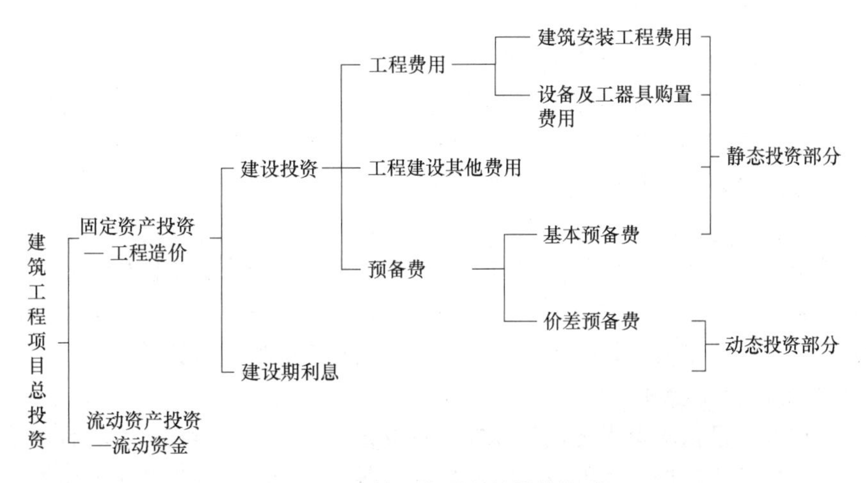

图 2-1　建筑工程项目总投资构成

从图 2-1 中可以看到，建设投资和建设期利息之和对应于固定资产投资，固定资产投资与建设项目的工程造价在量上相等。工程造价中的主要构成部分是建设投资，建设投资包括工程费用、工程建设其他费用和预备费三部分。工程费用是指建设期内直接用于工程建造、设备购置及其安装的建设投资，可以分为建筑安装工程费用和设备及工器具购置费用。工程建设其他费用是指建设期为项目建设或运营必须发生的但不包括在工程费用中的费用。预备费是指在建设期内因各种不可预见因素的变化而预留的可能增加的费用，包括基本预备费和价差预备费。

在固定资产投资中，静态投资部分是不考虑物价上涨、建设期贷款利息等影响因素的固定资产投资。静态投资部分包括：建筑安装工程费用、设备及工器具购置费用、工程建设其他费用、基本预备费，以及因工程量误差而引起的工程造价增减值等。

动态投资部分是指由于物价上涨、建设期利息等因素的影响，而需考虑增加的投资费用。动态投资部分包括建设期利息、价差预备费等。

第二节 设备及工器具购置费用构成与计算

设备及工器具购置费用是由设备购置费和工具、器具及生产家具购置费组成的，它是固定资产投资中的积极部分。在生产性工程建设中，设备及工器具购置费用占工程造价比例的增大，意味着生产技术的进步和资本有机构成的提高。

一、设备购置费的构成及计算

设备购置费是指为建设项目购置或自制的达到固定资产标准的设备、工器具及生产家具等所需费用，由设备原价和设备运杂费构成。

设备购置费=设备原价(含备品备件费)+设备运杂费

式中，设备原价是指按设备来源不同，分为国产设备原价和进口设备原价两大类。设备原价通常包含备品备件费在内，备品备件费是指设备购置时随设备同时订货的首套备品备件所发生的费用；设备运杂费是指除设备原价之外的关于设备采购、运输、途中包装及仓库保管等方面支出费用的总和。

（一）国产设备原价的构成及计算

国产设备原价一般是指设备制造厂的交货价或订货合同价，即出厂（场）价格。它一般根据生产厂或供应商的询价、报价、合同价确定，或采用一定的方法计算确定。国产设备原价分为国产标准设备原价和国产非标准设备原价。

1. 国产标准设备原价

国产标准设备是指按照主管部门颁布的标准图纸和技术要求，由国内设备生产厂批量生产的，符合国家质量检测标准的设备。国产标准设备一般有完善的设备交易市场，因此可通过查询相关交易市场价格或向设备生产厂家询价得到国产标准设备原价。

2. 国产非标准设备原价

国产非标准设备是指国家尚无定型标准，各设备生产厂不可能在工艺过程中采用批量生产，只能按订货要求并根据具体的设计图制造的设备。由于非标准设备单件生产、无定型标准，所以无法获取市场交易价格，只能按其成本构成或相关技术参数估算其价格。

国产非标准设备原价有多种不同的计算方法，如成本计算估价法、系列设备插入估价法、分部组合估价法、定额估价法等。但无论采用哪种方法都应该使国产非标准设备计价接近实际出厂价，并且计算方法要简便。成本计算估价法是一种比较常用的估算国产非标准设备原价的方法。按成本计算估价法，国产非标准设备的原价由以下各项组成：

1）材料费，其计算公式如下：

材料费=材料净重×(1+加工损耗系数)×单位材料综合价

2）加工费，包括生产工人工资和工资附加费、燃料动力费、设备折旧费、车间经费等，其计算公式如下：

加工费=材料费×材料加工单价

3）辅助材料费（辅材费），包括焊条、焊丝、氧气、氩气、氮气、油漆、电石等费用，其计算公式如下：

辅助材料费=材料费×辅助材料费指标

4）专用工具费：按1）~3）项之和乘以一定百分比计算。

5）废品损失费：按1）~4）项之和乘以一定百分比计算。

6）外购配套件费，按设备设计图所列的外购配套件的名称、型号、规格、数量、质量，根据相应的价格加运杂费计算。

7）包装费：按1）~6）项之和乘以一定百分比计算。

8）利润：按1）~5）项加7）项之和的10%计算。

9）税金：主要是指增值税，通常是指设备制造厂销售设备时向购入设备方收取的销项税额，其计算公式如下：

当期销项税额=销售额×适用增值税税率

其中，销售额为1）~8）项之和。

10）设计费：按国家规定的设计费标准计算。

综上所述，单台国产非标准设备原价的计算公式如下：

单台国产非标准设备原价={[（材料费+加工费+辅助材料费）×（1+专用工具费费率）×（1+废品损失费费率）+外购配套件费]×（1+包装费费率）−外购配套件费}×（1+利润率）+增值税+非标准设备设计费+外购配套件费

【例2-1】 某工厂采购一台国产非标准设备，制造厂生产该设备所用材料费20万元，加工费2万元，辅助材料费4000元，专用工具费费率1.5%，废品损失费费率10%，外购配套件费5万元，包装费费率1%，利润率7%，增值税税率13%，非标准设备设计费2万元，求该国产非标准设备原价。

解：

专用工具费=(20+2+0.4)万元×1.5%=0.336万元

废品损失费=(20+2+0.4+0.336)万元×10%=2.274万元

包装费=(22.4+0.336+2.274+5)万元×1%=0.300万元

利润=(22.4+0.336+2.274+0.300)万元×7%=1.772万元

增值税=(22.4+0.336+2.274+5+0.300+1.772)万元×13%=4.171万元

该国产非标准设备原价=(22.4+0.336+2.274+0.300+1.772+4.171+2+5)万元
=38.253万元

（二）进口设备原价的构成及计算

进口设备原价是指进口设备的抵岸价，即设备抵达买方边境港口或边境车站，缴纳完各种手续费、税费后形成的价格。抵岸价通常是由进口设备到岸价（CIF）和进口设备从属费构成。进口设备到岸价，即设备抵达买方边境港口或边境车站所形成的价格。在国际贸易中，交易双方所使用的交货类别不同，交易价格的构成内容也有所差异。进口设备从属费是指进口设备在办理进口手续过程中发生的应计入设备原价的银行财务费、外贸手续费、进口关税、消费税、进口环节增值税及进口车辆的车辆购置税等。

1. 进口设备的交易价格

在国际贸易中，较为广泛使用的交易价格术语有 FOB、CFR 和 CIF。

（1）FOB（free on board）。FOB 意为装运港船上交货价，也称为离岸价。FOB 是指当货物在装运港被装上指定船时，卖方即完成交货义务。风险转移，以在指定的装运港货物被装上指定船时为分界点。费用划分与风险转移的分界点相一致。

在 FOB 交货方式下，卖方的基本义务有：在合同规定的时间或期限内，在装运港按照习惯方式将货物交到买方指派的船上，并及时通知买方；自负风险和费用，取得出口许可证或其他官方批准的证件，在需要办理海关手续时，办理货物出口所需的一切海关手续；负担货物在装运港至装上船为止的一切费用和风险；自付费用提供证明货物已交至船上的通常单据或具有同等效力的电子单证。买方的基本义务有：自负风险和费用，取得进口许可证或其他官方批准的证件，在需要办理海关手续时，办理货物进口以及经由他国过境的一切海关手续，并支付有关费用及过境费；负责租船或订舱，支付运费，并给予卖方关于船名、装船地点和要求交货时间的充分的通知；负担货物在装运港装上船后的一切费用和风险；接受卖方提供的有关单据，受领货物，并按合同规定支付货款。

（2）CFR（cost and freight）。CFR 意为成本加运费，或称为运费在内价。CFR 是指货物在装运港被装上指定船时卖方即完成交货，卖方必须支付将货物运至指定的目的港所需的运费和费用，但交货后货物灭失或损坏的风险，以及由于各种事件造成的任何额外费用，即由卖方转移到买方。与 FOB 价格相比，CFR 的费用划分与风险转移的分界点是不一致的。

在 CFR 交货方式下，卖方的基本义务有：自负风险和费用，取得出口许可证或其他官方批准的证件，在需要办理海关手续时，办理货物出口所需的一切海关手续；签订从指定装运港承运货物运往指定目的港的运输合同；在买卖合同规定的时间和港口，将货物装上船并支付至目的港的运费，装船后及时通知买方；负担货物在装运港至装上船为止的一切费用和风险；向买方提供通常的运输单据或具有同等效力的电子单证。买方的基本义务有：自负风险和费用，取得进口许可证或其他官方批准的证件，在需要办理海关手续时，办理货物进口以及必要时经由另一国过境的一切海关手续，并支付有关费用及过境费；负担货物在装运港装上船后的一切费用和风险；接受卖方提供的有关单据，受领货物，并按合同规定支付货款；支付除通常运费以外的有关货物在运输途中所产生的各项费用以及包括驳运费和码头费在内的卸货费。

（3）CIF（cost insurance and freight）。CIF 意为成本加保险费、运费，习惯称为到岸价。在 CIF 术语中，卖方除负有与 CFR 相同的义务外，还应办理货物在运输途中最低险别的海运保险，并应支付保险费。如买方需要更高的保险险别，则需要与卖方明确地达成协议，或者自行做出额外的保险安排。除保险这项义务之外，买方的义务与 CFR 相同。

2. 进口设备到岸价格的构成及计算

进口设备到岸价(CIF)=离岸价(FOB)+国际运费+运输保险费

=运费在内价(CFR)+运输保险费

（1）离岸价。离岸价分为原币货价和人民币货价，原币货价一般折算为美元表示，人民币货价按原币货价乘以外汇市场美元兑换人民币汇率中间价确定。进口设备离岸价按有关生产厂商询价、报价、订货合同价计算。

（2）国际运费。即从装运港（站）到达我国目的港（站）的运费。我国进口设备大部分采用海洋运输，小部分采用铁路运输，个别采用航空运输。进口设备国际运费计算公式如下：

国际运费(海、陆、空)=离岸价(FOB)×运费费率

或国际运费(海、陆、空)=运量×单位运价

其中，运费费率或单位运价参照有关部门或进出口公司的规定执行。

（3）运输保险费。对外贸易货物运输保险是由保险人（保险公司）与被保险人（出口人或进口人）订立保险契约，在被保险人交付议定的保险费后，保险人根据保险契约的规定对货物在运输过程中发生的在承保责任范围内的损失给予经济上的补偿。这是一种财产保险，计算公式如下：

运输保险费=[离岸价(FOB)+国际运费]×保险费费率÷(1-保险费费率)

其中，保险费费率可以按照保险公司规定的进口货物保险费费率计算。

3. 进口从属费的构成及计算

进口从属费=银行财务费+外贸手续费+关税+消费税+进口环节增值税+进口车辆购置税

（1）银行财务费。银行财务费一般是指在国际贸易结算中，金融机构为进出口商提供金融结算服务所收取的费用，可按下式简化计算：

银行财务费=离岸价(FOB)×人民币外汇汇率×银行财务费费率

（2）外贸手续费。外贸手续费是指按对外贸易经济合作部规定的外贸手续费费率计取的费用，外贸手续费费率一般取1.5%。计算公式如下：

外贸手续费=到岸价(CIF)×人民币外汇汇率×外贸手续费费率

（3）关税。关税是指由海关对进出国境或关境的货物和物品征收的一种税，计算公式如下：

关税=到岸价(CIF)×人民币外汇汇率×进口关税税率

到岸价作为关税的计征基数时，通常又可称为关税完税价格。进口关税税率分为优惠和普通两种。优惠税率适用于与我国签订关税互惠条款的贸易条约或协定的国家的进口设备；普通税率适用于与我国未签订关税互惠条款的贸易条约或协定的国家的进口设备。进口关税税率按我国海关总署发布的进口关税税率计算。

（4）消费税。消费税仅对部分进口设备（如轿车、摩托车等）征收，一般计算公式如下：

$$\text{消费税税额}=\frac{\text{到岸价格(CIF)}\times\text{人民币外汇汇率}+\text{关税}}{1-\text{消费税税率}}\times\text{消费税税率}$$

其中，消费税税率根据规定的税率计算。

（5）进口环节增值税。进口环节增值税是对从事进口贸易的单位和个人，在进口商品报关进口后征收的税种。我国增值税征收条例规定，进口应税产品均按组成计税价格和增值税税率直接计算应纳税额，即

进口环节增值税税额=组成计税价格×增值税税率

组成计税价格=到岸价+关税+消费税

其中，增值税税率根据规定的税率计算。

（6）进口车辆购置税。进口车辆购置税是指进口车辆需要缴纳的进口车辆购置附加费，其计算公式如下：

进口车辆购置税=(到岸价+关税+消费税)×车辆购置税税率

【例 2-2】 从某国进口应纳消费税的设备，质量为 1000t，装运港船上交货价为 400 万美元，工程建设项目位于国内某省会城市。如果国际运费标准为 300 美元/t，海上运输保险费费率为 0.3%，银行财务费费率为 0.5%，外贸手续费费率为 1.5%，关税税率为 20%，增值税税率为 13%，消费税税率为 10%，银行外汇汇率为 1 美元=6.9 元人民币，对该设备的原价进行估算。

解：

进口设备 FOB=(400×6.9)万元=2760 万元

国际运费=(300×1000×6.9)元=207 万元

海上运输保险费=[(2760+207)÷(1−0.3%)×0.3%]万元=8.93 万元

CIF=(2760+207+8.93)万元=2975.93 万元

银行财务费=2760 万元×0.5%=13.8 万元

外贸手续费=2975.93 万元×1.5%=44.64 万元

关税=2975.93 万元×20%=595.19 万元

消费税=(2975.93+595.19)万元÷(1−10%)×10%=396.79 万元

增值税=(2975.93+595.19+396.79)万元×13%=515.83 万元

进口从属费=(13.8+44.64+595.19+396.79+515.83)万元=1566.25 万元

进口设备原价=(2975.93+1566.25)万元=4542.18 万元

（三）设备运杂费的构成及计算

1. 设备运杂费的构成

设备运杂费是指国内采购设备自来源地、国外采购设备自到岸港运至工地仓库或指定堆放地点发生的采购、运输、运输保险、保管、装卸等费用。通常由下列各项构成：

（1）运费和装卸费。国产设备由设备制造厂交货地点起至工地仓库（或施工组织设计指定的需要安装设备的堆放地点）止所发生的运费和装卸费；进口设备由我国到岸港口或边境车站起至工地仓库（或施工组织设计指定的需要安装设备的堆放地点）止所发生的运费和装卸费。

（2）包装费。在设备原价中没有包含的，为运输而进行的包装支出的各种费用。

（3）设备供销部门的手续费。按有关部门规定的统一费率计算。

（4）采购与保管费。采购与保管费是指采购、验收、保管和收发设备所发生的各种费用，包括设备采购人员、保管人员和管理人员的工资、工资附加费、办公费、差旅交通费，设备供应部门办公和仓库所占固定资产使用费、工具用具使用费、劳动保护费、检验试验费等。这些费用可按主管部门规定的采购与保管费费率计算。

2. 设备运杂费的计算

设备运杂费按设备原价乘以设备运杂费费率计算，其计算公式如下：

设备运杂费=设备原价×设备运杂费费率

其中，设备运杂费费率按各部门及省、市有关规定计取。

二、工器具及生产家具购置费的构成及计算

工器具及生产家具购置费是指新建或扩建项目初步设计规定的，保证初期正常生产必须购置的没有达到固定资产标准的设备、仪器、工卡模具、器具、生产家具和备品备件等的购置费用。一般以设备购置费为计算基数，按照部门或行业规定的工器具及生产家具费率计算，计算公式如下：

工器具及生产家具购置费=设备购置费×定额费率

第三节　建筑安装工程费用构成与计算

建筑工程投资费用中，建筑安装工程费用是一个复杂庞大的综合体，是计算工作量最大的费用。因此，在一定意义上讲，确定建筑工程投资费用，主要是确定建筑安装工程费用。建筑工程招标投标实质上也是对建筑安装工程进行招标投标。

一、建筑安装工程费用项目组成

根据住房和城乡建设部、财政部颁布的《关于印发〈建筑安装工程费用项目组成〉的通知》（建标〔2013〕44 号）中的规定，我国现行建筑安装工程费用项目按两种不同的方式划分，即按费用构成要素划分和按造价形成划分。其具体组成情况如图 2-2 所示。

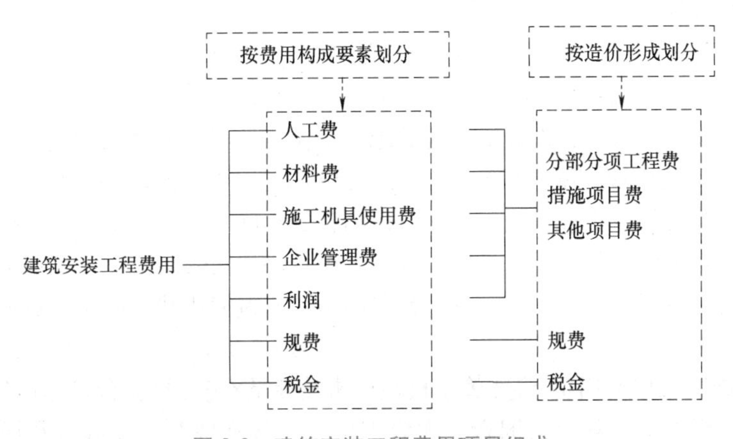

图 2-2　建筑安装工程费用项目组成

二、按费用构成要素划分建筑安装工程费用的项目构成和计算

建筑安装工程费用按照费用构成要素划分，由人工费、材料费（包含工程设备，下同）、施工机具使用费、企业管理费、利润、规费和税金组成。其中人工费、材料费、施工机具使用费、企业管理费和利润包含在分部分项工程费、措施项目费、其他项目费中，如图 2-2 所示。

为了兼顾施工企业的习惯，本书中仍然保留直接费和间接费这两个概念。直接费包括人工费、材料费、施工机具使用费，间接费包括企业管理理、规费和利润。

（一）人工费

人工费是指按工资总额构成规定，支付给直接从事建筑安装工程施工的生产工人和附属生产

单位工人的各项费用。计算人工费的基本要素有两个，即人工工日消耗量和人工日工资单价。

(1) 人工工日消耗量。人工工日消耗量是指在正常施工生产条件下，完成规定计量单位的建筑安装产品所消耗的生产工人的工日数量。它由分项工程所综合的各个工序劳动定额包括的基本用工、其他用工两部分组成。

(2) 人工日工资单价。人工日工资单价是指直接从事建筑安装工程施工的生产工人和附属生产单位工人在每个法定工作日的工资、津贴及奖金等。

人工费的基本计算公式如下：

$$人工费=\sum(工日消耗量\times日工资单价)$$

(二) 材料费

材料费是指施工过程中耗费的原材料、辅助材料、构配件、零件、半成品或成品、工程设备等的费用。材料费中所提到的工程设备的费用，是指构成或计划构成永久工程一部分的机电设备、金属结构设备、仪器装置及其他类似的设备和装置的费用。计算材料费的基本要素是材料消耗量和材料单价。

(1) 材料消耗量。材料消耗量是指在正常施工生产条件下，完成规定计量单位的建筑安装产品所消耗的各类材料的净用量和不可避免的损耗量。

(2) 材料单价。材料单价是指建筑材料从其来源地运到施工工地仓库直至出库形成的综合平均单价，由材料原价、运杂费、运输损耗费、采购及保管费组成。当采用一般计税方法时，材料单价中的材料原价、运杂费等均应扣除增值税进项税额。

材料费的基本计算公式如下：

$$材料费=\sum(材料消耗量\times材料单价)$$

(三) 施工机具使用费

施工机具使用费是指施工作业所发生的施工机械、仪器仪表使用费或其租赁费。

(1) 施工机械使用费。施工机械使用费是指施工机械作业发生的使用费或租赁费。构成施工机械使用费的基本要素是施工机械台班消耗量和施工机械台班单价。施工机械台班消耗量是指在正常施工生产条件下，完成规定计量单位的建筑安装产品所消耗的施工机械台班的数量。施工机械台班单价是指折合到每台班的施工机械使用费。施工机械使用费的基本计算公式如下：

$$施工机械使用费=\sum(施工机械台班消耗量\times施工机械台班单价)$$

施工机械台班单价通常由折旧费、大修理费、经常修理费、安拆费及场外运费、人工费、燃料动力费和税费组成。

当采用一般计税方法时，施工机械台班单价中的相关子项均需扣除增值税进项税额。

(2) 仪器仪表使用费。仪器仪表使用费是指工程施工所需使用的仪器仪表的摊销及维修费用。仪器仪表使用费的基本计算公式如下：

$$仪器仪表使用费=工程使用的仪器仪表摊销费+维修费$$

(四) 企业管理费

1. 企业管理费的内容

企业管理费是指建筑安装企业组织施工生产和经营管理所需的费用。内容包括：

(1) 管理人员工资。管理人员工资是指按规定支付给管理人员的计时工资、奖金、津贴补贴、加班加点工资及特殊情况下支付的工资等。

（2）办公费。办公费是指企业管理办公用的文具、纸张、账簿、印刷、邮电、书报、办公软件、现场监控、会议、水电、烧水和集体取暖降温（包括现场临时宿舍取暖降温）等费用。当采用一般计税方法时，办公费中增值税进项税额的扣除，以购进货物适用的相应税率计算。例如，购进自来水、暖气、冷气、图书、报纸、杂志等适用的税率为9%，接受邮政和基础电信服务等适用的税率为9%，接受增值电信服务等适用的税率为6%，其他一般为13%。

（3）差旅交通费。差旅交通费是指职工因公出差、调动工作的差旅费、住勤补助费，市内交通费和误餐补助费，职工探亲路费，劳动力招募费，职工退休、退职一次性路费，工伤人员就医路费，工地转移费以及管理部门使用的交通工具的油料、燃料等费用。

（4）固定资产使用费。固定资产使用费是指管理和试验部门及附属生产单位使用的属于固定资产的房屋、设备、仪器等的折旧、大修、维修或租赁费。当采用一般计税方法时，固定资产使用费中增值税进项税额的扣除，以购进固定资产适用的相应税率计算。例如，购入的不动产适用的税率为9%，购入的其他固定资产适用的税率为13%。设备、仪器的折旧、大修、维修或租赁费以购进货物、接受修理修配劳务或租赁有形动产服务适用的税率扣除，均为13%。

（5）工具用具使用费。工具用具使用费是指企业施工生产和管理使用的不属于固定资产的工具、器具、家具、交通工具和检验、试验、测绘、消防用具等的购置、维修和摊销费。当采用一般计税方法时，工具用具使用费中增值税进项税额的扣除，以购进货物或接受修理修配劳务适用的税率计算，均为13%。

（6）劳动保险和职工福利费。劳动保险和职工福利费是指由企业支付的职工退职金、按规定支付给离休干部的经费，集体福利费、夏季防暑降温、冬季取暖补贴、上下班交通补贴等。

（7）劳动保护费。劳动保护费是指企业按规定发放的劳动保护用品的支出。如工作服、手套、防暑降温饮料以及在有碍身体健康的环境中施工的保健费用等。

（8）检验试验费。检验试验费是指施工企业按照有关标准规定，对建筑以及材料、构件和建筑安装物进行一般鉴定、检查所发生的费用，包括自设实验室进行试验所耗用的材料等费用。不包括新结构、新材料的试验费，对构件做破坏性试验及其他特殊要求检验试验的费用和建设单位委托检测机构进行检测的费用，对此类检测发生的费用，由建设单位在工程建设其他费用中列支。但对施工企业提供的具有合格证明的材料进行检测不合格的，该检测费用由施工企业支付。当采用一般计税方法时，检验试验费中增值税进项税额以现代服务业适用的税率6%扣减。

（9）工会经费。工会经费是指企业按《中华人民共和国工会法》规定的全部职工工资总额比例计提的工会经费。

（10）职工教育经费。职工教育经费是指按职工工资总额的规定比例计提，企业为职工进行专业技术和职业技能培训，专业技术人员继续教育、职工职业技能鉴定、职业资格认定以及根据需要对职工进行各类文化教育所发生的费用。

（11）财产保险费。财产保险费是指施工管理用财产、车辆等的保险费用。

（12）财务费。财务费是指企业为施工生产筹集资金或提供预付款担保、履约担保、职工工资支付担保等所发生的各种费用。

（13）税金。税金是指除增值税外企业按规定缴纳的房产税、非生产性车船使用税、土地使用税、印花税、城市维护建设税、教育费附加、地方教育附加等各项税费。

（14）其他管理费。其他管理费包括技术转让费、技术开发费、投标费、业务招待费、绿化费、广告费、公证费、法律顾问费、审计费、咨询费、保险费（含财产险、人身意外伤害险等）、企业定额编制费等。

2. 企业管理费的计算方法

企业管理费一般采用取费基数乘以费率的方法计算，取费基数有三种，分别是以分部分项工程费为计算基础、以人工费和施工机具使用费合计为计算基础及以人工费为计算基础。企业管理费费率计算方法如下：

（1）以分部分项工程费为计算基础。

$$企业管理费费率=\frac{生产工人年平均管理费}{年有效施工天数\times 人工单价}\times 人工费占分部分项工程费比例\times 100\%$$

（2）以人工费和机械费合计为计算基础。

$$企业管理费费率=\frac{生产工人年平均管理费}{年有效施工天数\times (人工单价+每一台班施工机具使用费)}\times 100\%$$

（3）以人工费为计算基础。

$$企业管理费费率=\frac{生产工人年平均管理费}{年有效施工天数\times 人工单价}\times 100\%$$

上述公式可作为施工企业投标报价时自主确定管理费时，计算企业管理费费率的依据，也是工程造价管理机构编制计价定额确定企业管理费的参考依据。

工程造价管理机构在确定计价定额中的企业管理费时，应以定额人工费或定额人工费与施工机具使用费之和作为计算基数，其费率根据历年积累的工程造价资料，辅以调查数据确定。

（五）利润

利润是指施工企业完成所承包工程获得的盈利，由施工企业根据企业自身需求并结合建筑市场实际自主确定，列入报价中。工程造价管理机构在确定计价定额中的利润时，应以定额人工费或定额人工费与施工机具使用费之和作为计算基数，其费率根据历年积累的工程造价资料，并结合建筑市场实际确定，以单位（单项）工程测算，利润在税前建筑安装工程费用的比例可按不低于5%且不高于7%的费率计算。

（六）规费

1. 规费的内容

规费是指按国家法律、法规规定，由省级政府和省级有关权力部门规定施工单位必须缴纳或计取的费用。规费主要包括社会保险费、住房公积金。

（1）社会保险费。社会保险费包括：

1）养老保险费，是指企业按照规定标准为职工缴纳的基本养老保险费。

2）失业保险费，是指企业按照规定标准为职工缴纳的失业保险费。

3）医疗保险费，是指企业按照规定标准为职工缴纳的基本医疗保险费。

4）工伤保险费，是指企业按照规定标准为职工缴纳的工伤保险费。

5）生育保险费，是指企业按照规定标准为职工缴纳的生育保险费。

（2）住房公积金。住房公积金是指企业按规定标准为职工缴纳的住房公积金。

2. 规费的计算

社会保险费和住房公积金应以定额人工费为计算基础，根据工程所在地省、自治区、直辖市或行业建设主管部门规定的费率计算。

社会保险费和住房公积金 = Σ（工程定额人工费×社会保险费费率和住房公积金费率）

社会保险费和住房公积金费率可以每万元发承包价的生产工人人工费和管理人员工资含量与工程所在地规定的缴纳标准综合分析取定。

各地方关于规费除包括社会保险费、住房公积金这两项费用外，还包括其他一些费用，并且各不相同。各地方关于规费的计算基础也有所不同，较多地方采用了定额人工费和机械费之和作为计算基础。

（七）税金

建筑安装工程费用中的税金（增值税）就是指国家税法规定应计入建筑安装工程造价内的增值税销项税额，其按下列方法确定。

1. 采用一般计税方法时增值税的计算

当采用一般计税方法时，建筑业增值税税率为 9%。计算公式如下：

增值税销项税额 =（税前造价 − 可抵扣进项税额）×9%

税前造价为人工费、材料费、施工机具使用费、企业管理费、利润和规费之和，各费用项目均以包含增值税可抵扣进项税额的价格计算。

销项税额是指增值税纳税人销售货物、加工修理修配劳务、服务、无形资产或者不动产，按照销售额和适用税率计算并向购买方收取的增值税税额。

进项税额是指纳税人购进货物、加工修理修配劳务、服务、无形资产或者不动产，支付或者负担的增值税税额。

可抵扣进项税额的计算公式如下：

进项税额 = 含税购买价格 − 不含税购买价格 = [含税购买价格 /（1+税率）]×税率
= 不含税购买价格×税率

【例 2-3】 某施工企业承建某高校科技楼工程，工程税前造价为 8500 万元，其中材料费支出 5600 万元（含税），材料费增值税税率为 13%，当采用一般计税方法时，该企业承建的该科技楼的增值税税额为多少万元？

解：材料费进项税额 = 5600 万元 − 5600 万元 ÷（1+13%）= 644.248 万元

建筑安装工程造价内的增值税（销项税额）=（8500 − 644.248）万元×9% = 707.018 万元

2. 采用简易计税方法时增值税的计算

（1）简易计税方法的适用范围。根据《营业税改征增值税试点实施办法》《营业税改征增值税试点有关事项的规定》以及《关于建筑服务等营改增试点政策的通知》的规定，简易计税方法主要适用于以下几种情况：

1）小规模纳税人发生应税行为适用简易计税方法计税。小规模纳税人通常是指纳税人提供建筑服务的年应征增值税销售额未超过 500 万元，并且会计核算不健全，不能按规定报送有关税务资料的增值税纳税人。年应税销售额超过 500 万元但不经常发生应税行为的单位也可选择按照小规模纳税人计税。

2）一般纳税人以清包工方式提供的建筑服务，可以选择适用简易计税方法计税。以清包工方式提供建筑服务是指施工方不采购建筑工程所需的材料或只采购辅助材料，并收取人工费、管理费或者其他费用的建筑服务。

3）一般纳税人为甲供工程提供的建筑服务，可以选择适用简易计税方法计税。甲供工程是指全部或部分设备、材料、动力由工程发包方自行采购的建筑工程。其中建筑工程总承包单位为房屋建筑的地基与基础、主体结构提供工程服务，建设单位自行采购全部或部分钢材、混凝土、砌体材料、预制构件的，适用简易计税方法计税。

4）一般纳税人为建筑工程老项目提供的建筑服务，可以选择适用简易计税方法计税。

建筑工程老项目：《建筑工程施工许可证》注明的合同开工日期在2016年4月30日前的建筑工程项目；未取得《建筑工程施工许可证》的，建筑工程承包合同注明的开工日期在2016年4月30日前的建筑工程项目。

（2）简易计税的计算方法。当采用简易计税方法时，建筑业增值税税率为3%。计算公式如下：

$$增值税=税前造价\times3\%$$

税前造价为人工费、材料费、施工机具使用费、企业管理费、利润和规费之和，各费用项目均以包含增值税进项税额的含税价格计算。

【例2-4】 已知某甲供工程项目，建筑工程总承包单位为房屋建筑主体结构提供工程服务，建设单位自行采购部分预制构件。已知建筑安装工程费用中人工费为500万元，材料费为2000万元（其中包含200万元进项税额），施工机具使用费为800万元（其中包含50万元进项税额），企业管理费为400万元（其中包含15万元进项税额），利润为100万元，规费为150万元。则建筑安装工程费用中应计算的增值税为多少万元？

解：当建筑工程总承包单位为房屋建筑的地基与基础、主体结构提供工程服务，建设单位自行采购全部或部分钢材、混凝土、砌体材料、预制构件时，适用简易计税方法计税。因此用不扣除进项税额的税前造价乘以3%的简易计税方法计算。

$$增值税=(500+2000+800+400+100+150)万元\times3\%=118.5万元$$

三、按造价形成划分建筑安装工程费用的项目构成和计算

建筑安装工程费用按照造价形成划分，由分部分项工程费、措施项目费、其他项目费、规费和税金组成。

（一）分部分项工程费

分部分项工程费是指各专业工程的分部分项工程应予列支的各项费用。各专业工程的分部分项工程划分遵循国家或行业工程量计算规范的规定。分部分项工程费通常用分部分项工程量乘以综合单价进行计算。

$$分部分项工程费=\sum(分部分项工程量\times综合单价)$$

综合单价包括人工费、材料费、施工机具使用费、企业管理费和利润，以及一定范围的风险费用。

（二）措施项目费

1. 措施项目费的构成

措施项目费是指为完成建设工程施工，发生于该工程施工准备和施工过程中的技术、生活、安全、环境保护等方面的费用。措施项目及其包含的内容应遵循各专业工程的现行国家或行业工程量计算规范。以《房屋建筑与装饰工程工程量计算规范》（GB 50854—2013）中的规定为例，措施项目费可以归纳为以下几项：

（1）安全文明施工费。安全文明施工费是指工程项目施工期间，施工单位为保证安全施工、文明施工和保护现场内外环境等所发生的措施项目费用。通常由环境保护费、文明施工费、安全施工费、临时设施费组成。

1）环境保护费，施工现场为达到环保部门要求所需要的各项费用。

2）文明施工费，施工现场文明施工所需要的各项费用。

3）安全施工费，施工现场安全施工所需要的各项费用。

4）临时设施费，施工企业为进行建设工程施工所必须搭设的生活和生产用的临时建筑物、构筑物和其他临时设施费用。包括临时设施的搭设、维修、拆除、清理费或摊销费等。

（2）夜间施工增加费。夜间施工增加费是指因夜间施工所发生的夜班补助费、夜间施工降效、夜间施工照明设备摊销及照明用电等措施费用。内容由以下各项组成：

1）夜间固定照明灯具和临时可移动照明灯具的设置、拆除费用。

2）夜间施工时，施工现场交通标志、安全标牌、警示灯的设置、移动、拆除费用。

3）夜间照明设备摊销及照明用电、施工人员夜班补助、夜间施工劳动效率降低等费用。

（3）非夜间施工照明费。非夜间施工照明费是指为保证工程施工正常进行，在地下室等特殊施工部位施工时所采用的照明设备的安拆、维护及照明用电等费用。

（4）二次搬运费。二次搬运费是指因施工管理需要或因场地狭小等原因，导致建筑材料、设备等不能一次搬运到位，必须发生的二次或以上搬运所需的费用。

（5）冬雨季施工增加费。冬雨季施工增加费是指因冬雨季天气原因导致施工效率降低加大投入而增加的费用，以及为确保冬雨季施工质量和安全而采取的保温、防雨等措施所需的费用。其内容由以下各项组成：

1）冬雨（风）季施工时增加的临时设施（防寒保温、防雨、防风设施）的搭设、拆除费用。

2）冬雨（风）季施工时，对砌体、混凝土等采用的特殊加温、保温和养护措施费用。

3）冬雨（风）季施工时，施工现场的防滑处理、对影响施工的雨雪的清除费用。

4）冬雨（风）季施工时增加的临时设施、施工人员的劳动保护用品、冬雨（风）季施工劳动效率降低等费用。

（6）地上、地下设施、建筑物的临时保护设施费。在工程施工过程中，对已建成的地上、地下设施和建筑物进行的遮盖、封闭、隔离等必要保护措施所发生的费用。

（7）已完工程及设备保护费。竣工验收前，对已完工程及设备采取的覆盖、包裹、封闭、隔离等必要保护措施所发生的费用。

（8）脚手架费。脚手架费是指施工需要的各种脚手架搭、拆、运输费用以及脚手架购置费的摊销（或租赁）费用。通常包括以下内容：

1）施工时可能发生的场内、场外材料搬运费用。

2）搭、拆脚手架、斜道、上料平台费用。

3）安全网的铺设费用。

4）拆除脚手架后材料的堆放费用。

（9）混凝土模板及支架（撑）费。混凝土施工过程中需要的各种钢模板、木模板、支架等的支拆、运输费用及模板、支架的摊销（或租赁）费用。其内容由以下各项组成：

1）混凝土施工过程中需要的各种模板制作费用。

2）模板安装、拆除、整理堆放及场内外运输费用。

3）清理模板黏结物及模内杂物、刷隔离剂等费用。

（10）垂直运输费。垂直运输费是指现场所用材料、机具从地面运至相应高度以及职工人员上下工作面等所发生的运输费用。其内容由以下各项组成：

1）垂直运输机械的固定装置、基础制作、安装费。

2）行走式垂直运输机械轨道的铺设、拆除、摊销费。

（11）超高施工增加费。当单层建筑物檐口高度超过 20m，多层建筑物超过 6 层时，可计算超高施工增加费。其内容由以下各项组成：

1）建筑物超高引起的人工工效降低以及由于人工工效降低引起的机械降效费。

2）高层施工用水加压水泵的安装、拆除及工作台班费。

3）通信联络设备的使用及摊销费。

（12）大型机械设备进出场及安拆费。大型机械设备进出场及安拆费是指机械整体或分体自停放场地运至施工现场或由一个施工地点运至另一个施工地点，所发生的机械进出场运输和转移费用及机械在施工现场进行安装、拆卸所需的人工费、材料费、机具费、试运转费和安装所需的辅助设施的费用。其内容由安拆费和进出场费组成：

1）安拆费包括施工机械、设备在现场进行安装拆卸所需人工、材料、机具和试运转费用以及机械辅助设施的折旧、搭设、拆除等费用。

2）进出场费包括施工机械、设备整体或分体自停放地点运至施工现场或由一施工地点运至另一施工地点所发生的运输、装卸、辅助材料等费用。

（13）施工排水、降水费。施工排水、降水费是指将施工期间有碍施工作业和影响工程质量的水排到施工场地以外，以及防止在地下水位较高的地区开挖深基坑出现基坑浸水，地基承载力下降，在动水压力作用下还可能引起流砂、管涌和边坡失稳等现象而必须采取有效的降水和排水措施费用。该项费用由成井和排水、降水两个独立的费用项目组成：

1）成井。成井的费用主要包括：

① 准备钻孔机械、埋设护筒、钻机就位，泥浆制作、固壁，成孔、出渣、清孔等费用。

② 对接上、下井管（滤管），焊接，安防，下滤料，洗井，连接试抽等费用。

2）排水、降水。排水、降水的费用主要包括：

① 管道安装、拆除，场内搬运等费用。

② 抽水、值班、降水设备维修等费用。

（14）其他。根据项目的专业特点或所在地区不同，可能会出现其他的措施项目，如工程定位复测费和特殊地区施工增加费等。

2. 措施项目费的计算

按照有关专业工程量计算规范规定，措施项目分为应予计量的措施项目（单价措施项目）和不宜计量的措施项目（总价措施项目）两类。

（1）应予计量的措施项目。与分部分项工程费的计算方法基本相同，计算公式如下：

$$措施项目费=\sum(措施项目工程量\times综合单价)$$

不同的措施项目工程量的计算单位是不同的，分列如下：

1）脚手架费通常按照建筑面积或垂直投影面积以“m^2”为单位计算。

2）混凝土模板及支架（撑）费通常是按照模板与现浇混凝土构件的接触面积以“m^2”为单位计算。

3）垂直运输费可根据不同情况用两种方法进行计算：按照建筑面积以“m^2”为单位计算；按照施工工期日历天数以“天”为单位计算。

4）超高施工增加费通常按照建筑物超高部分的建筑面积以“m^2”为单位计算。

5）大型机械设备进出场及安拆费通常按照机械设备的使用数量以“台次”为单位计算。

6）施工排水、降水费分两个不同的独立部分计算：成井费用通常按照设计图示尺寸以钻孔深度以“m”为单位计算；排水、降水费用通常按照排水、降水日历天数以“昼夜”为单位计算。

（2）不宜计量的措施项目。对于不宜计量的措施项目，通常用计算基数乘以费率的方法予以计算。

1）安全文明施工费，计算公式如下：

$$安全文明施工费=计算基数\times安全文明施工费费率$$

计算基数应为定额基价（定额分部分项工程费+定额中可以计量的措施项目费）、定额人工费或定额人工费与施工机具使用费之和，其费率由工程造价管理机构根据各专业工程的特点综合确定。

2）其余不宜计量的措施项目，包括夜间施工增加费，非夜间施工照明费，二次搬运费，冬雨季施工增加费，地上、地下设施、建筑物的临时保护设施费，已完工程及设备保护费等。计算公式如下：

$$措施项目费=计算基数\times措施项目费费率$$

公式中的计算基数应为定额人工费或定额人工费与定额施工机具使用费之和，其费率由工程造价管理机构根据各专业工程特点和调查资料综合分析后确定。

（三）其他项目费

1. 暂列金额

暂列金额是指建设单位在工程量清单中暂定并包括在工程合同价款中的一笔款项。用于施工合同签订时尚未确定或者不可预见的所需材料、工程设备、服务的采购，施工中可能发生的工程变更、合同约定调整因素出现时的工程价款调整以及发生的索赔、现场签证确认等的费用。

暂列金额由建设单位根据工程特点，按有关计价规定估算，施工过程中由建设单位掌握使用、扣除合同价款调整后如有余额，归建设单位。

2. 暂估价

暂估价是指招标人在工程量清单中提供的用于支付必然发生但暂时不能确定价格的材料、工程设备的单价以及专业工程的金额。

暂估价中的材料、工程设备暂估单价根据工程造价信息或参照市场价格估算，计入综合单价；专业工程暂估价分不同专业，按有关计价规定估算。暂估价在施工中按照合同约定再加以调整。

3. 计日工

计日工是指在施工过程中，施工单位完成建设单位提出的工程合同范围以外的零星项目或工作，按照合同中约定的单价计价形成的费用。

计日工由建设单位和施工单位按施工过程中形成的有效签证来计价。

4. 总承包服务费

总承包服务费是指总承包人为配合、协调建设单位进行的专业工程发包，对建设单位自行采购的材料、工程设备等进行保管以及施工现场管理、竣工资料汇总整理等服务所需的费用。

总承包服务费由建设单位在最高投标限价中根据总包范围和有关计价规定编制，施工单位投标时自主报价，施工过程中按签约合同价执行。

（四）规费和税金

规费和税金的构成和计算与按费用构成要素划分建筑安装工程费用项目组成部分是相同的。

第四节 工程建设其他费用构成与计算

工程建设其他费用是指建设期发生的与土地使用权取得、全部工程项目建设以及未来生产经营有关的，除工程费用、预备费、建设期利息、流动资金以外的费用，如图 2-3 所示。

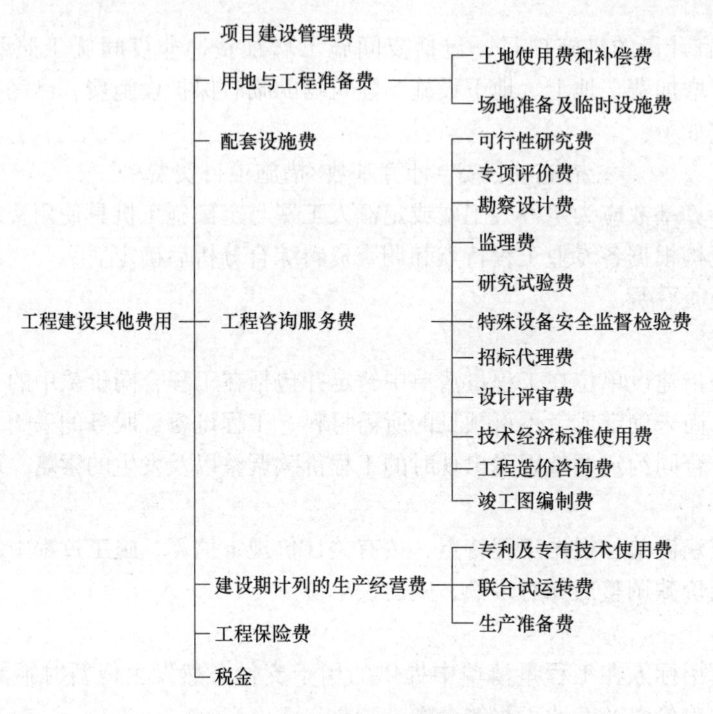

图 2-3 工程建设其他费用的构成

政府有关部门对建设项目管理监督所发生的，并由其部门财政支出的费用，不得列入相应建设项目的工程造价。

一、项目建设管理费

1. 项目建设管理费的内容

项目建设管理费是指项目建设单位从项目筹建之日起至办理竣工决算之日止发生的管理性质的支出。项目建设管理费包括工作人员薪酬及相关费用、办公费、办公场地租用费、差旅交通费、劳动保护费、工具用具使用费、固定资产使用费、招募生产工人费、技术图书资料费（含软件）、业务招待费、竣工验收费和其他管理性质的开支。

2. 项目建设管理费的计算

项目建设管理费按照工程费用之和（包括设备及工器具购置费用和建筑安装工程费用）乘以项目建设管理费费率计算。

项目建设管理费=工程费用×项目建设管理费费率

实行代建制管理的项目，计列代建管理费等同项目建设管理费，不得同时计列项目建设管理费。

二、用地与工程准备费

用地与工程准备费是指取得土地与工程建设施工准备所发生的费用。用地与工程准备费包括土地使用费和补偿费、场地准备费、临时设施费等。

（一）土地使用费和补偿费

建设用地的取得，实质是依法获取国有土地的使用权。根据《中华人民共和国土地管理法》《中华人民共和国土地管理法实施条例》《中华人民共和国城市房地产管理法》的规定，获取国有土地使用权的基本方法有两种：一是出让方式，二是划拨方式。建设用地取得的基本方式还可能包括转让和租赁方式。土地使用权出让是指国家以土地所有者的身份将土地使用权在一定年限内让与土地使用者，并由土地使用者向国家支付土地使用权出让金的行为；土地使用权转让是指土地使用者将土地使用权再转移的行为，包括出售、交换和赠予；土地使用权租赁是指国家将国有土地出租给使用者使用，使用者支付租金的行为，是土地使用权出让方式的补充，但对于经营性房地产开发用地，不实行租赁。

建设用地如通过行政划拨方式取得，须承担征地补偿费用或对原用地单位或个人的拆迁补偿费用；若通过市场机制取得，则不但承担以上费用，还须向土地所有者支付有偿使用费，即土地出让金。

1. 征地补偿费

（1）土地补偿费。土地补偿费是对农村集体经济组织因土地被征用而造成的经济损失的一种补偿。土地补偿费归农村集体经济组织所有。征收农用地的土地补偿费标准由省、自治区、直辖市通过制定公布区片综合地价确定，并至少每三年调整或者重新公布一次。大中型水利、水电工程建设征收土地的补偿费标准和移民安置办法，由国务院另行规定。

（2）青苗补偿费和地上附着物补偿费。青苗补偿费是指因征地时对其正在生长的农作物受到损害而做出的一种赔偿。在农村实行承包责任制后，农民自行承包土地的青苗补偿费应付给本人，属于集体种植的青苗补偿费可纳入当年集体收益。凡在协商征地方案后抢种的农作物、树木等，一律不予补偿。地上附着物是指房屋、水井、树木、涵洞、桥梁、公路、水利设施、林木等地面建筑物、构筑物、附着物等。如附着物产权属个人，则该项补偿费付给个人。地上附着物和青苗等的补偿标准由省、自治区、直辖市制定。对其中的农村村民住宅，应当按照先补偿后搬迁、居住条件有改善的原则，尊重农村村民意愿，采取重新安排宅基地建房、提供安置房或者货币补偿等方式给予公平、合理的补偿，并对因征收造成的搬迁、临时安置等费用予以补偿，保障农村村民居住的权利和合法的住房财产权益。

(3) 安置补助费。安置补助费应支付给被征地单位和安置劳动力的单位，作为劳动力安置与培训的支出，以及作为不能就业人员的生活补助。征收农用地的安置补助费标准由省、自治区、直辖市通过制定公布区片综合地价确定，并至少每三年调整或者重新公布一次。县级以上地方人民政府应当将被征地农民纳入相应的养老等社会保障体系。被征地农民的社会保障费用主要用于符合条件的被征地农民的养老保险等社会保险缴费补贴，依据省、自治区、直辖市规定的标准单独列支。

(4) 耕地开垦费和森林植被恢复费。国家实行占用耕地补偿制度。非农业建设经批准占用耕地的，按照“占多少，垦多少”的原则，由占用耕地的单位负责开垦与所占用耕地的数量和质量相当的耕地；没有条件开垦或者开垦的耕地不符合要求的，应当按照省、自治区、直辖市的规定缴纳耕地开垦费，专款用于开垦新的耕地。涉及占用森林草原的还应列支森林植被恢复费用。

(5) 生态补偿与压覆矿产资源补偿费。生态补偿费是指建设项目对水土保持等生态造成影响所发生的除工程费用之外补救或者补偿费用；压覆矿产资源补偿费是指项目工程对被其压覆的矿产资源利用造成影响所发生的补偿费用。

(6) 其他补偿费。其他补偿费是指建设项目涉及的对房屋、市政、铁路、公路、管道、通信、电力、河道、水利、厂区、林区、保护区、矿区等不附属于建设用地但与建设项目相关的建筑物、构筑物或设施的拆除、迁建补偿、搬迁运输补偿等费用。

2. 拆迁补偿费用

在城镇规划区内国有土地上实施房屋拆迁，拆迁人应当对被拆迁人给予补偿、安置。

(1) 拆迁补偿金。补偿方式既可以实行货币补偿，也可以实行房屋产权调换。

货币补偿的金额，根据被拆迁房屋的区位、用途、建筑面积等因素，以房地产市场评估价格确定。具体办法由省、自治区、直辖市人民政府制定。

实行房屋产权调换的，拆迁人与被拆迁人按照计算得到的被拆迁房屋的补偿金额和所调换房屋的价格，结清产权调换的差价。

(2) 迁移补偿费。迁移补偿费包括征用土地上的房屋及附属构筑物、城市公共设施等拆除、迁建补偿费、搬迁运输费，企业单位因搬迁造成的减产、停工损失补贴费，拆迁管理费等。

拆迁人应当对被拆迁人或者房屋承租人支付搬迁补助费，对于在规定的搬迁期限届满前搬迁的，拆迁人可以付给提前搬家奖励费；在过渡期限内，被拆迁人或者房屋承租人自行安排住处的，拆迁人应当支付临时安置补助费；被拆迁人或者房屋承租人使用拆迁人提供的周转房的，拆迁人不支付临时安置补助费。迁移补偿费的标准，由省、自治区、直辖市人民政府规定。

3. 土地出让金

以出让等有偿使用方式取得国有土地使用权的建设单位，按照国务院规定的标准和办法缴纳土地使用权出让金等土地有偿使用费和其他费用后，方可使用土地。土地使用权出让金（即土地出让金）为用地单位向国家支付的土地所有权收益，土地出让金标准一般参考城市基准地价并结合其他因素制定。基准地价是指在城镇规划区范围内，对不同级别的土地或者土地条件相当的均质地域，按照商业、居住、工业等用途分别评估的，并由市、县以上人民政府公布的，国有土地使用权的平均价格。

在有偿出让和转让土地时，政府对地价不做统一规定，但应坚持以下原则：地价对目前的投资环境不产生大的影响；地价与当地的社会经济承受能力相适应；地价要考虑已投入的土地开发费用、土地市场供求关系、土地用途、所在区类、容积率和使用年限等。

有偿出让和转让使用权，要向土地受让者征收契税；转让土地如有增值，要向转让者征收土地增值税；土地使用者每年应按规定的标准缴纳土地使用费。土地使用权出让或转让，应先由地价评估机构进行价格评估后，再签订土地使用权出让和转让合同。

土地使用权出让合同约定的使用年限届满，土地使用者需要继续使用土地的，应当至迟于届满前一年申请续期，除根据社会公共利益需要收回该幅土地的，应当予以批准。经批准准予续期的，应当重新签订土地使用权出让合同，依照规定支付土地使用权出让金。

（二）场地准备及临时设施费

1. 场地准备及临时设施费的内容

（1）场地准备费。场地准备费是指为使工程项目的建设场地达到开工条件，由建设单位组织进行的场地平整等准备工作而发生的费用。

（2）临时设施费。临时设施费是指建设单位为满足施工建设需要而提供的未列入工程费用的临时水、电、路、信、气、热等工程和临时仓库等建（构）筑物的建设、维修、拆除、摊销费用或租赁费用，以及货场、码头租赁等费用。

2. 场地准备及临时设施费的计算

1）场地准备及临时设施应尽量与永久性工程统一考虑。建设场地的大型土石方工程应计入工程费用中的总图运输费用中。

2）新建项目的场地准备和临时设施费应根据实际工程量估算，或按工程费用的比例计算。改扩建项目一般只计拆除清理费。

$$场地准备和临时设施费=工程费用\times 费率+拆除清理费$$

3）发生拆除清理费时可按新建同类工程造价或主材费、设备费的比例计算。凡可回收材料的拆除工程采用以料抵工方式冲抵拆除清理费。

4）此项费用不包括已列入建筑安装工程费用中的施工单位临时设施费用。

三、配套设施费

1. 城市基础设施配套费

城市基础设施配套费是指建设单位向政府有关部门缴纳的，用于城市基础设施和城市公用设施建设的专项费用。

2. 人防易地建设费

人防易地建设费是指建设单位因地质、地形、施工等客观条件限制，无法修建防空地下室的，按照规定标准向人民防空主管部门缴纳的人民防空工程易地建设费。

四、工程咨询服务费

工程咨询服务费是指建设单位在项目建设全过程中委托咨询机构提供经济、技术、法律等服务所需的费用。技术服务费包括可行性研究费、专项评价费、勘察设计费、监理费、研究试验费、特殊设备安全监督检验费、招标代理费、设计评审费、技术经济标准使用费、工程造价咨询费、竣工图编制费及其他咨询费。按照国家发展改革委《关于进一步放开建设项目专业服务价格的通知》（发改价格〔2015〕299号）的规定，工程咨询服务费应实行市场调节价。

（一）可行性研究费

可行性研究费是指在工程项目投资决策阶段，对有关建设方案、技术方案或生产经营方案进行的技术经济论证，以及编制、评审可行性研究报告等所需的费用。可行性研究费包括项目建议书、预可行性研究、可行性研究费等。

（二）专项评价费

专项评价费是指建设单位按照国家规定委托相关单位开展专项评价及有关验收工作发生的费用。

专项评价费包括环境影响评价费、安全预评价费、职业病危害预评价费、地质灾害危险性评价费、水土保持评价费、压覆矿产资源评价费、节能评估费、危险与可操作性分析及安全完整性评价费以及其他专项评价费。

1. 环境影响评价费

环境影响评价费是指在工程项目投资决策过程中，对其进行环境污染或影响评价所需的费用。环境影响评价费包括编制环境影响报告书（含大纲）、环境影响报告表和评估等所需的费用，以及建设项目竣工验收阶段环境保护验收调查和环境监测、编制环境保护验收报告的费用。

2. 安全预评价费

安全预评价费是指为预测和分析建设项目存在的危害因素种类和危险危害程度，提出先进、科学、合理可行的安全技术和管理对策，而编制评价大纲、编写安全评价报告书和评估等所需的费用。

3. 职业病危害预评价费

职业病危害预评价费是指建设项目因可能产生职业病危害，而编制职业病危害预评价书、职业病危害控制效果评价书和评估所需的费用。

4. 地质灾害危险性评价费

地质灾害危险性评价费是指在灾害易发区对建设项目可能诱发的地质灾害和建设项目本身可能遭受的地质灾害危险程度的预测评价，编制评价报告书和评估所需的费用。

5. 水土保持评价费

水土保持评价费是指对建设项目在生产建设过程中可能造成水土流失进行预测，编制水土保持方案和评估所需的费用。

6. 压覆矿产资源评价费

压覆矿产资源评价费是指对需要压覆重要矿产资源的建设项目，编制压覆重要矿产评价和评估所需的费用。

7. 节能评估费

节能评估费是指对建设项目的能源利用是否科学合理进行分析评估，并编制节能评估报告以及评估所发生的费用。

8. 危险与可操作性分析及安全完整性评价费

危险与可操作性分析及安全完整性评价费是指对应用于生产具有流程性工艺特征的新建、改建、扩建项目进行工艺危害分析和对安全仪表系统的设置水平及可靠性进行定量评估所发生的费用。

9. 其他专项评价费

其他专项评价费是指根据国家法律法规、建设项目所在省、自治区、直辖市人民政府有关规定，以及行业规定需进行的其他专项评价、评估、咨询所需的费用。例如重大投资项目社会稳定风险评估、防洪评价、交通影响评价费等。

（三）勘察设计费

1. 勘察费

勘察费是指勘察人根据发包人的委托，收集已有资料、现场踏勘、制定勘察纲要，进行勘察作业，以及编制工程勘察文件和岩土工程设计文件等收取的费用。

2. 设计费

设计费是指设计人根据发包人的委托，提供编制建设项目初步设计文件、施工图设计文件、非标准设备设计文件、竣工图文件等服务所收取的费用。

（四）监理费

监理费是指受建设单位委托，工程监理单位为工程建设提供监理服务所发生的费用。

（五）研究试验费

研究试验费是指为建设项目提供或验证设计参数、数据、资料等进行必要的研究试验，以及设计规定在建设过程中必须进行试验、验证所需的费用。研究试验费包括自行或委托其他部门的专题研究、试验所需人工费、材料费、试验设备及仪器使用费等。这项费用按照设计单位根据工程项目的需要提出的研究试验内容和要求计算。在计算时要注意不应包括以下项目：

1）应由科技三项费用（即新产品试制费、中间试验费和重要科学研究补助费）开支的项目。

2）应在建筑安装费用中列支的施工企业对建筑材料、构件和建筑物进行一般鉴定、检查所发生的费用及技术革新的研究试验费。

3）应由勘察设计费或工程费用中开支的项目。

（六）特殊设备安全监督检验费

特殊设备安全监督检验费是指对在施工现场安装的列入国家特种设备范围内的设备（设施）检验检测和监督检查所发生的应列入项目开支的费用。

特殊设备包括锅炉、压力容器、压力管道、消防设备、燃气设备、起重设备、电梯、安全阀等。

（七）招标代理费

招标代理费是指建设单位委托招标代理机构进行招标服务所发生的费用。

（八）设计评审费

设计评审费是指建设单位委托有关机构对设计文件进行评审的费用，包括初步设计文件和施工图设计文件的评审费用。

（九）技术经济标准使用费

技术经济标准使用费是指建设项目投资确定与计价、费用控制过程中使用相关技术经济标准使发生的费用。

（十）工程造价咨询费

工程造价咨询费是指建设单位委托造价咨询机构开展造价咨询工作所发生的费用。

（十一）竣工图编制费

竣工图编制费是指建设单位委托相关机构编制竣工图所需的费用。

五、建设期计列的生产经营费

建设期计列的生产经营费是指为达到生产经营条件在建设期发生或将要发生的费用。建设期计列的生产经营费包括专利及专有技术使用费、联合试运转费、生产准备费等。

（一）专利及专有技术使用费

专利及专有技术使用费是指在建设期内为取得专利、专有技术、商标权、商誉、特许经营权等发生的费用。

1. 专利及专有技术使用费的主要内容

1）工艺包费、设计及技术资料费、有效专利、专有技术使用费、技术保密费和技术服务费等。

2）商标权、商誉和特许经营权费。

3）软件费等。

2. 专利及专有技术使用费的计算

在计算专利及专有技术使用费时应注意以下问题：

1）按专利使用许可协议和专有技术使用合同的规定计列。

2）专有技术的界定应以省、部级鉴定批准为依据。

3）项目投资中只计需在建设期支付的专利及专有技术使用费。协议或合同规定在生产期支付的使用费应在生产成本中核算。

4）一次性支付的商标权、商誉及特许经营权费按协议或合同规定计列。协议或合同规定在生产期支付的商标权或特许经营权费应在生产成本中核算。

（二）联合试运转费

联合试运转费是指新建或新增加生产能力的工程项目，在交付生产前按照设计文件规定的工程质量标准和技术要求，对整个生产线或装置进行负荷联合试运转所发生的费用净支出（试运转支出大于收入的差额部分费用）。试运转支出包括试运转所需原材料、燃料及动力消耗、低值易耗品、其他物料消耗、工具用具使用费、机械使用费、联合试运转人员工资、施工单位参加试运转人员工资、专家指导费，以及必要的工业炉烘炉费等；试运转收入包括试运转期间的产品销售收入和其他收入。联合试运转费不包括应由设备安装工程费用开支的调试及试车费用，以及在试运转中暴露出来的因施工原因或设备缺陷等发生的处理费用。

（三）生产准备费

1. 生产准备费的内容

生产准备费是指在建设期内，建设单位为保证项目正常生产所做的提前准备工作发生的费用，包括人员培训、提前进厂费，以及投产使用必备的办公、生活家具用具及工器具等的购置费用。

人员培训及提前进厂费包括自行组织培训或委托其他单位培训的人员工资、工资性补贴、职工福利费、差旅交通费、劳动保护费、学习资料费等。

2. 生产准备费的计算

1）新建项目按设计定员为基数计算，改扩建项目按新增设计定员为基数计算：

生产准备费=设计定员×生产准备费指标

2）可采用综合的生产准备费指标进行计算，也可以按费用内容的分类指标计算。

六、工程保险费

工程保险费是指为转移工程项目建设的意外风险，在建设期内对建筑工程、安装工程、机械设备和人身安全进行投保而发生的费用。包括建筑安装工程一切险、引进设备财产保险和人身意外伤害险等。不同的建设项目可根据工程特点选择投保险种。

根据不同的工程类别，分别以其建筑、安装工程费乘以建筑、安装工程保险费费率计算。民用建筑（住宅楼、综合性大楼、商场、旅馆、医院、学校）占建筑工程费的0.2%~0.4%；其他建筑（工业厂房、仓库、道路、码头、水坝、隧道、桥梁、管道等）占建筑工程费的0.3%~0.6%；安装工程（农业、工业、机械、电子、电器、纺织、矿山、石油、化学及钢铁工业、钢结构桥梁）占建筑工程费的0.3%~0.6%。

七、税金

税金是指按《基本建设项目建设成本管理规定》（财建〔2016〕504号文发布），统一归纳计列的城镇土地使用税、耕地占用税、契税、车船税、印花税等除增值税外的税金。

第五节　预备费、建设期利息及流动资金

一、预备费

预备费是指在建设期内因各种不可预见因素的变化而预留的可能增加的费用，包括基本预备费和价差预备费。

（一）基本预备费

1. 基本预备费的内容

基本预备费是指投资估算或工程概算阶段预留的，由于工程实施中不可预见的工程变更及洽商、一般自然灾害处理、地下障碍物处理、超规超限设备运输等而可能增加的费用，也可称为工程建设不可预见费。基本预备费一般由以下四部分构成：

（1）工程变更及洽商。在批准的初步设计范围内，施工图设计及施工过程中所增加的工程费用；设计变更、工程变更、材料代用、局部地基处理等增加的费用。

（2）一般自然灾害处理。一般自然灾害造成的损失和预防自然灾害所采取的措施费用。实行工程保险的工程项目，该费用应适当降低。

（3）不可预见的地下障碍物处理的费用。

（4）超规超限设备运输增加的费用。

2. 基本预备费的计算

基本预备费按以工程费用和工程建设其他费用二者之和为计取基础，乘以基本预备费费率进行计算。基本预备费费率的取值应执行国家及有关部门的规定。

基本预备费=(工程费用+工程建设其他费用)×基本预备费费率

【例2-5】 已知某建设项目设备购置费为2000万元，建筑安装工程费用为800万元，工程建设其他费用为1500万元，基本预备费费率为15%，则该建设项目基本预备费为多少万元？

解：

工程费用=2000万元+800万元=2800万元

基本预备费=(2800+1500)万元×15%=645万元

（二）价差预备费

1. 价差预备费的内容

价差预备费是指为在建设期内利率、汇率或价格等因素的变化而预留的可能增加的费用，也称为价格变动不可预见费。价差预备费的内容包括：人工、设备、材料、施工机具的价差费，建筑安装工程费用及工程建设其他费用调整，利率、汇率调整等增加的费用。

2. 价差预备费的计算

价差预备费一般根据国家规定的投资综合价格指数，以估算年份价格水平的投资额为基数，采用复利方法计算。计算公式如下：

$$\mathrm{PF}=\sum_{t=1}^{n} I_t[(1+f)^m(1+f)^{0.5}(1+f)^{t-1}-1]$$

式中 PF——价差预备费；

n——建设期年份数；

I_t——建设期中第 t 年的静态投资计划额，包括工程费用、工程建设其他费用及基本预备费；

f——年涨价率；

m——建设前期年限（从编制估算到开工建设）。

年涨价率，政府部门有规定的按规定执行，没有规定的由可行性研究人员预测。

【例2-6】 某建设项目建筑安装工程费用为5000万元，设备购置费为3000万元，工程建设其他费用为2000万元，已知基本预备费费率为5%，项目建设前期年限为1年，建设期为3年，各年投资计划额为：第一年完成投资20%，第二年60%，第三年20%。年均投资价格上涨率为6%，求建设项目建设期间价差预备费。

解：

基本预备费=(5000+3000+2000)万元×5%=500万元

静态投资=5000万元+3000万元+2000万元+500万元=10500万元

建设期第一年完成投资=10500万元×20%=2100万元

$$第一年价差预备费为\ PF_1=I_1[(1+f)(1+f)^{0.5}-1]=191.8\ 万元$$

$$第二年完成投资=10500\ 万元\times 60\%=6300\ 万元$$

$$第二年价差预备费为\ PF_2=I_2[(1+f)(1+f)^{0.5}(1+f)-1]=987.9\ 万元$$

$$第三年完成投资=10500\ 万元\times 20\%=2100\ 万元$$

$$第三年价差预备费为\ PF_3=I_3[(1+f)(1+f)^{0.5}(1+f)^2-1]=475.1\ 万元$$

所以，建设期的价差预备费为

$$PF=191.8\ 万元+987.9\ 万元+475.1\ 万元=1654.8\ 万元$$

二、建设期利息

建设期利息是指筹措债务资金时在建设期内发生并按照规定允许在投产后计入固定资产原值的利息，即资本化利息。建设期利息包括银行借款和其他债务资金的利息，以及其他融资费用。建设期利息应按借款要求和条件计算。国内银行借款按现行贷款计算，国外贷款利息按协议书或贷款意向书确定的利率按复利计算。在编制投资估算时，贷款分年均衡发放，为了简化计算，按借款均在每年的年中支用处理，即借款第一年按半年计息，其余各年份按全年计息。

$$各年应计利息=(年初借款本息累计+本年借款额\div 2)\times 年利率$$

【例 2-7】　某新建项目，建设期为 3 年，分年均衡进行贷款，第一年贷入 200 万元，第二年贷入 500 万元，第三年贷入 300 万元。贷款年利率为 6%，建设期内利息只计息不支付，试计算建设期利息。

解：

$$第一年应计利息=(0+0.5\times 200)\ 万元\times 6\%=6\ 万元$$

$$第二年应计利息=(200+6+0.5\times 500)\ 万元\times 6\%=27.36\ 万元$$

$$第三年应计利息=(200+6+500+27.36+0.5\times 300)\ 万元\times 6\%=53.00\ 万元$$

$$建设期利息总和=6\ 万元+27.36\ 万元+53.00\ 万元=86.36\ 万元$$

三、流动资金

流动资金是指为进行正常生产运营，用于购买原材料、燃料、支付工资及其他运营费用等所需的周转资金。在可行性研究阶段用于财务分析时计为全部流动资金，在初步设计及以后阶段用于计算“项目报批总投资”或“项目概算总投资”时计为铺底流动资金。铺底流动资金是指生产经营性建设项目为保证投产后正常的生产运营所需，并在项目资本金中筹措的自有流动资金。

练　习　题

1. 建筑工程项目总投资包括（　　）、（　　）和流动资金三部分。

2. 建筑工程固定资产投资中，静态投资部分包括建筑安装工程费用、（　　）、工程建设其他费用、（　　），以及因工程量误差而引起的工程造价增减值等。

3. 建筑工程固定资产投资中，动态投资部分包括（　　）、（　　）等。

4. 建筑工程设备购置费由（　　）和设备运杂费构成。

5. 社会保险费包括养老保险费、（　　）、医疗保险费、工伤保险费、（　　）。

6. 预备费包括（　　）和（　　）。

7. 某拟建项目，建筑安装工程费用为11.2亿元，设备及工器具购置费用为33.6亿元，工程建设其他费用为8.4亿元，建设单位管理费为3亿元，基本预备费费率为5%，则拟建项目基本预备费为（　　）亿元。

8. 某建设项目建筑安装工程费用为1600万元，设备购置费为400万元，工程建设其他费用为300万元。已知基本预备费费率为5%，项目建设前期年限为0.5年，建设期为2年，每年完成投资的50%，年涨价率为7%，则该项目的预备费为（　　）万元。

9. 某新建项目，建设期为2年，分年均衡进行贷款，第一年贷款2000万元，第二年贷款3200万元。在建设期内贷款利息只计息不支付。年利率为10%的情况下，该项目应计建设期利息为（　　）万元。

思　考　题

1. 设备运杂费由哪些费用构成?

2. 按费用构成要素划分，建筑安装工程费用由哪些费用构成?

3. 按造价形成划分，建筑安装工程费用由哪些费用构成?

4. 企业管理费包括哪些费用?

5. 建筑工程措施项目费由哪些费用构成?

6. 按造价形成划分，建筑工程其他项目费包括哪些费用?

第三章 3

铁路工程项目总投资构成

第一节　铁路工程项目总投资概述

由于不同专业类别的工程项目在总投资构成上会有所不同。根据《铁路基本建设工程设计概（预）算编制办法》（TZJ 1001—2017）中的规定，铁路工程项目总投资组成如图 3-1 所示。由此可见铁路工程项目总投资由静态投资、动态投资、机车车辆（动车组）购置费和铺底流动资金构成。

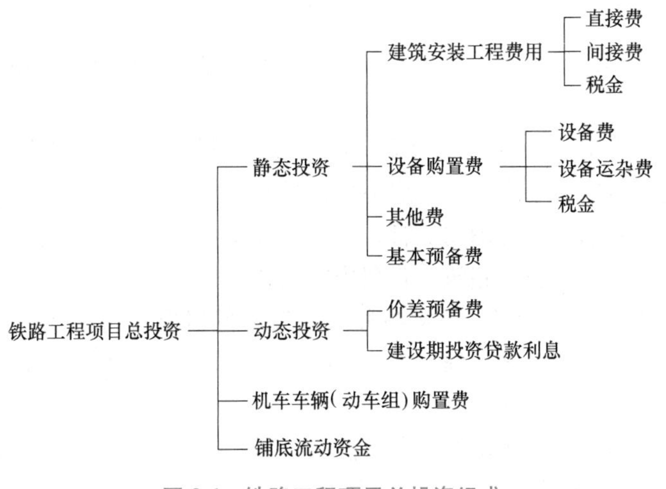

图 3-1　铁路工程项目总投资组成

第二节　建筑安装工程费用

一、几个基本概念

1. 基期

基期是指编制定额基价时所采用的价格标准的时间位置（年）。

2. 基期价格

基期价格是指编制定额基价时采用的价格标准。基期价格包括人工单价、材料单价、机械台班单价。

3. 基价

基价是指一个定额单位规定消耗的工日、材料、机械台班数量分别乘以人工、材料、机械台班基期价格所得人工费、材料费、机械使用费之和。

4. 编制期

编制期是指概（预）算编制时的时间位置（年）。

5. 编制期价格

编制期价格是指概（预）算编制时的价格。编制期价格包括人工单价、材料单价、机械台班单价等。

6. 价差

价差是指形成工程造价的各种因素，因时间、地点的不同，由于价格变化对工程造价产生的相对差值。价差的计算根据具体情况和编制要求，有不同的计算方法和范围。例如，根据现行铁路工程概（预）算编制依据，计算铁路工程材料费时，基期以2014年度价格水平作为基期价的取费依据。基期至编制期之间产生的价差包括人工费价差、材料费价差、机械费价差、运杂费价差和设备费价差等需计算和调整。

二、建筑安装工程费用项目构成与计算

建筑安装工程费用是建筑工程费和安装工程费的合称，是铁路建设项目投资的主要组成部分。

建筑工程费（费用代号：Ⅰ）是指路基、桥涵、隧道及明洞、轨道、通信、信号、信息、灾害监测、电力、电力牵引供电、房屋、给排水、机务、车辆、动车、站场、工务、其他建筑工程等和属于建筑工程范围内的管线敷设、设备基础、工作台等，以及迁改工程、大型临时设施和过渡工程中应属于建筑工程费内容的费用。

安装工程费（费用代号：Ⅱ）是指各种需要安装的机电设备的装配、装置工程，与设备相连的工作台、梯子等的装设工程，附属于被安装设备的管线敷设，以及被安装设备的绝缘、刷油、保温和调试等所需的费用。

铁路工程建筑安装工程费用由直接费、间接费和税金三部分组成。铁路工程建筑安装工程费用具体组成如图3-2所示。

铁路投资费用中，建筑安装工程费用是一个复杂庞大的综合体，是计算工作量最大的费用。因此，在一定意义上讲，确定铁路工程项目投资费用，主要是确定建筑安装工程费用。铁路工程招投标实质上也是对建筑安装工程进行招投标。因此，对建筑安装工程费用的测算精度将直接影响工程计价文件的编制质量。

（一）人工费

1. 人工费的计算

人工费是指直接从事建筑安装工程施工的生产工人开支的各项费用。人工费的计算公式如下：

$$人工费 = \sum 定额人工消耗量 \times 综合工费单价$$

2017年基期综合工费单价见表3-1。基期综合工费单价是指作为编制概（预）算基期人工费的依据，与实际支付给工人的人工单价没有关系。

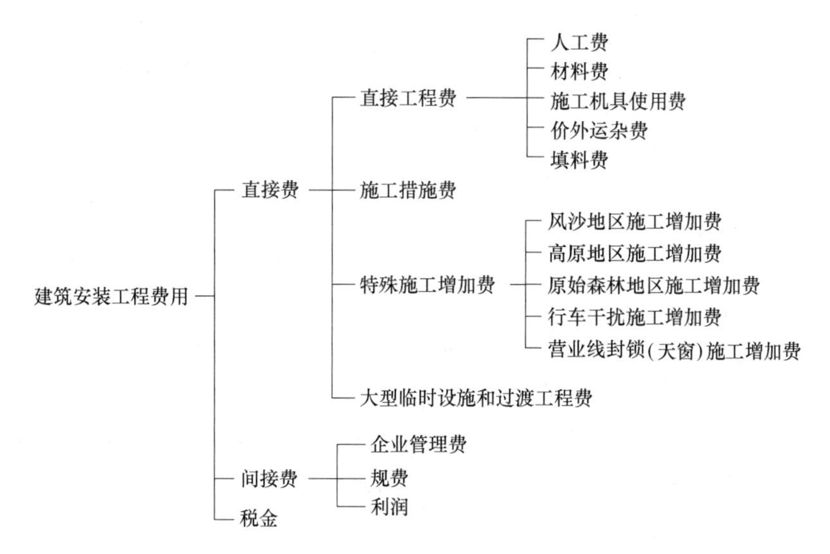

图 3-2　铁路工程建筑安装工程费用的组成

表 3-1　2017 年基期综合工费单价

综合工费类别	工程类别	基期综合工费单价（元 / 工日）
Ⅰ类工	路基（不含路基基床表层及过渡段的级配碎石、砂砾石），涵洞，一般生产房屋和附属、给排水、站场（不含旅客地道、天桥、雨篷）等的建筑工程，取弃土（石）场处理，大临工程	66
Ⅱ类工	路基基床表层及过渡段的级配碎石、砂砾石	68
Ⅲ类工	桥梁（不含箱梁的预制、运输、架设、现浇，桥面系），通信、信号、信息、灾害监测、电力、电力牵引供电、机务、车辆、动车、工务、其他建筑及设备等的建筑工程	70
Ⅳ类工	设备安装工程（不含通信、信号、信息、灾害监测、电力、电力牵引供电的设备安装工程）	71
Ⅴ类工	箱梁（预制、运输、架设、现浇）、钢梁、钢管拱架设、桥面系，粒料道床，站房（含站房综合楼），旅客地道、天桥、雨篷	73
Ⅵ类工	轨道（不含粒料道床），通信、信号、信息、灾害监测、电力、电力牵引供电的设备安装工程	77
Ⅶ类工	隧道	82

注：1. 本表中的基期综合工费单价，不包含特殊地区津贴、补贴，特殊地区津贴、补贴按国家有关部门和省（自治区、直辖市）的规定计算，按人工费价差计列。海拔 3000m 及以上高原地区工资补贴以基本工资为计算基数，按表 3-2 列出的补贴比例计算，基本工资按综合工费单位的 40%计算。计列高原地区工资补贴后，不再计列该地区生活费补贴和艰苦边远地区津贴。

2. 掘进机、盾构机施工的隧道综合工费单价结合其实际情况另行分析确定。

3. 过渡工程执行同类正式工程综合工费单价。

4. 本表工程类别外的其他工程，执行Ⅰ类工单价。

表 3-2 高原地区工资补贴比例

海拔/m	工资补贴比例（%）
3000（含）~3500（含）	70
3500（不含）~4000（含）	100
4000（不含）~4500（含）	140
4500 以上	165

2. 人工费价差调整

价差调整是指基期至概（预）算编制期，概（预）算编制期至工程结（决）算期对价格所做的合理调整。

编制期人工费与基期人工费差价按人工费价差计列。人工费价差的调整方法为

人工费价差=∑定额人工消耗量(不包括施工机械台班中的人工)×(编制期综合工费单价-基期综合工费单价)

编制期综合工费单价按有关部门颁布的调整文件执行。

【例 3-1】 某单位在某地新建铁路隧道工程，按国家规定，该地有特殊地区津贴和补贴，合计为每月 65 元，试分析该工程人工费价差。

解：基期的综合工费单价：

由表 3-1 可知，隧道基期的综合工费单价为 82 元/工日。

编制期的综合工费单价：

综合工费的年工作日为

365 工日-52×2 工日-11 工日=250 工日

平均月工作日为

250 工日÷12=20. 83 工日

该地区的特殊地区津贴和补贴应为

65 元÷20. 83 工日=3. 12 元/工日

根据《国家铁路局关于调增铁路工程造价标准编制期综合工费单价的通知》（国铁科法〔2021〕15 号），隧道工程综合工费单价增幅为 35. 4%，铁路隧道工程的综合工费单价为 82 元/工日×(1+35. 4%)= 111. 03 元/工日，所以考虑特殊地区津贴和补贴的情况下，编制期的综合工费单价为

111. 03 元/工日+3. 12 元/工日=114. 15 元/工日

人工费价差=114. 15 元/工日-82 元/工日=32. 15 元/工日

（二）材料费

1. 材料费的计算

材料费是指按施工过程中耗费的构成工程实体的原材料、辅助材料、构配件、零件、半成品、成品的费用，以及不构成工程实体的一次性材料消耗费用和周转性材料摊销费用等。材料费的基本计算公式如下：

材料费=∑定额材料消耗量×材料预算价格

2. 材料预算价格的组成

材料预算价格由材料原价、价内运杂费、采购及保管费组成。

材料预算价格=(材料原价+价内运杂费)×(1+采购及保管费费率)

(1) 材料原价。材料原价是指材料的出厂价或指定交货地点的价格。

(2) 价内运杂费。价内运杂费是指材料自来源地（生产厂或指定交货地点）运至工地所发生的计入材料费的有关费用，包括运输费、装卸费及其他有关运输的费用。

(3) 采购及保管费。采购及保管费是指材料在采购、供应和保管过程中所发生的各项费用。采购及保管费包括采购费、仓储费、工地保管费、运输损耗费、仓储损耗费，以及办理托运所发生的费用（如由托运单位负担的包装、捆扎、支垫等的料具耗损费，从钢厂到焊轨基地的钢轨座架使用费，转向架租用费和托运签条）等。采购及保管费费率按表3-3执行。铁路工程材料预算价格的确定方法和建筑工程的材料预算价格确定方法稍有不同。建筑工程材料预算价格确定的具体内容见第四章第四节。

表3-3　采购及保管费费率

序号	材料名称	费率（%）
1	水泥	3.78
2	碎石（包括道砟及中、小卵石）	3.45
3	砂	4.47
4	砖、瓦、石灰	4.98
5	钢轨、道岔、轨枕、钢梁、钢管拱、斜拉索、钢筋混凝土梁、铁路桥梁支座、电杆、铁塔、钢筋混凝土预制桩、接触网支柱及硬横梁、机柱	1.10
6	其他材料	2.65

注：价外运杂费的采购及保管费费率同本表。

3. 材料预算价格的确定

1）水泥、木材、钢材、砖、瓦、砂、石、石灰、粉煤灰、风沙路基防护用稻草（芦苇）、黏土、花草苗木、土工材料、钢轨、道岔、轨枕、钢轨扣件（混凝土枕用）、钢梁、钢管拱、斜拉索、桥梁高强螺栓、钢筋混凝土梁、铁路桥梁支座、桥梁防水卷材、桥梁防水涂料、钢筋混凝土预制桩、隧道防水板、火工品、电杆、铁塔、机柱、接触网支柱、接触网及电力线材、光电缆线、给排水管材、钢制防护栅栏网片等主要材料（电算代号见表3-4）的基期价格按《铁路工程材料基期价格》（TZJ 3003—2017）执行。上述材料预算价格不包含该材料运杂费，运杂费需单独计算。《铁路工程材料基期价格》中材料的基期价格不含可抵扣进项税额。编制期价格采用不含可抵扣进项税额的价格，由设计单位调查分析确定。若调查价格中未含采购及保管费，要计算其按不含可抵扣进项税额的调查价格计取的采购及保管费；或调查价格为指定交货地点（非工地）的价格，还需在单项概（预）算中单独计算由指定交货地点运至工地所发生的价外运杂费。

铁路工程由于线长点多，分布区域广，大多工程地处荒僻地区，交通不便，材料来源广，品种杂，运输方法多，建设周期长，材料的运杂费占直接费比例比较大，很难统一将运杂费纳入材料价中。因此，长期以来铁路工程的主要材料的材料费和运杂费是分别列项的。

2）设计单位自行补充材料的预算价格比照主要材料预算价格的确定方法确定。

3）施工机械用油燃料的预算价格为包含该材料全部运杂费和采购及保管费的价格。基期价格按《铁路工程材料基期价格》（TZJ 3003—2017）执行，编制期价格采用不含可抵扣进项税额的价格，由设计单位调查分析确定。编制期价格与基期价格的差额按价差计列，计入施工机具使用费价差中。

4）除上述材料以外的其他材料（辅助材料）的预算价格为包含该材料全部运杂费和采购及保管费的价格。基期价格按《铁路工程材料基期价格》执行，其编制期与基期的价差按有关部门颁布的辅助材料价差系数计算。

表 3-4 采用调查价格材料的品类及电算代号

序号	材料名称	电算代号
1	水泥	1010002～1010015
2	木材	1110001～1110018
3	钢材	1900014～1910109，1920001～1962001，1980012，1980050，1980053，2000001～2000027，2200100～2201071，2220016～2240019，2810023～2810115
4	钢筋混凝土管、铸铁管、塑料管	1400001～1403004，2300010～2300512，2330010～2330055，3372010～3372041，3372150～3372399
5	砂	1260022～1260024
6	石	1230001～1240121，1300010，1300011
7	石灰、黏土	1200014～1200015，1210004，1210016
8	粉煤灰、矿粉	1260129～1260132、1210020
9	砖、瓦	1300001～1300002，1300060～1300070，1300085～1300088，1310002～1310005
10	花草苗木	1170050～1170075
11	风沙路基防护用稻草（芦苇）	1150002
12	土工材料	3410010～3412012
13	钢制防护栅栏网片	2547322
14	钢轨	2700010～2700401
15	道岔	2720218～2726206
16	轨枕	2741012～2741120，2741200～2741704
17	钢轨扣件（混凝土枕用）	2750020～2750021，2750024，2750026，2750029，2750030，2760015～2761012，2762012～2762015，2762018～2763011，2765012，2766020，2766022，2766026～2766029，2766101～2766113
18	钢梁、钢管拱、斜拉索	2624010～2624152

（续）

序号	材料名称	电算代号
19	钢筋混凝土梁	2601110~2601219
20	铁路桥梁支座	2610010~2612116，2613110~2613181
21	桥梁防水卷材、涂料	1710050、1710054、1710056、1710061，1710101~1710106
22	桥梁高强螺栓	2750027、2750028
23	钢筋混凝土预制桩	1405001~1405103
24	隧道防水板	3341021~3341044
25	火工品	3220012~3220013，3220110~3220214
26	电杆、铁塔、机柱	1410001~1413006，7812010~7812112，8111036~8111038
27	接触网支柱	5200303~5200703，5300202~5322203
28	接触网及电力线材	2120015，5800201~5800332，5811022~5866401
29	光电缆线	4710010~4715112，4720010~4732517，4732610~4732692，4732801~4732840，4733010~4734403，7010010~7310116，7311010~7311012，7311110~7312311，8010010~8017010，8018101~8018120

4. 材料费价差调整

编制期材料费与基期材料费差价按材料费价差计列。

1）水泥、木材、钢材、砖、瓦、砂、石、石灰、粉煤灰、风沙路基防护用稻草（芦苇）、黏土、花草苗木、土工材料、钢轨、道岔、轨枕、钢轨扣件（混凝土枕用）、钢梁、钢管拱、斜拉索、桥梁高强螺栓、钢筋混凝土梁、铁路桥梁支座、桥梁防水卷材、桥梁防水涂料、钢筋混凝土预制桩、隧道防水板、火工品、电杆、铁塔、机柱、接触网支柱、接触网及电力线材、光电缆线、给排水管材、钢制防护栅栏网片等材料的价差，按定额统计的消耗量乘以编制期价格与基期价格之间的差额计算。

$$主材价差=\sum 单项预算定额消耗量\times(编制期价格-基期价格)$$

2）上述材料以外的辅助材料价差以基期辅助材料费（定额辅助材料消耗量乘以基期单价）为基数计算，按有关部门发布的辅助材料价差系数调整，调整公式如下：

$$辅助材料价差=基期辅助材料费\times(辅助材料价差系数-1)$$

（三）施工机具使用费

施工机具使用费是指施工作业所发生的施工机械、仪器仪表的使用费或其租赁费。施工机具使用费的基本计算公式如下：

$$施工机具使用费=施工机械使用费+施工仪器仪表使用费$$

$$施工机械使用费=\sum(定额施工机械台班消耗量\times施工机械台班单价)$$
$$=\sum(施工机械台班定额\times工程数量\times施工机械台班单价)$$

$$施工仪器仪表使用费=\sum(定额施工仪器仪表台班消耗量\times施工仪器仪表台班单价)$$
$$=\sum(施工仪器仪表台班定额\times工程数量\times施工仪器仪表台班单价)$$

式中，台班定额是指定额规定的单位工程量的机械、仪器仪表台班消耗量。机械台班单价，也就是机械台班费用，是指一台施工机械工作一个班的费用。按国家规定，一般工作 8h 为一台班。

1. 施工机械台班费用的组成

施工机械台班费用由折旧费、检修费、维护费、安装拆卸费、人工费、燃料动力费、其他费组成。

（1）折旧费。折旧费是指施工机械在规定的耐用总台班内，陆续收回其预算价格的费用。

机械的原值是指购置时的预算价值。折旧费实际上就是将原值逐步摊销到工程成本中去的价值。

（2）检修费。检修费是指施工机械在规定的耐用总台班内，按规定的检修间隔进行必要的检修，以恢复其正常功能所需的费用。

机械在施工作业中各部件受到磨损，长期下去会降低机械的正常功能，使工作效率降低，油耗电耗增大。各种机械都有规定的检修间隔台班，机械完成了规定的检修间隔台班后，必须进行检修并更换某些部件，使其恢复正常功能。

（3）维护费。维护费是指施工机械在规定的耐用总台班内，按规定的维修间隔进行各级维护和临时故障排除所需的费用，包括为保障机械正常运转所需的替换设备与随机配备工具附具的摊销费用、机械运转及日常维护所需润滑与擦拭的材料费用及机械停置期间的维护费用等。

（4）安装拆卸费。安装拆卸费是指施工机械在现场进行安装与拆卸所需的人工、材料、机械和试运转费用以及机械辅助设施（如基础、底座、固定锚桩、行走轨道、枕木等）的折旧、搭拆等费用。

（5）人工费。人工费是指机上司机（司炉）和其他操作人员的人工费。

（6）燃料动力费。燃料动力费是指施工机械在作业中所耗用的燃料及水、电等费用。

（7）其他费。其他费是指施工机械按照国家规定应缴纳的车船税、保险费及检测费等。

一类费用=折旧费+检修费+维护费+安装拆卸费

二类费用=人工费+燃料动力费+其他费

人工费=机械人工×日工资单价

燃料动力费=机械油(水、电、煤)耗×油(水、电、煤)单价

2. 施工仪器仪表台班费用的组成

施工仪器仪表台班费用由折旧费、维护费、校验费、动力费组成。

（1）折旧费。折旧费是指施工仪器仪表在规定的耐用总台班内，陆续收回其预算价格的费用。

（2）维护费。维护费是指施工仪器仪表各级维护、临时故障排除所需的费用及为保证仪器仪表正常使用所需备件（备品）的维护费用。

（3）校验费。校验费是指施工仪器仪表按规定进行标定与检验的费用。

（4）动力费。动力费是指施工仪器仪表在使用过程中所耗用的电费。

3. 施工机械台班单价及施工仪器仪表台班单价的确定

编制设计概（预）算以《铁路工程施工机具台班费用定额》（TZJ 3004—2017）作为计算施工机械台班单价及施工仪器仪表台班单价的依据。对《铁路工程施工机具台班费用定

额》中没有的施工机具，应补充编制相应台班费用定额，作为计算该施工机具台班单价的依据。

以《铁路工程材料基期价格》（TZJ 3003—2017）中的油燃料价格及《铁路基本建设工程设计概（预）算费用定额》（TZJ 3001—2017）的基期综合工费单价、基期水电单价等计算出的台班单价作为基期施工机械台班单价及基期施工仪器仪表台班单价，以编制期的折旧费、综合工费单价、油燃料价格、水电单价等计算出的台班单价作为编制期施工机械台班单价及编制期施工仪器仪表台班单价。编制期的折旧费以基期折旧费为基数乘以表 3-5 的系数计算。

表 3-5　施工机具折旧费调差系数

施工组织设计的建设项目开工日期	施工机具折旧费调差系数
2017 年 5 月 1 日~2018 年 4 月 30 日	1.111
2018 年 5 月 1 日~2019 年 4 月 30 日	1.094
2019 年 5 月 1 日~2020 年 4 月 30 日	1.077
2020 年 5 月 1 日~2021 年 4 月 30 日	1.060
2021 年 5 月 1 日~2022 年 4 月 30 日	1.043
2022 年 5 月 1 日~2023 年 4 月 30 日	1.026
2023 年 5 月 1 日~2024 年 4 月 30 日	1.013
2024 年 5 月 1 日~2025 年 4 月 30 日	1.004
2025 年 5 月 1 日以后	1.000

4. 施工机具使用费价差调整

编制期施工机具使用费与基期施工机具使用费差额按施工机具使用费价差计列。施工机具使用费价差按定额统计的机械台班及施工仪器仪表台班消耗量，乘以相对应的编制期台班单价与基期台班单价的差额计算。

施工机具使用费价差=∑[定额机具台班消耗量×(编制期台班单价-基期台班单价)]

【例 3-2】 某新建铁路大桥工程开工日期为 2023 年 1 月，工程建设中，履带式推土机≤75kW 的台班消耗量为 82.50 台班。假设编制期的综合工费单价为 80 元/工日，柴油编制期价格为 6.20 元/kg。试分析该机械基期与编制期的机械台班单价，并计算机械费差价。

解：查《铁路工程施工机具台班费用定额》（TZJ 3004—2017），得出履带式推土机≤75kW 的台班费用组成：

折旧费：59.65 元/台班。

检修费：28.54 元/台班。

维护费：77.06 元/台班。

人工消耗：1.0 工日/台班。

人工费：70 元/台班。

柴油消耗：49.73kg/台班。

由人工消耗和人工费知，基期的综合工费单价为（70÷1）元/工日=70元/工日，查《铁路工程建设材料基期价格》（TZJ 3003—2017）知柴油基期价格为5.23元/kg。

所以履带式推土机≤75kW基期的机械台班单价为

$$(59.65+28.54+77.06+1\times70+49.73\times5.23)\text{元/台班}=495.34\text{元/台班}$$

由表3-5知，折旧费调整系数为1.026。编制期的机械台班单价为

$$(59.65\times1.026+28.54+77.06+1\times80+49.73\times6.20)\text{元/台班}=555.13\text{元/台班}$$

机械费差价为

$$[82.5\times(555.13-495.34)]\text{元}=4932.68\text{元}$$

（四）工程用水、电单价

1. 工程用水单价

工程用水基期单价为0.35元/t，该单价仅为扬程20m及以下的抽水费用。一般地区编制期工程用水单价应在基期单价基础上另加按国家或工程所在地区的省（自治区、直辖市）政府有关规定计取的水资源费。

特殊缺水地区（指区域地表水及地下水资源匮乏的地区），或取水困难的工程（指区域浅层地下水缺乏且地表水水源远离线路的工程），可按施工组织设计确定的供水方案，分析不含可抵扣进项税额编制期工程用水单价，并计列相关大型临时工程（给水干管路、深水井等）等费用。必须使用自来水的，应按当地规定的自来水价格分析不含可抵扣进项税额的编制期工程用水单价。

2. 工程用电综合单价

工程用电基期单价为0.47元/(kW·h)，编制期单价分析方法如下：

1）采用地方电源的电价算式：

$$Y_{地}=Y_{基}(1+c)+f_1$$

式中 $Y_{地}$——采用地方电源的电价［元/(kW·h)］；

$Y_{基}$——不含可抵扣进项税额的地方县级及以上供电部门基本电价［元/(kW·h)］；

c——变配电设备和线路损耗率，7%；

f_1——变配电设备的修理、安装、拆除，设备和线路的运行维修的摊销费等，0.03元/(kW·h)。

2）采用内燃发电机临时集中发电的电价算式：

$$Y_{集}=\frac{Y_1+Y_2+Y_3+\cdots+Y_n}{W(1-R-c)}+S+f_1$$

式中 $Y_{集}$——临时内燃集中发电站的电价［元/(kW·h)］；

$Y_1,Y_2,Y_3,\cdots,Y_n$——各型发电机的台班费（元）；

R——发电站的用电率，5%；

S——发电机的冷却水费，0.02元/(kW·h)；

W——各型发电机的总发电量（kW·h），其值为

$$W=(N_1+N_2+N_3+\cdots+N_n)\times8BM$$

$N_1,N_2,N_3,\cdots,N_n$——各型发电机的额定能力（kW）；

B——台班小时的利用系数，0.8；

M——发电机的出力系数，0.8；

c、f_1 意义同前。

3）采用分散发电的电价算式：

$$Y_{分}=\frac{Y_1+Y_2+Y_3+\cdots+Y_n}{(W_1+W_2+W_3+\cdots+W_n)(1-c)}+S+f_1$$

式中　$Y_{分}$——分散发电的电价［元/(kW·h)］；

$Y_1,Y_2,Y_3,\cdots,Y_n$——各型发电机的台班费（元）；

$W_1,W_2,W_3,\cdots,W_n$——各型发电机的台班产量（kW·h），其值为

$$W_i=8B_iMN_i$$

B_i——某种型号发电机台班小时的利用系数，由设计确定；

N_i——各型发电机的额定能力（kW），由设计确定；

M、c、S、f_1 意义同前。

3. 水、电价差

编制期用水、电单价与基期用水、电单价之差，按价差计列。属于材料消耗用水、电的，计入材料费价差中；属于施工机具消耗用水、电的，计入施工机具使用费价差中。

水、电价差（不包括施工机械台班消耗的水、电），按定额统计的消耗量乘以编制期价格与基期价格之间的差额计算。

$$水、电价差=\sum 水、电定额消耗量\times(编制期水、电价格-基期水、电价格)$$

【例3-3】 某工程施工组织安排，工期为2018年4月至2021年6月。根据施工进度要求，第一年日高峰用电量为16000kW，其中可利用地方电占50%，另50%自己发电解决。自发电中80%为集中发电，20%为分散发电。集中发电拟由以下发电机组构成临时电站：700kW柴油发电机组6台，400kW柴油发电机组6台，200kW柴油发电机组12台，100kW柴油发电机组10台；分散发电，根据工点分布，共有100kW柴油发电机组20台，50kW柴油发电机组10台。

已知资料：地方电厂收费单价为动力用电0.30元/(kW·h)，照明用电0.35元/(kW·h)，照明用电量占总用电量的30%。该工程预算工资单价为80元/工日，柴油为6.32元/kg，水为3.0元/t。据以上资料分析该工程的综合电价。

解： 1. 地方电电价

$$Y_{基}=0.3元/(kW\cdot h)\times70\%+0.35元/(kW\cdot h)\times30\%$$
$$=0.32元/(kW\cdot h)（动力用电与照明用电加权平均值）$$
$$c=7\%,\ f_1=0.03元/(kW\cdot h)$$

$$Y_{地}=Y_{基}(1+c)+f_1$$
$$=0.32元/(kW\cdot h)\times(1+7\%)+0.03元/(kW\cdot h)$$
$$=0.3724元/(kW\cdot h)$$

2. 集中自发电电价

1）确定发电站发电机组总额定电量。确定原则应满足高峰用电需要，该工程高峰用电为16000kW，50%用地方电，另50%为自发电，自发电中80%为集中发电，因此集中发电站发电量应≥(0.5×16000kW)×80%，即应≥6400kW。

由拟定的集中发电站发电机组计算：

$$(700\times6+400\times6+200\times12+100\times10)BM=10000\text{kW}\times0.8\times0.8=6400\text{kW}$$

满足日高峰要求。

2）查《铁路工程施工机具台班费用定额》（TZJ 3004—2017），计算发电机的台班费。

700kW 柴油发电机组：

$$Y=(216.96\times1.111+86.15+179.19+77.77)\text{元}+(1\times80+893.76\times6.32)\text{元}=6312.72\text{元}$$

400kW 柴油发电机组：

$$Y=(99.63\times1.111+39.56+85.45+44.45)\text{元}+(1\times80+510.72\times6.32)\text{元}=3587.90\text{元}$$

200kW 柴油发电机组：

$$Y=(50.42\times1.111+20.02+49.25+27.78)\text{元}+(1\times80+255.36\times6.32)\text{元}=1846.94\text{元}$$

100kW 柴油发电机组：

$$Y=(19.77\times1.111+7.85+27.79+22.22)\text{元}+(1\times80+127.68\times6.32)\text{元}=966.76\text{元}$$

$$W=[(6\times700+6\times400+12\times200+10\times100)\times8\times0.8\times0.8]\text{kW}\cdot\text{h}=51200\text{kW}\cdot\text{h}$$

$$R=5\%$$

$$c=7\%$$

$$f_1=0.03\text{元}/(\text{kW}\cdot\text{h})$$

$$S=(0.02\times3\div0.35)\text{元}/(\text{kW}\cdot\text{h})=0.17\text{元}/(\text{kW}\cdot\text{h})$$

（发电机的冷却水费应换算成 3.0 元/t 时的水费。基期水费为 0.35 元/t）

3）将各值代入集中发电的电价算式：

$$Y=(6\times6312.72+6\times3587.90+12\times1846.94+10\times966.76)\text{元}\div[51200\times(1-0.07-0.05)]\text{kW}\cdot\text{h}+0.17\text{元}/(\text{kW}\cdot\text{h})+0.03\text{元}/(\text{kW}\cdot\text{h})=2.22\text{元}/(\text{kW}\cdot\text{h})$$

3. 分散发电电价

1）确定分散发电总发电量。

$$\text{分散发电总量应}\geqslant(0.5\times16000\text{kW})\times20\%=1600\text{kW}$$

由分散发电机总台数计算：

$$(20\times100+10\times50)\text{kW}\times0.8\times0.8=1600\text{kW}$$

满足要求。

2）查《铁路工程施工机具台班费用定额》（TZJ 3004—2017），计算发电机的台班费。

100kW 柴油发电机组：

$$Y=(19.77\times1.111+7.85+27.79+22.22)\text{元}+(1\times80+127.68\times6.32)\text{元}=966.76\text{元}$$

50kW 柴油发电机组：

$$Y=(11.80\times1.111+4.69+18.76+11.11)\text{元}+(1\times80+63.84\times6.32)\text{元}=531.14\text{元}$$

$$W=[(20\times100+10\times50)\times8\times0.8\times0.8]\text{kW}\cdot\text{h}=12800\text{kW}\cdot\text{h}$$

$$c=7\%$$

$$S=0.17\text{元}/(\text{kW}\cdot\text{h})$$

$$f_1=0.03\text{元}/(\text{kW}\cdot\text{h})$$

3）将各值代入分散发电的电价算式：

$$Y_{\text{分}}=(20\times966.76+10\times531.14)\text{元}\div[12800\times(1-0.07)]\text{kW}\cdot\text{h}+0.17\text{元}/(\text{kW}\cdot\text{h})+0.03\text{元}/(\text{kW}\cdot\text{h})=2.27\text{元}/(\text{kW}\cdot\text{h})$$

4. 综合电价

$Y=50\%Y_{地}+50\%(80\%Y_{集}+20\%Y_{分})=0.5\times0.3724$ 元/(kW·h)$+0.5\times(0.8\times2.22+0.2\times2.27)$元/(kW·h)$=1.30$ 元/(kW·h)

（五）价外运杂费

价外运杂费是指根据设计需要，在编制单项概（预）算时，需在材料费之外单独计列的材料运杂费，包括材料自指定交货地点运至工地所发生的运输费、装卸费、其他有关运输的费用，以及为简化概（预）算编制，以该运输费、装卸费、其他有关运输费用之和为基数计算的采购及保管费。

价外运杂费 = ∑(运输费+装卸费+其他有关运输的费用)×(1+采购及保管费费率)

运输费、装卸费、其他有关运输的费用根据施工组织设计的材料供应方案计算，运输单价、装卸单价、其他有关运输费用的确定以及采购及保管费费率的计算规定。

1. 运输单价

（1）火车运价。火车运价分营业线火车、临管线火车、工程列车、其他铁路四种。

1）营业线火车，按《铁路货物运价规则》等有关规定计算，计算公式如下：

营业线火车运价 = K_1×(基价$_1$+基价$_2$×运价里程)+附加费运价

附加费运价 = K_2×(电气化附加费费率×电气化里程+新路新价均摊运价率×运价里程+铁路建设基金费率×运价里程)

单片梁重≥120t 32m T梁营业线火车运价 = K_1×(基价$_1$+基价$_2$×运价里程)+K_2×(电气化附加费费率×电气化里程+新路新价均摊运价率×运价里程+铁路建设基金费率×运价里程+D型长大货物车使用费单价×运价里程)+D型长大货物车空车回送费

计算公式中的有关因素说明如下：

① 各种价格、费率等，均为不可抵扣进项税额的价格与费率。

② 各种材料计算货物运价所采用的综合系数 K_1、K_2 见表 3-6。

表 3-6　火车运输综合系数表

序号	分类名称	综合系数 K_1	综合系数 K_2
1	砖、瓦、石灰、砂石料	1.00	1.00
2	道砟	1.20	1.20
3	钢轨（≤25m）、道岔、轨枕、钢梁、电杆、机柱、钢筋混凝土管桩、接触网圆形支柱	1.08	1.08
4	100m 长定尺钢轨	1.80	1.80
5	500m 长钢轨、25m 轨排	1.43	1.43
6	单片梁重≥120t 32m T 梁	3.01	1.47
7	其他钢筋混凝土 T 梁	3.48	1.64
8	接触网方形支柱、铁塔、硬横梁	2.35	2.35
9	接触网及电力线材、光电缆线	2.00	2.00
10	其他材料	1.05	1.05

注：K_1 包含了游车、超限、限速和不满载等因素；K_2 只包含不满载及游车因素。火车运土的综合系数 K_1、K_2，比照“砖、瓦、石灰、砂石料”确定。各类材料的运价号按《铁路货物运价规则》的有关规定确定。

③ 电气化附加费按该批货物经由国家铁路正式营业线和实行统一运价的运营临管线电气化区段的运价里程合并计算。

④ 货物运价、电气化附加费费率、新路新价均摊运价率、铁路建设基金费率、D 型长大货物车使用费单价、D 型长大货物车空车回送费等按《铁路货物运价规则》等有关规定执行。

⑤ 计算货物运输费用的运价里程，由发料地点起算，至卸料地点止，按《铁路货物运价规则》的有关规定计算。其中，区间（包括区间岔线）装卸材料的运价里程，应由发料地点的后方站起算，至卸料地点的前方站（均指办理货运业务的营业站）止。

2）临管线火车。临管线火车运价应执行批准的运价，扣除可抵扣进项税额后确定。运价里程应按发料地点起算，至卸料地点止，区间卸车算至区间工地。

3）工程列车。工程列车运价包括机车、车辆的使用费，乘务员及有关行车管理人员的工资、津贴和差旅费，线路及有关建筑物和设备的养护维修费、折旧费以及有关运输的管理费用。运价里程应按发料地点起算，至卸料地点止，区间卸车算至区间工地。工程列车运价按不含可抵扣进项税额的营业线火车运价（不包括铁路建设基金、电气化附加费、限速加成等）的 1.4 倍计算。

工程列车运价的计算公式如下：

$$工程列车运价=1.4\times K_2\times(基价_1+基价_2\times运价里程)$$

其中：单片梁重≥120t 32m T 梁工程列车运价 $=1.4\times K_2\times(基价_1+基价_2\times运价里程+D型长大货物车使用费单价\times运价里程)$

上述运价均应为不含可抵扣进项税额的价格。

4）其他铁路。其他铁路运价按该铁路运营主管部门的相关价格执行，在编制设计概（预）算时应扣除其中包含的可抵扣进项税额。

（2）汽车运价。汽车运输综合运价率按《汽车运价规则》或市场调查资料确定。为简化概（预）算的编制，可按下列计算公式分析汽车运价：

汽车运价=公路综合运价率×公路运距+汽车运输便道综合运价率×汽车运输便道运距

公式中有关因素说明如下：

1）公路综合运价率［元/(t · km)］：材料运输道路为公路时，考虑过路过桥费等因素，以建设项目所在地不含可抵扣进项税额的汽车运输单价乘以 1.05 的系数计算。

2）汽车运输便道综合运价率［元/(t · km)］：材料运输道路为运输便道时，结合地形、道路状况等因素，按当地不含可抵扣进项税额的汽车运输单价乘以 1.2 的系数计算。

3）公路运距：应按发料地点起算，至卸料地点止所途经的公路长度计算。运距以“km”为单位，尾数不足 1km 的，四舍五入。

4）汽车运输便道运距：应按发料地点起算，至卸料地点止所途经的汽车运输便道长度计算。运距以“km”为单位，尾数不足 1km 的，四舍五入。

（3）船舶运价及渡口等收费价格。按工程所在地的有关市场价格执行，在编制设计概（预）算时应扣除其中包含的可抵扣进项税额。

（4）其他。材料运输过程中，因确需短途接运而采用的双（单）轮车、单轨车、大平车、轻轨斗车、轨道平车、小型运输车、人力挑抬等运输方法的运价，可另行分析确定，但应扣除其中包含的可抵扣进项税额。

2. 装卸费单价

1）火车、汽车装卸费单价，按表3-7所列单价计列。

表3-7　火车、汽车装卸费单价　（单位：元/t）

分类名称	一般材料	钢轨、道岔、接触网支柱及硬横梁	其他1t以上的构件
单价	3.4	12.5	8.4

注：其中装占60%，卸占40%。

2）水运等的装卸费单价，按工程所在地的有关市场价格执行，在编制设计概（预）算时应扣除其中包含的可抵扣进项税额。

3）双（单）轮车、单轨车、大平车、轻轨斗车、轨道平车、小型运输车、人力挑抬等的装卸费单价，可另行分析确定，但应扣除其中包含的可抵扣进项税额。

【例3-4】 某边远地区水泥原价为385元/t，自办汽车运输，运距为50km（其中便道运输10km），汽车运输单价为0.60元/(t·km)，装卸费单价为3.4元/t，采购及保管费费率为3.78%。计算单位水泥50km的价外运杂费。

解：汽车运价=公路综合运价率×公路运距+汽车运输便道综合运价率×汽车运输便道运距

$$=[1.05\times0.60\times(50-10)+1.2\times0.60\times10]元/t=32.4元/t$$

价外运杂费=∑(运输费+装卸费+其他有关运输的费用)×(1+采购及保管费费率)=

$$(32.4+3.4)元/t\times(1+3.78\%)=37.15元/t$$

3. 其他有关运输费用

（1）取送车费（调车费）。用铁路机车往专用线、货物支线（包括站外出岔）或专用铁路的站外交接地点调送车辆时，核收取送车费。计算取送车费的里程，应自车站中心线起算，到交接地点或专用线最长线路终端止，里程往返合计（以km计）。取送车费按《铁路货物运价规则》计列，在编制设计概（预）算时应扣除其中包含的可抵扣进项税额。

（2）汽车运输的渡船费。按工程所在地的有关市场价格执行，在编制设计概（预）算时应扣除其中包含的可抵扣进项税额。

（3）长钢轨供应有关费用。按有关费用定额计列，但不应包含可抵扣进项税额。

【例3-5】 某铁路建设项目计划运输1000t钢材，先利用营业线火车运输，到站后直接装上汽车运到工地。从钢厂到火车站专运线长5km；营业线火车运价里程1000km，其中电气化铁路42km；公路运输13km；便道运输3km；项目所在地运价为1.5元/(t·km)，取送车费按0.1元/(t·km)计列。试计算这批钢材所需的运杂费。

解：营业线火车运价 $=K_1\times(基价_1+基价_2\times运价里程)+附加费运价$

$$=[1.05\times(15.4+0.0849\times1000)+1.05\times(0.012\times420+0.011\times1000+0.033\times1000)]元/t=156.81元/t$$

$$汽车运价=(1.5\times1.05\times13+1.5\times1.2\times3)元/t=25.88元/t$$

$$装卸单价=3.4元/t\times2[装卸次数]=6.8元/t$$

$$调车费=(5\times2\times0.1)元/t=1元/t$$

采购及保管费=(156.81+25.88+6.8)元/t×2.65%=5.02元/t

运杂费单价=(156.81+25.88+6.8+1+5.02)元/t=195.51元/t

运杂费=195.51元/t×1000t=195510元

4. 其他说明

1）单项材料价外运杂费单价的编制范围，原则上应与总概（预）算的编制单元相对应。单独编制概（预）算的桥隧工程等应按工点材料供应方案计算价外运杂费，其他桥隧工程可先按工点材料供应计算运距，然后按单项概（预）算的编制单元（同类型结构）加权平均计算价外运杂费；路基、涵洞、轨道等工程（含站后工程），可按正线每公里用料量相等供应方案来求算各类材料的平均运距，计算价外运杂费。

2）运输方式和运输路径要经过调查、比选，综合分析确定。以经济合理，并且符合工程要求的材料来源地作为计算价外运杂费的起运点。

3）分析各单项材料价外运杂费单价，应按施工组织设计所拟定的材料供应计划，对不同的材料品类及不同的运输方法分别计算平均运距。

平均运距是一种材料有几个料源地时或只有一个料源地，但供应几个工点用料时，为简化计算工作，而求算的综合平均运距。平均运距的计算范围要与运杂费的计算范围相一致。

平均运距的计算有很多方法，现将最常用的按工程量比例计算平均运距的方法介绍如下：

平均运距=∑(各种运输材料的质量×该种材料的运距)÷∑各种运输材料的质量

质量是根据定额材料消耗量与工程数量计算出来，是一个确定的量；运距是某种材料从料源地运至工地的距离。

【例3-6】 某桥工地，中粗砂用料量共180m³，其中由A砂场供应80m³，运距为7.5km；由B砂场供应60m³，运距为5.3km；由C砂场供应40m³，运距为9.6km。片石用量共230m³，由甲石场供应100m³，运距为12.5km；由乙石场供应50m³，运距10.1km；由丙石场供应80m³，运距为15.2km。求每种材料的平均运距。

解： 1）砂的平均运距计算。

砂的平均运距=[(80×7.5+60×5.3+40×9.6)÷(80+60+40)]km=7.23km

砂的平均运距为7.23km，计算砂的运费时，不管哪个砂场拉砂运距统一用7km。

2）片石的平均运距计算。

片石的平均运距=[(100×12.5+50×10.1+80×15.2)÷(100+50+80)]km=12.92km

片石的平均运距为12.92km，计算片石的运费时，不论从哪个石场运片石运距统一按13km。

【例3-7】 某施工管区内，有三座小桥，用料均为汽车运输，用料情况为：中粗砂，两个砂场供应，1#桥用50m³，由A砂场供应，运距为40km；2#桥用130m³，由A砂场供应，运距为50km；3#桥用80m³，由B砂场供应，运距为20km。试计算砂的平均运距。

解： 砂的平均运距=[(50×40+130×50+80×20)÷(50+130+80)]km=38.85km

4）长钢轨供应有关费用，是指在合理的施工组织和正常的施工条件下，单根长度200m

及以上的长钢轨从焊轨基地供应到铺轨基地所发生的部分费用，包括长钢轨供应过程中的座架使用、维修维护费、座架倒装费、长钢轨装车费、取送车费、焊轨基地场内机车使用费、管理费等。

5）旧钢轨的运杂费，其质量应按设计轨型计算。如设计轨型未确定，可按代表性轨型的质量，其运距由调拨地点的车站起算。如未明确调拨地点者，可按以下原则编列：

① 已明确调拨的铁路局集团公司，但未明确调拨地点者，则由该铁路局集团公司所在地的车站起算。

② 未明确调拨的铁路局集团公司者，则按工程所在地区的铁路局集团公司所在地的车站起算。

（六）填料费

填料费是指购买不作为材料对待的土方、石方、渗水料、矿物料等填筑用料所支出的费用。若设计为临时占地取填料，其发生的租用土地、青苗补偿、拆迁补偿、复垦及其他所有与土地有关的费用等纳入临时用地费项下。

$$填料费 = \sum 填料消耗量 \times 填料价格$$

填料价格采用不含可抵扣进项税额的价格，由设计单位调查分析确定。

（七）施工措施费

施工措施费是指为完成铁路建设工程施工，发生于该工程施工前和施工过程中的需综合计算的费用。

1. 费用内容

（1）冬雨季施工增加费。冬雨季施工增加费是指建设项目的某些工程需在冬季、雨季施工，为保证工程质量，按相关规范、规程中的冬雨季施工要求，需要采取的防寒、保温、防雨、防潮和防护等措施，不需改变技术作业过程中的人工和机械的功效降低等，所需增加的有关费用。

（2）夜间施工增加费。夜间施工增加费是指必须在夜间连续施工或在隧道内铺砟、铺轨，敷设电线、电缆，架设接触网等工程，所发生的工作效率降低、夜班津贴，以及有关照明设施（包括所需照明设施的装拆、摊销、维修及油燃料、电等）增加的有关费用。

（3）小型临时设施费。小型临时设施费是指施工企业为进行建筑安装工程施工所必须修建的生产和生活用的一般临时建筑物、构筑物和其他小型临时设施所发生的费用。

1）小型临时设施包括以下内容：

① 为施工及施工运输（包括临管）所需修建的临时生活及居住房屋，文化教育及公共房屋（如职工宿舍、食堂等）和办公、生产房屋（如办公室、实验室、发电站等）及上述各类房屋的配套设施。

② 为施工或施工运输而修建的小型临时设施，如通往涵洞等工程和施工队伍驻地以及料库、车库的运输便道引入线（包括便桥、涵），列入大临的工地内沿线纵向运输便道以外的工地内运输便道（包括便桥、涵）、轻便轨道、吨位小于 10t 或长度小于 100m 的龙门吊走行轨、由干线到工地或施工队伍驻地的电力线、地区通信线和达不到给水干管路标准的给水管路等。

③ 为施工或维持施工运输（包括临管）而修建的临时建筑物、构筑物。如临时给水设施（水塔、水池、井深<50m 的水井等），临时排水沉淀池、隔油池，钻孔用泥浆池、沉淀

池，临时整备设备（检修、上油、上沙等设备），临时信号，临时通信（指地区线路及引入部分），临时供电，临时站场建筑，接触网预配场、杆塔存放场地，分散的预制构件存放场，钢结构等加工场，架桥机等大型机械设备安拆拼装场地及配套设施等。

④ 其他。大型临时设施和过渡工程项目内容以外的临时设施。

2）小型临时设施费用。

① 小型临时设施的场地土石方、地基处理、硬化面、圬工等的工程费用，以及小型临时设施的搭设、移拆、维修、摊销及拆除恢复等费用。

② 因修建小型临时设施而发生的租用土地、青苗补偿、拆迁补偿、复垦及其他所有与土地有关的费用等，不含大型临时设施中临时场站生产区的土地有关费用。

（4）工具、用具及仪器、仪表使用费。工具、用具及仪器、仪表使用费是指施工生产所需不属于固定资产的生产工具、检验用具及仪器、仪表等的购置、摊销和维修费，以及支付给生产工人自备工具的补贴费。

（5）工程定位复测、工程点交、场地清理费。

（6）文明施工及施工环境保护费。文明施工及施工环境保护费是指现场文明施工费用及防噪声、防粉尘、防振动干扰、生活垃圾清运排放等费用。

（7）已完工程及设备保护费。已完工程及设备保护费是指竣工验收前，对已完工程及设备进行保护所需费用。

2. 费用计算

施工措施费分不同工程类别按下式计算：

施工措施费=(基期人工费+基期施工机具使用费)×施工措施费费率

施工措施费费率根据施工措施费地区划分表（见表3-8）划分，费率选用按表3-9所列。

表3-8 施工措施费地区划分表

地区编号	地域名称
1	上海，江苏，河南，山东，陕西（不含榆林市、延安市），浙江，安徽，湖北，重庆，云南（不含昭通市、迪庆藏族自治州、贡山独龙族怒族自治县、宁蒗彝族自治县），贵州（不含毕节市），四川（不含凉山彝族自治州西昌市以西地区、阿坝藏族羌族自治州、甘孜藏族自治州、雅安市宝兴县、绵阳市的平武县和北川羌族自治县）
2	广东，广西，海南，福建，江西，湖南
3	北京，天津，河北（不含张家口市、承德市），山西（不含大同市、朔州市、忻州市原平以西各县），陕西延安市，甘肃（不含酒泉市、嘉峪关市、张掖市、金昌市、武威市、甘南藏族自治州、临夏回族自治州积石山保安族东乡族撒拉族自治县、临夏县、和政县、定西市岷县及漳县、陇南市文县），宁夏，贵州毕节市，云南昭通市、迪庆藏族自治州（不含德钦县）、贡山独龙族怒族自治县、宁蒗彝族自治县，四川凉山彝族自治州西昌市以西地区、阿坝藏族羌族自治州（不含壤塘县、阿坝县、若尔盖县）、甘孜藏族自治州（不含石渠县、德格县、甘孜县、白玉县、色达县、理塘县）、雅安市宝兴县、绵阳市的平武县和北川羌族自治县，新疆和田地区、喀会地区（含图木舒克市）、吐鲁番地区、巴音郭楞蒙古自治州（不含若羌县、且末县）
4	河北张家口市（不含康保县）、承德市（不含围场满族蒙古族自治县），山西大同市、朔州市、忻州市原平以西各县，陕西榆林市，辽宁，内蒙古呼和浩特市、包头市、乌海市、巴彦淖尔市、鄂尔多斯市、阿拉善盟

（续）

地区编号	地域名称
5	新疆阿克苏地区（含阿拉尔市）、克孜勒苏柯尔克孜自治州、伊犁哈萨克自治州、哈密地区，甘肃酒泉市（不含阿克塞哈萨克族自治县、肃北蒙古族自治县马鬃山镇以外地区）、嘉峪关市、张掖市（不含肃南裕固族自治县皇城镇、山丹县及民乐县南部山区）、金昌市、武威市（不含天祝藏族自治县）
6	河北张家口市康保县、承德市围场满族蒙古族自治县，内蒙古赤峰市、乌兰察布市、通辽市、兴安盟、锡林郭勒盟锡林浩特以南各旗（县），甘肃甘南藏族自治州、酒泉市阿克塞哈萨克族自治县及肃北蒙古族自治县马鬃山镇以外地区、张掖市肃南裕固族自治县皇城镇和山丹县及民乐县南部山区、武威市天祝藏族自治县、临夏回族自治州积石山保安族东乡族撒拉族自治县、临夏县及和政县、定西市岷县及漳县、陇南市文县，吉林，青海西宁市、海东地区、黄南藏族自治州，海南藏族自治州、海北藏族自治州（不含祁连县、门源回族自治县）、海西蒙古族藏族自治州格尔木-都兰及以北地区（不含大柴旦-德令哈-天峻以北地区），新疆乌鲁木齐市（含石河子市）、昌吉回族自治州（含五家渠市）、博尔塔拉蒙古自治州（不含温泉县）、塔城地区、克拉玛依市、巴音郭楞蒙古自治州若羌县及且末县，西藏林芝地区雅鲁藏布江以南地区、山南地区错那县，云南迪庆藏族自治州德钦县，四川甘孜藏族自治州石渠县、德格县、甘孜县、白玉县、色达县、理塘县，阿坝藏族羌族自治州壤塘县、阿坝县、若尔盖县
7	黑龙江（不含大兴安岭地区），内蒙古呼伦贝尔市阿尔山-图里河一线以东各旗（县）、锡林郭勒盟锡林浩特及以北各旗（县），新疆阿勒泰地区（含北屯市）、博尔塔拉蒙古自治州温泉县，青海海西蒙古族藏族自治州格尔木-都兰以南地区（不含唐古拉山镇）及大柴旦-德令哈-天峻以北地区、玉树藏族自治州（不含曲麻莱县及其以西地区）、果洛藏族自治州（不含玛多县），西藏拉萨市（不含当雄县）、昌都地区、林芝地区雅鲁藏布江及以北地区、山南地区（不含错那县）、日喀则地区（不含萨嘎县、仲巴县、昂仁县、谢通门县）
8	内蒙古呼伦贝尔市阿尔山-图里河及以西各旗（县），黑龙江大兴安岭地区，青海玉树藏族自治州曲麻莱县及其以西地区、海北藏族自治州祁连县、门源回族自治县、果洛藏族自治州玛多县、海西蒙古族藏族自治州格尔木市辖的唐古拉山镇，西藏拉萨市当雄县、阿里地区、那曲地区、日喀则地区的萨嘎县、仲巴县、昂仁县、谢通门县

表 3-9　施工措施费费率

类别代号	工程类别	地区编号								附注
		1	2	3	4	5	6	7	8	
		费率（%）								
1	人力施工土石方	8.0	8.3	10.2	11.2	11.3	12.6	12.9	13.5	包括人力拆除工程，绿色防护，各类工程中单独挖填的土石方，石方爆破工程
2	机械施工土石方	5.7	6.1	9.2	10.1	10.3	12.5	13.0	13.8	包括机械拆除工程，填级配碎石、砂砾石、渗水土，公路路基路面，各类工程中单独挖填的土石方、综合维修通道、大临土石方工程

（续）

类别代号	工程类别	地区编号								附注
		1	2	3	4	5	6	7	8	
		费率（%）								
3	汽车运输土石方采用定额“增运”部分	3.6	3.5	3.8	4.4	4.5	4.8	4.9	5.4	仅指区间路基土石方及站场土石方，包括隧道出砟洞外运输
4	特大桥、大桥下部建筑	6.7	5.9	8.3	9.2	9.7	9.7	9.8	10.0	含附属工程
5	预制混凝土梁	13.6	10.7	19.1	21.0	22.8	22.9	23.2	23.7	含各种桥梁桥面系、支座、梁的横向连接和湿接缝
6	现浇混凝土梁	10.3	8.0	14.5	16.0	17.4	17.5	17.7	18.1	包括分段预制后拼接的混凝土梁
7	运架混凝土简支箱梁	4.1	4.1	4.2	4.5	4.6	4.8	4.9	5.1	
8	隧道、明洞、棚洞，自采砂石	6.8	6.6	7.1	7.7	7.8	7.8	7.9	7.9	不含隧道的照明、通风与空调等工程，不含掘进机、盾构施工的隧道
9	路基附属工程（不含附属土石方）	7.4	6.9	8.2	8.8	8.9	9.0	8.9	8.9	含区间线路防护栅栏、与路基同步施工的接触网支柱基础等
10	框架桥、公路桥、中小桥下部（含附属工程）、涵洞，轮渡、码头，一般生产房屋和附属、给排水、工务、站场、其他建筑物等建筑工程	7.2	6.7	8.2	8.9	9.2	9.2	9.3	9.3	含除大临土石方、大临轨道、临时电力、临时通信以外的大临工程，环保降噪声工程
11	铺轨、铺岔、架设其他混凝土梁、钢梁、钢管拱，钢结构站房（含站房综合楼）、钢结构雨篷、钢结构车库等	12.7	12.6	13.1	14.1	14.4	15.7	16.7	20.6	简支箱梁除外，包括轨道附属工程，线路备料及大临轨道；钢管拱包括钢管、钢管内混凝土、系杆、吊杆、梁部

（续）

类别代号	工程类别	地区编号								附注
		1	2	3	4	5	6	7	8	
		费率（%）								
12	铺砟	6.1	5.3	7.6	8.4	8.6	9.1	9.4	10.2	包括道床清筛、沉落整修，有砟轨道调整
13	无砟道床	16.3	13.4	21.4	23.8	25.5	25.6	25.9	26.3	包括道床过渡段
14	通信、信号、信息、灾害监测、电力、牵引变电、供电段、机务、车辆、动车的建筑工程，所有安装工程	10.9	11.0	11.2	12.0	12.1	12.3	12.5	13.0	含桥梁、隧道的照明工程，隧道通风与空调工程、临时电力、临时通信、管线路防护、管线迁改
15	接触网建筑工程	14.5	13.6	16.0	17.1	17.2	17.4	17.7	17.9	含不与路基同步施工的接触网支柱基础

注：过渡工程按表列同类正式工程的费率计列，大型临时设施按表列同类正式工程的费率乘以0.45的系数计列；掘进机、盾构施工的隧道施工措施费费率另行分析计列。

（八）特殊施工增加费

特殊施工增加费是指在特殊地区及特殊施工环境下进行建筑安装工程施工时，所需增加的费用。内容包括以下几项：

1. 风沙地区施工增加费

风沙地区施工增加费是指在非固定沙漠或戈壁地区，月（或连续30d）平均风力在四级以上（平均风速大于5.5m/s）的风季，在相应的风沙区段进行室外建筑安装工程施工时，由于受风沙影响应增加的费用，内容包括防风、防沙的措施费，材料费，人工、机械降效增加的费用，风力预警观测设施费用，以及积沙、风蚀的清理修复等费用。

本项费用以风沙区段范围内室外建筑安装工程的编制期人工费与施工机具使用费之和为基数，乘以风沙地区施工增加费费率计算。风沙地区施工增加费费率为2.6%。

大风高发月（或连续30d）平均风力达到四级以上（平均风速大于5.5m/s）且小时极大风速大于13.9m/s的风力累计85h以上的风沙、大风地区，可根据调查资料另行分析计算本项费用。

2. 高原地区施工增加费

高原地区施工增加费是指设计线路高程在海拔2000m以上的高原地区施工时，由于人工和机械受气候、气压的影响而降低工作效率所增加的费用。本项费用根据工程所在地的不同海拔，按下列算法计列：

高原地区施工增加费=定额工天×编制期综合工费单价×高原地区工天定额增加幅度+定额机械（仪器仪表）台班量×编制期机械（仪器仪表）台班单价×高原地区施工机具台班定额增加幅度

高原地区施工定额增加幅度见表 3-10。

表 3-10 高原地区施工定额增加幅度

海拔/m	增加幅度（%）	
	工天定额	施工机具台班定额
2000（含）~3000（含）	12	20
3000（不含）~4000（含）	22	34
4000（不含）~4500（含）	33	54
4500（不含）~5000（含）	40	60
5000 以上	60	90

注：通过辅助坑道施工的隧道工程，按辅助坑道最高海拔确定高原地区施工定额增加幅度；海拔范围内的长大隧道（隧长>4km），其高原地区施工定额增加幅度按提高一个档别计算。

3. 原始森林地区施工增加费

原始森林地区施工增加费是指在原始森林地区进行新建或增建二线铁路施工，由于受环境影响，其路基土方工程应增加的费用。本项费用按下列算法计列：

原始森林地区施工增加费=(路基土方工程的定额工天×编制期综合工费单价+路基土方工程的定额机械台班量×编制期机械台班单价)×原始森林地区施工增加费费率。

原始森林地区施工增加费费率为 30%。

4. 行车干扰施工增加费

行车干扰施工增加费是指在不封锁的营业线上，在维持通车的情况下，或本线封锁施工，邻县维持通车的情况下，进行建筑安装工程施工时，由于受行车影响造成局部停工或妨碍施工而降低工作效率等所需增加的费用。

行车干扰施工增加费包含施工期间人工、机械受行车影响降效增加的费用，因行车而应做的整理和养护工作费用，以及在施工时为防护所需的信号工、电话工、看守工等的人工费用及防护用品的维修、摊销费用等。

本项费用，根据每昼夜的行车次数（以编制期铁路局运输部门的计划运行图为准，所有计划外的小运转、轨道车、补机、加点车的运行等均不计算），以及受行车干扰范围内工程项目的工程数量，按以下方法计算：

1）土石方施工及跨股道运输的行车干扰施工增加费，不论施工方法如何，均按下列算法计列：

行车干扰施工增加费：土石方施工及跨股道运输计行车干扰的工天×编制期综合工费单价×受干扰施工土石方数量×每昼夜行车次数×0. 40%。

土石方施工及跨股道运输计行车干扰的工天按表 3-11 所列定额确定。

表 3-11 土石方施工及跨股道运输计行车干扰的工天定额

（单位：工日/100m³ 天然密实体积）

序号	工作内容	土方	石方
1	仅挖、装（爆破石方仅为装）在行车干扰范围内	15. 7	7. 7
2	仅卸在行车干扰范围内	3. 1	4. 6

（续）

序号	工作内容	土方	石方
3	挖、装、卸（爆破石方为装、卸）均在行车干扰范围内	18. 9	12. 3
4	平面跨越行车线运输土石方，仅跨越一股道或跨越双线、多线股道的第一股道	15. 7	23. 1
5	平面跨越行车线运输土石方，每增跨一股道	3. 1	4. 6

2）接触网工程的行车干扰施工增加费按下列算法计列：

行车干扰施工增加费：受行车干扰范围内的工程数量×(所对应定额的应计行车干扰的工天×编制期综合工费单价+所对应定额的应计行车干扰的施工机具台班量×编制期施工机具台班单价)×每昼夜行车次数×0. 48%

3）其他工程的行车干扰施工增加费按下列算法计列：

行车干扰施工增加费：受行车干扰范围内的工程数量×(所对应定额的应计行车干扰的工天×编制期综合工费单价+所对应定额的应计行车干扰的施工机具台班量×编制期施工机具台班单价)×每昼夜行车次数×0. 40%

4）邻近或在列车运行速度>200km/h 的营业线上施工时，原则上不考虑按行车间隔施工的方案。

5. 营业线封锁（天窗）施工增加费

营业线封锁（天窗）施工增加费是指为确保营业线行车和施工安全，需封锁线路施工而造成的施工效率降低等所发生的费用。

本项费用根据相关规定及施工组织设计确定的需封锁线路施工或利用天窗时间施工的工程数量，以其编制期人工费和施工机具使用费之和为计算基数，乘以表 3-12 所列的工天与施工机具台班定额增加幅度计算。

表 3-12　营业线封锁（天窗）施工定额增加幅度

序号	工程类别	工天与施工机具台班定额增加幅度（%）
1	人力拆铺轨	340
2	机械拆铺轨	180
3	拆铺道岔	170
4	粒料道床	180
5	线路有关工程	120
6	接触网恒张力架线	130
7	接触网非恒张力架线	250
8	接触网其他工程	250
9	架设预应力混凝土 T 梁	150
10	架设预应力混凝土箱梁	100
11	其他工程	260

（九）大型临时设施和过渡工程费

大型临时设施和过渡工程费是指施工企业为进行建筑安装工程施工及维持既有线正常运营，根据施工组织设计确定所需的大型临时建筑物和过渡工程修建及拆除恢复所发生的费用。

1. 大型临时设施项目及费用内容

（1）大型临时设施（简称大临）项目。

1）铁路便线（含便桥、隧、涵）：指通往临时场站、砂石（道砟）场的临时铁路线、架梁岔线及场内铁路便线、机车转向用的主角线等，独立特大桥的起重机走行线，以及重点桥隧等工程专设的铁路运料便线等。

2）汽车运输便道（含便桥、隧、涵）：指汽车运输干线、沿线纵向运输便道及通往重点土石方工点、桥梁、隧道、站房、取弃土场、砂石（道砟）场、区间牵引变电所及临时场站等的引入线。

3）运梁便道：指专为运架大型混凝土成品梁而修建的运输便道。

4）临时给水设施：指为解决工程用水而铺设的给水干管路（管径100mm及以上或长度2km及以上）及隧道工程的水源点至山上蓄水池的给水管路，缺水地区临时贮水站，井深50m及以上的深水井等。

5）临时电力线（供电电压在6kV及以上）：包括临时电力干线及通往隧道、特大桥、大桥和临时场站、砂石（道砟）场等的电力引入线。

6）集中发电站、集中变电站（包括升压站和降压站）。

7）临时通信基站：指在没有通信条件的边远山区、无人区等区域，设置的无线通信基站。

8）临时场站：指根据施工组织设计需要确定的大型临时场站，包括材料场、填料集中加工站、混凝土集中拌和站、独立设置的混凝土构配件预制场、制（存）梁场（含提梁站）、钢梁拼装场（含提梁站）、掘进机拼装场、盾构泥水处理场、管片预制场、仰拱预制场、轨节拼装场、长钢轨焊接（存放）基地、换装站、道砟存储场、轨枕预制场、轨道板预制场等。

9）隧道污水处理站：指根据特殊环保要求（如有水源保护区、高类别功能水域等保护要求）必须设置的隧道污水处理站。

10）渡口、码头、浮桥、吊桥、天桥、地道：指通行汽车为施工服务的设施。

（2）大临费用内容。

1）铁路便线，汽车运输便道，运梁便道，临时给水设施，临时电力线，临时通信基站，渡口、码头、浮桥、吊桥、天桥、地道等的工程费用及养护维修费用。

2）轨道板预制场、轨枕预制场、管片预制场的主体厂房工程费用。

3）临时场站，集中发电站、集中变电站，隧道污水处理站等的场地土石方、地基处理、生活区硬化面、圬工、吨位大于或等于10t且长度大于或等于100m的龙门吊走行线等的工程费用。

4）修建“大临”而发生的租用土地、青苗补偿、拆迁补偿、复垦及其他所有与土地有关的费用等。其中临时场站中应计列的所有与土地有关的费用列入临时用地费项下。

2. 过渡工程

过渡工程是指由于改建既有线、增建第二线等工程施工，为了保持既有线（或车站）运营工作进行，尽可能地减少运输与施工之间的相互干扰和影响，从而对部分既有工程设施必须采取的施工过渡措施。

内容包括临时性便线、便桥、过渡性站场设施等及其相关的配套工程，以及由此引起的临时养护，租用土地、青苗补偿、拆迁补偿、复垦及其他所有与土地有关的费用等。

3. 费用计算

1）大型临时设施和过渡工程，应根据施工组织设计确定的项目、规模及工程量，采用定额按单项概（预）算计算程序计算或按类似指标计列。

2）大型临时设计和过渡工程，均应结合具体情况，充分考虑借用本建设项目正式工程的材料，以尽可能节约投资，其有关费用的计算要求如下：

① 借用正式工程的材料。

a. 钢轨、道岔计列一次铺设的施工损耗，钢轨扣配件、轨枕、电杆计列铺设和拆除各一次的施工损耗（拆除损耗与铺设同），便桥枕木垛所用的枕木，计列一次搭设的施工损耗。

b. 该类材料应计列由堆存地点至使用地点和使用完毕由材料使用地点运至指定归还地点的运杂费。

c. 该类材料在设计概（预）算中一般不计使用费，材料工地搬运及操作损耗率按《铁路工程基本定额》（国铁科法〔2017〕33号文发布）执行。

② 使用施工企业的工程器材。

使用施工企业的工程器材，按表3-13中所列的施工器材年使用费率计算使用费。

表3-13　施工器材年使用费率

序号	材料名称	年使用费率（%）
1	钢轨、道岔	10
2	钢筋混凝土电杆	10
3	铁横担	10
4	铸铁管、钢管、万能杆件、钢铁构件	16
5	木制构件、油浸电杆	16
6	素材电杆、木横担	20
7	通信、信号及电力线材（不包括光缆、电杆及横担）	30
8	过渡工程用设备	25

注：1. 不论按摊销或折旧计算，均一律按表列费率作为编制设计概（预）算的依据。其中通信、信号及电力线材的使用年限超过3年时，超过部分的年使用费率按10%计。困难山区使用的钢筋混凝土电杆，不论其使用年限多少，均按100%摊销。

2. 光缆、接触网混凝土支柱不论其使用年限多少，均按100%摊销。

3. 计算单位为季度，不足一季度，按一季度计。

③ 利用旧道砟，除计运杂费外，还应计列必要的清筛费用。

④ 不能倒用的材料，如圬工用料、道砟（不能倒用时）等，计列全部价值。

3）铁路便线的养护费计费定额。为使铁路便线经常保持完好状态，其养护费按表3-14所列的定额计算。

表3-14 铁路便线养护费定额

项目	人工	零星材料费	道砟［m^3/(月·km)］		
			3个月以内	3~6个月	6个月以上
便线	32工日/(月·km)	—	20	10	5
便线中的便桥	11工日/(月·百换算米)	1.25元/(月·延长米)	—	—	—

注：1. 人工费按设计概（预）算编制期I类综合工费单价计算。

2. 便线长度不满100m者，按100m计；便桥长度不满1m者，按1m计。计算便线长度，不扣除道岔及便桥长度。

3. 便桥换算长度的计算：

钢梁桥：1m=1换算米

木便桥：1m=1.5换算米

圬工及钢筋混凝土梁桥：1m=0.3换算米

4. 养护的期限，根据施工组织设计确定，按月计算，不足一个月者，按一个月计。

5. 道砟数量采用累计法计算［例：1km便线当其使用期为一年时，所需道砟数量=(3×20+3×10+6×5)m^3=120m^3］。

6. 定额内包括冬季积雪清除和雨季养护等一切有关养护内容。

7. 通行工程列车或临管列车的便线，并需计列运费者，因运价中已包括养护费用，不应另列养护费；运土、运料等临时便线，只计取送车费或机车、车辆租用费者，可计列养护费。

8. 营业线上施工，为保证不间断行车而修建通行正式运营列车的便线，在未办理交接前，其养护费按照表列定额加倍计算。

4）汽车便道养护费计费定额。为使通行汽车运输便道经常保持完好的状态，其养护费按表3-15所列定额计算。

表3-15 汽车运输便道养护费定额

项目		人工［工日/(月·km)］	碎石或粒料［m^3/(月·km)］
土路		15	—
粒料路（包括泥结碎石路面）	干线	25	2.5
	引入线	15	1.5

注：1. 人工费按设计概（预）算编制期I类综合工费单价计算。

2. 计算便道长度，不扣除便桥长度。不足1km者，按1km计。

3. 养护的期限，根据施工组织设计确定，按月计算，不足一个月者，按一个月计。

4. 定额内包括冬季积雪清除和雨季养护等一切有关养护内容。

5. 便道中的便桥不另计养护费。

（十）间接费

间接费是指施工企业为完成承包工程而组织施工生产和经营管理所发生的费用。

间接费包括企业管理费、规费和利润。

1. 企业管理费

企业管理费是指建筑安装企业组织施工生产和经营管理所需的费用。内容包括：

（1）管理人员工资。管理人员工资是指管理人员的基本工资、津贴和补贴、辅助工资、职工福利费、劳动保护费等。

（2）办公费。办公费是指管理办公用的文具、纸张、账表、印刷、邮电、书报、宣传、通信、会议、水、电、煤（燃气）等费用。

（3）差旅交通费。差旅交通费是指职工因公出差、调动工作的差旅费，助勤补助费，市内交通费和误餐补助费，职工探亲路费，劳动力招募费，职工退休、退职一次性路费，工伤人员就医路费以及管理部门使用的交通工具的油料、燃料及牌照费。

（4）固定资产使用费。固定资产使用费是指管理和试验部门及附属生产单位使用的属于固定资产的房屋、车辆、设备仪器等的折旧、大修、维修或租赁费。

（5）工具用具使用费。工具用具使用费是指管理使用的不属于固定资产的生产工具、器具、家具、交通工具和检验、试验、测绘、消防用具等的购置、维修和摊销费。

（6）检验试验费。检验试验费是指施工企业按照规范和施工质量验收标准的要求，对建筑安装的设备、材料、构件和建筑物进行一般鉴定、检查所发生的费用，包括自设实验室进行试验所耗用的材料和化学药品费用等，以及根据需要由施工单位委外检验试验的费用。不包括应由研究试验费和科技三项费用支出的新结构、新材料的试验费；不包括建设单位要求对具有出厂合格证明的材料进行试验，对构件破坏性试验及其他特殊要求检验试验的费用；不包括由建设单位委外检验试验的费用；不包括施工质量验收标准以外设计要求的检验试验费用。

（7）财产保险费。财产保险费是指施工管理用财产、车辆保险费用。

（8）税金。税金是指企业按规定缴纳的房产税、车船税、土地使用税、印花税、城市维护建设税、教育费附加、地方教育附加等各项税费。

（9）施工单位进退场及工地转移费。施工单位进退场及工地转移费是指施工单位根据建设任务需要，派遣人员和机具设备从基地迁往工程所在地或从一个项目迁至另一个项目所发生的往返搬迁费用及施工队伍在同一建设项目内，因工程进展需要，在本建设项目内往返转移，以及劳动工人上、下路所发生的费用。包括：承担任务职工的调遣差旅费，调遣期间的工资，施工机械、工具、用具、周转性材料及其他施工装备的搬运费用，施工队伍在转移期间所需支付的职工工资、差旅费、交通费、转移津贴等，劳动工人的上、下路所需车船费、途中食宿补贴及行李运费等。

（10）劳动保险费。劳动保险费是指由企业支付离退休职工的易地安家补助费、职工退职金、6 个月以上病假人员的工资以及支付给离休干部的各项经费等。

（11）工会经费。工会经费是指企业按照职工工资总额计提的工会经费。

（12）职工教育经费。职工教育经费是指企业为职工学习先进技术和提高文化水平，按职工工资总额计提的费用。

（13）财务费用。财务费用是指企业为筹集资金而发生的各种费用，包括企业经营期间发生的短期贷款利息净支出、金融机构手续费、担保费以及其他财务费用。

（14）工程排污费。工程排污费是指施工现场按规定缴纳的工程排污费用。

（15）其他。包括技术转让费、技术开发费、业务招待费、绿化费、广告费、公证费、法律顾问费、审计费、咨询费、无形资产摊销费、投标费、企业定额测定费、企业信息化管理系统建设及使用费、工程验收配合费等。

2. 规费

规费是指按政府和有关部门规定必须缴纳的社会保障费用（简称规费）。其内容包括：

（1）社会保障费。社会保障费是指企业按规定缴纳的基本养老保险费、失业保险费、基本医疗保险费、工伤保险费、生育保险费等。

（2）住房公积金。住房公积金是指企业按规定缴纳的住房公积金。

3. 利润

利润是指施工企业完成所承包的工程应获得的盈利。

4. 费用计算

间接费分不同工程类别按下式计算：

基期费=(基期人工费+基期施工机具使用费)×间接费费率

间接费费率见表3-16所列。

表 3-16 间接费费率

类别代号	工程类别	费率（%）	附注
1	人力施工土石方	47.4	包括人力拆除工程，绿色防护，各类工程中单独挖填的土石方，石方爆破工程
2	机械施工土石方	21.9	包括机械拆除工程，填级配碎石、砂砾石、渗水土，公路路基路面，各类工程中单独挖填的土石方、综合维修通道、大临土石方工程
3	汽车运输土石方采用定额“增运”部分	10.9	仅指区间路基土石方及站场土石方，包括隧道出砟洞外运输
4	特大桥、大桥下部建筑	26.4	含附属工程
5	预制混凝土梁	56.7	含各种桥梁桥面系、支座、梁横向联结和湿接缝
6	现浇混凝土梁	43.6	包括分段预制后拼接的混凝土梁
7	运架混凝土简支箱梁	29.9	
8	隧道、明洞、棚洞，自采砂石	33.9	不含隧道的照明、通风与空调等工程，不含大型机械化施工及掘进机、盾构施工的隧道
9	路基附属工程（不含附属土石方）	33.5	含区间线路防护栅栏、与路基同步施工的接触网支柱基础等
10	框架桥、公路桥、中小桥下部（含附属工程）、涵洞，轮渡、码头，一般生产房屋和附属、给排水、工务、站场、其他建筑物等建筑工程	44.2	含除大临土石方、大临轨道、临时电力、临时通信以外的大临工程，环保降噪声工程
11	铺轨、铺岔、架设其他混凝土梁、钢梁、钢管拱，钢结构站房（含站房综合楼）、钢结构雨篷、钢结构车库等	89.5	简支箱梁除外，包括轨道附属工程，线路备料及大临轨道；钢管拱包括钢管、钢管内混凝土、系杆、吊杆、梁及桥面板

（续）

类别代号	工程类别	费率（%）	附注
12	铺砟	40.4	包括道床清筛、沉落整修，有砟轨道调整
13	无砟道床	67.1	包括道床过渡段
14	通信、信号、信息、灾害监测、电力、牵引变电、供电段、机务、车辆、动车，所有安装工程	59.8	含桥梁、隧道的照明工程，隧道通风与空调工程、临时电力、临时通信、管线路防护、管线迁改
15	接触网建筑工程	59.4	含不与路基同步施工的接触网支柱基础

注：1. 采用大型机械化施工开挖定额的隧道工程，间接费费率按25.9%计，掘进机、盾构施工的隧道间接费费率另行分析计列。

2. 过渡工程按表列同类正式工程的费率计列，大型临时设施按表列同类正式工程的费率乘以0.8的系数计列。

（十一）税金

税金是指按照设计概（预）算构成及国家税法等有关规定计算的增值税额。建筑安装工程费税金按下式计算：

税金=（基期人工费及其材料费+基期施工机具使用费+价外运杂费+价差+填料费+施工措施费+特殊施工增加费+间接费）×税率

建筑安装工程费税金的税率为9%。

第三节 设备费、其他费用的构成和计算

一、设备购置费

设备购置费（费用代号：Ⅲ）是指一切需要安装与不需要安装的生产、动力、弱电、起重、运输等设备（包括备品备件）的购置费，以及构成固定资产的工器具（包括设备配件）、专用工具（包括备品备件）等购置费。

设备购置费是指购置的达到固定资产标准的设备、工器具、生产家具和虽低于固定资产标准，但属于设计明确列入设备清单的设备等所需的费用。购买计算机硬件设备时所附带的软件若不单独计价，其费用应随设备硬件一起列入设备购置费中。设备购置费包括设备费、设备运杂费和税金。

（一）设备费

设备费是指根据设计确定的设备规格、型号、数量，按相应的设备原价计算的费用。

设备费=∑设备数量×设备原价

编制期设备费与基期设备费差额按设备费价差计列。

1. 设备原价

设备原价是指标准设备的出厂价（含按专业标准要求的保证在运输过程中不受损失的一般包装费，及按产品设计规定附带的工具、附件和易损件的费用）或非标准设备的加工订货价（包括材料费、加工费及加工厂的管理费等）。

2. 设备原价的确定

1）基期设备原价按《铁路工程建设设备预算价格》执行，若《铁路工程建设设备预算价格》为含可抵扣进项税额的价格，则应以扣除可抵扣进项税额后的价格作为基期设备原价。

2）编制期设备原价采用不含可抵扣进项税额的价格。标准设备原价可根据生产厂家的出厂价及国家机电产品市场价格目录和设备信息价等资料综合分析确定；非标准设备原价可按厂家加工订货等价格资料，并结合设备信息价格，经分析论证后确定。

3）设计单位自行补充设备的价格应为不含可抵扣进项税额的价格。

（二）设备运杂费

设备运杂费是指设备自生产厂家（来源地）运至施工安装地点所发生的运输费、装卸费、手续费、采购及保管费等费用的总称。

设备运杂费=基期设备费×设备运杂费费率

设备运杂费费率：一般地区按6.5%计列，新疆、西藏、青海按8.4%计列。

（三）设备购置费税金

设备购置费税金指按照设计概（预）算构成及国家税法等有关规定计算的增值税额。设备购置费税金按下式计算：

设备购置费税金=(基期设备费+设备运杂费+设备费价差)×税率

设备购置费税金的税率为9%。

（四）设备费的价差调整

编制设计概（预）算时，以现行的《铁路工程建设设备预算价格》中的设备原价作为基期设备原价。编制期设备原价由设计单位按照国家或主管部门发布的信息价和生产厂家的现行出厂价分析确定。基期至编制期设备原价的差额，按价差处理，不计取设备运杂费。

设备单项预算的编制内容应包括设备费和设备运杂费。设备单项预算计算程序见表3-17。

表3-17 设备单项预算计算程序

序号	费用名称	计算式
1	基期设备费	按设计设备数量和采用的基期设备原价计列
2	设备运杂费	(1)×费率
3	设备费价差	基期与编制期价差按《铁路基本建设工程设计概（预）算编制办法》（TZJ 1001—2017）的有关内容计算
4	税金	[(1)+(2)+(3)]×税率
5	单项概（预）算价值	(1)+(2)+(3)+(4)

二、其他费用

其他费用（费用代号：Ⅳ）是指应由基本建设投资支付并列入建设项目投资内，除建筑安装工程费、设备购置费、基本预备费之外的有关静态投资费用。不包括政府有关部门对建设项目实施审批、核准或备案管理，委托专业服务机构等中介提供评估审查等服务所发生的费用。其组成如图 3-3 所示。

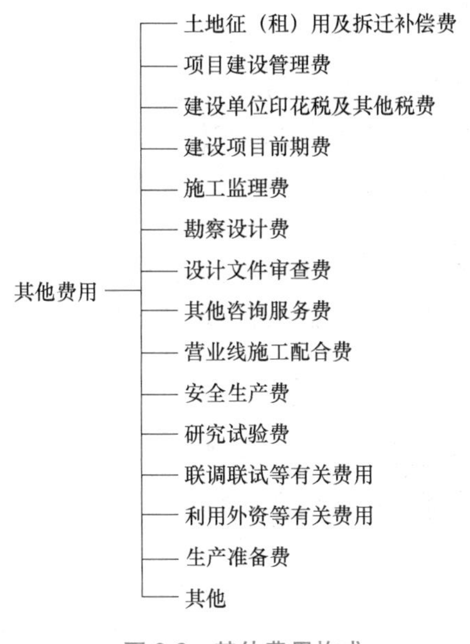

图 3-3　其他费用构成

（一）土地征（租）用及拆迁补偿费

土地征（租）用及拆迁补偿费是指按照《中华人民共和国土地管理法》等规定，为进行铁路建设所需的土地征（租）用及拆迁补偿等费用。这部分内容和第二章第四节中的土地使用费和补偿费内容基本一致，相关内容可参照第二章第四节中该部分内容。

1. 费用内容

（1）土地征用补偿费。土地征用补偿费是指土地补偿费，安置补助费，必须缴纳或发生的失地农民保险，被征用土地地上附着物及青苗补偿费，征用城市郊区菜地缴纳的菜地开发建设基金，征用耕地缴纳的耕地开垦费，耕地占用税等。

（2）拆迁补偿费。拆迁补偿费是指被征用土地上的房屋及附属构筑物、城市公共设施等迁建补偿费等；既有管线路迁改、改沟（渠、河），导流设施、消能设施、挑水坝修建及河道加固防护等所发生的补偿性费用；项目建设造成封井，农田、水利设施、水系破坏及房屋损坏修复费或补偿费等。

（3）临时用地费。临时用地费是指取弃土（石）场（含隧道弃渣场）以及大型临时设施中的临时场站等工程的临时占地费用，包括租用土地、青苗补偿、拆迁补偿、复垦及其他所有与土地有关的费用等。

（4）征地拆迁工作经费。征地拆迁工作经费是指在征地拆迁过程中，工程所在地有关部门配合征地拆迁工作所发生的相关人员的工作经费、资产评估费及土地登记管理费等。

（5）用地勘界费。用地勘界费是指委托有资质的土地勘界机构对铁路建设用地界进行勘定所发生的费用。

（6）土地预审费。土地预审费是指铁路工程建设项目用地预审工作的组织协调、技术方案制定、组卷汇总、各级的材料审查、初审及上报自然资源部等工作所需的费用。内容包括图件费、咨询费、听证费及差旅费等。

(7) 森林植被恢复费。森林植被恢复费是指为保护森林资源，促进我国林业可持续发展，按照《中华人民共和国森林法》和《中华人民共和国森林法实施条例》等规定缴纳的所征用林地的植被恢复费用。

(8) 临时用地复垦方案报告编制费。临时用地复垦方案报告编制费是指在铁路工程建设申请用地之前，依据土地开发整理相关规范和要求，对铁路工程临时用地复垦开展设计、提出具体工程措施，编制详细的土地复垦方案，计算土地复垦费用，编制临时用地复垦方案报告等所需的费用。

(9) 压覆矿藏评估及补偿费。压覆矿藏评估及补偿费是指按照有关规定，为了解铁路建设工程所在地区的矿产资源分布和开采情况，由建设单位组织对压覆矿藏进行评估与补偿所需的费用。

2. 费用计列

1) 土地征用补偿费、拆迁补偿费、临时用地费等应根据设计提出的建议用地面积和补偿动迁工程数量，按国家有关部门及工程所在地区的省（自治区、直辖市）政府有关规定和价格计列。

2) 征地拆迁工作经费、用地勘界费、土地预审费、森林植被恢复费、临时用地复垦方案报告编制费、压覆矿藏评估与补偿费等按国家有关部门及工程所在地区的省（自治区、直辖市）政府有关规定和价格计列。

(二) 项目建设管理费

项目建设管理费是指建设单位从项目筹建之日起至办理竣工财务决算之日止发生的管理性质开支。

包括：不在原单位发工资的工作人员工资及相关费用、办公费、办公场地租用费、差旅交通费、劳动保护费、工具用具使用费、固定资产使用费、招募生产工人费、技术图书资料费（含软件）、业务招待费、施工现场津贴、竣工验收费和其他管理性质开支。

本项费用以建设项目静态投资（不含项目建设管理费）、价差预备费和建设期投资贷款利息总额扣除土地征（租）用及拆迁补偿费为基数，按表3-18所列费率采用累进法计算。项目建设管理费按上述方法计算确定后，再对因项目建设管理费计入概算而引起的相关费用变化做一次调整。由多个建设单位承担的建设项目（代建除外），按各建设单位管理范围计算。

表3-18 项目建设管理费费率

总概算（万元）	费率（%）	算例（万元）	
		总概算	项目建设管理费
1000以下	2.0	1000	1000×2.0%=20
1001~5000	1.5	5000	20+(5000-1000)×1.5%=80
5001~10000	1.2	10000	80+(10000-5000)×1.2%=140
10001~50000	1.0	50000	140+(50000-10000)×1.0%=540
50001~100000	0.8	100000	540+(100000-50000)×0.8%=940
100000以上	0.4	200000	940+(200000-100000)×0.4%=1340

（三）建设单位印花税及其他税费

建设单位印花税及其他税费是指项目建设单位发生的各类与建设相关的合同印花税、资本金印花税、房产税、车船税、契税及按规定缴纳的其他税费等。

本项费用按下列费用总额扣除土地征（租）用及拆迁补偿费为基数，乘以 0.07%的费率计列：路基，桥涵，隧道及明洞，轨道，通信、信号、信息及灾害监测，电力及电力牵引供电，房屋，其他运营生产设备及建筑物，大型临时设施和过渡工程。

该项费用计算详见《铁路基本建设工程设计概（预）算费用定额》（TZJ 3001—2017）。

（四）建设项目前期费

建设项目前期费是指建设项目在预可行性研究及可行性研究阶段，由建设单位组织进行项目论证评估、立项批复、申报核准等工作所发生的有关费用。主要包括可行性研究费、建设项目选址报告编制费、社会稳定风险评估报告编制费、环境影响报告编制与评估费、水土保持方案报告编制与评估费、节能评估报告书编制与评审费、洪水影响评估报告编制费、职业病危害预评价费、地质灾害危险性评估费、地震安全性评估费、通航论证费、文物保护费等。

本项费用按项目预可行性研究和可行性研究阶段的实际发生金额计列。

（五）施工监理费

施工监理费是指由建设单位委托具有相应资质的单位，在铁路建设项目的施工阶段实施监理的费用。

考虑设计概（预）算编制需要，制定了施工监理费的费用定额。本项费用采用按照工程概（预）算投资额分档定额计费方法计算后，纳入设计概（预）算，工程实际发生的费用应按国家有关规定实行市场调节价。计算公式如下：

施工监理费＝计算基数×施工监理费费率×施工监理费复杂程度调整系数×高程调整系数×工期调整系数

式中有关因素：

（1）计算基数。本项费用以总概算编制范围的建筑安装工程费用总额㊀为计算基数。

（2）施工监理费费率。施工监理费费率根据总概算编制范围的建筑安装工程费用总额㊁，按表 3-19 所列费率采用直线内插法确定。

表 3-19　施工监理费费率表

序号	建筑安装工程费用总额㊂（万元）	施工监理费费率（%）
1	5000	2.42
2	10000	2.19
3	50000	1.70
4	100000	1.51
5	500000	1.17
6	1000000	1.04

注：建筑安装工程费用总额大于 1000000 万元的，施工监理费费率按 1.04%计列。

㊀、㊁、㊂　建筑安装工程费用总额是指拆迁及征地费用，路基，桥涵，隧道及明洞，轨道，通信、信号、信息及灾害监测，电力及电力牵引供电，房屋，其他运营生产设备及建筑物，大型临时设施和过渡工程的费用总额。

（3）施工监理费复杂程度调整系数。施工监理费复杂程度调整系数根据工程特征，按表3-20所列系数选用。

表 3-20 铁路工程施工监理费复杂程度调整系数

复杂程度等级	工程特征	施工监理费复杂程度调整系数
Ⅰ级	新建Ⅱ、Ⅲ、Ⅳ级铁路	0.85
Ⅱ级	1. 新建时速200km客货共线 2. 新建Ⅰ级铁路 3. 货运专线 4. 独立特大桥 5. 独立隧道 6. 改扩建和技术改造铁路	新建双线0.85；其他1.0
Ⅲ级	1. 客运专线 2. 技术特别复杂的工程	0.95

（4）高程调整系数。高程调整系数根据设计线路海拔，按表3-21所列系数选用。

表 3-21 铁路工程施工监理费高程调整系数表

序号	海拔/m	高程调整系数
1	2000（含）以下	1.0
2	2000（不含）~3000（含）	1.1
3	3000（不含）~3500（含）	1.2
4	3500（不含）~4000（含）	1.3
5	4000以上	由发包人和监理人协商确定

（5）工期调整系数。工期调整系数根据设计施工工期，按表3-22所列系数选用。

表 3-22 铁路工程施工监理费工期调整系数

序号	设计施工工期（月）	工期调整系数
1	≤60	0.8
2	61~72	0.9
3	73~84	1.0
4	85~96	1.1
5	≥97	1.2

（六）勘察设计费

（1）勘察费。勘察费是指勘察人根据发包人的委托，收集已有资料，现场踏勘、制定勘察纲要，进行测绘、勘探、取样、试验、测试、检测、监测等勘察作业，以及编制工程勘察文件和岩土工程设计文件等收取的费用。

（2）设计费。设计费是指设计人根据发包人的委托，提供编制建设项目初步设计文件、施工图设计文件等服务所收取的费用。

考虑设计概（预）算编制需要，制定了勘察设计费的费用定额。勘察设计费的计算按《铁路基本建设工程设计概（预）算费用定额》（TZJ 3001—2017）执行，工程实际发生的费用应按国家有关规定实行市场调节价。

（七）设计文件审查费

设计文件审查费是指为保证铁路工程勘察设计工作质量，由建设单位组织有关专家或委托有资质的单位，对设计单位递交的建设项目预可行性研究（项目建议书）、可行性研究、初步设计、I类变更设计及调整概算文件进行审查（核）所需要的相关费用。

考虑设计概（预）算编制需要，制定了设计文件审查费的费用定额。本项费用的计算按《铁路基本建设工程设计概（预）算费用定额》执行，工程实际发生的费用应按国家有关规定实行市场调节价。

（八）其他咨询服务费

其他咨询服务费是指由建设单位委托具有相应资质的单位，在铁路项目建设过程中实施咨询服务的相关费用。其他咨询服务费包括招标咨询费、勘察监理与咨询费、设备（材料）采购监造费、施工图审查（核）费、第三方审价费、环境保护专项监理费、水土保持检测费、无砟轨道铺设条件评估费、环境保护和水土保持设施验收报告编制费、职业病危害控制效果评价费、第三方检测费、计算机软件开发与购置费等。

考虑设计概（预）算编制需要，制定了其他咨询服务费的费用定额。其他咨询服务费的计算按《铁路基本建设工程设计概（预）算费用定额》执行，工程实际发生的费用应按国家有关规定实行市场调节价。

（九）营业线施工配合费

营业线施工配合费是指施工单位在营业线上或邻近营业线进行建筑安装工程施工时，需要运营单位在施工期间参加配合工作所发生的费用（含运营单位安全监督检查费用）。

营业线施工配合费情况较复杂，编制设计概（预）算时，可按不同工程类别的计算范围，以编制期人工费与编制期施工机具使用费之和为基数，乘以《铁路基本建设工程设计概（预）算费用定额》的参考费率计列。

（十）安全生产费

安全生产费是指施工企业按照规定标准提取在成本中列支，专门用于完善和改进施工企业安全生产条件的资金。

本项费用的计算按《铁路基本建设工程设计概（预）算费用定额》执行。

（十一）研究试验费

研究试验费是指为建设项目提供或验证设计数据、资料等所进行的必要的研究试验，以及按照设计要求在施工中必须进行的试验、验证所需的费用。不包括：

1）应由科技三项费用（即新产品试制费、中间试验费和重要科学研究补助费）开支的项目。

2）应由检验试验费开支的施工企业对建筑材料、设备、构件和建筑物等进行一般鉴定、检查所发生的费用及技术革新的研究试验费。

3）应由勘察设计费开支的项目。

本项费用应根据设计提出的研究试验内容和要求，经建设主管单位批准后计列。

（十二）联调联试等有关费用

联调联试等有关费用包括静态检测费、联调联试费、安全评估费、运行试验费及综合检测列车高级修费用等。

本项费用按有关费用定额计算。

（十三）利用外资有关费用

利用外资有关费用是指铁路基本建设项目利用国外贷款（用于土建工程或采购材料和设备）时，发生的有关附加费用。工程实际发生的费用应按国家有关规定实行市场调节价。

（十四）生产准备费

（1）生产职工培训费。生产职工培训费是指新建和改扩建铁路工程，在交验投产以前对运营部门生产职工培训所必需的费用。内容包括：培训人员的工资、津贴和补贴、职工福利费、差旅交通费、劳动保护费、培训及教学实习费等。生产职工培训费按表 3-23 所列定额计算。

表 3-23　生产职工培训费定额　（单位：元/正线公里）

铁路类别		线路类别	
		非电气化铁路	电气化铁路
设计速度>200km/h 铁路		—	17000
设计速度≤200km/h 铁路	新建双线	11300	16000
	新建单线	7500	11200
	增建第二线	5000	6400
	既有线增建电气化	—	3200

注：独立建设项目的站房、动车段、专用线、车站改造等项目的生产职工培训费按 1400 元/定员计列，其中新建项目按设计定员计算，改建项目按新增定员计算。

（2）办公和生活家具购置费。办公和生活家具购置费是指为保证新建、改扩建项目初期正常生产、使用和管理，所必须购置的办公和生活家具、用具的费用。范围包括：行政、生产部门的办公室、会议室、资料档案室、文娱室、食堂、浴室、单身宿舍、行车公寓等的家具用具。不包括应由企业管理费、奖励基金或行政开支的改扩建项目所需的办公和生活家具购置费。办公和生活家具购置费按表 3-24 所列定额计算。

表 3-24　办公和生活家具购置费定额　（单位：元/正线公里）

铁路类别		线路类别	
		非电气化铁路	电气化铁路
设计速度>200km/h 铁路		—	11000
设计速度≤200km/h 铁路	新建双线	9000	10000
	新建单线	6000	7000
	增建第二线	3500	4000
	既有线增建电气化	—	2000

注：独立建设项目的站房、动车段、专用线、车站改造等项目的办公和生活家具购置费按 800 元/定员计列，其中新建项目按设计定员计算，改建项目按新增定员计算。

（3）工器具及生产家具购置费。工器具及生产家具购置费是指新建、改建项目和扩建项目的新建车间，验交后为满足初期正常运营必须购置的第一套不构成固定资产的设备、仪器、仪表、工卡模具、器具、工作台（框、架、柜）等的费用。不包括：构成固定资产的设备、工器具和备品、备件；已列入设备购置费中的专用工具和备品、备件。工器具及生产家具购置费按表 3-25 所列定额计算。

表 3-25　工器具及生产家具购置费定额　　（单位：元/正线公里）

铁路类别		线路类别	
		非电气化铁路	电气化铁路
设计速度>200km/h 铁路		—	22000
设计速度≤200km/h 铁路	新建双线	18000	20000
	新建单线	12000	14000
	增建第二线	7000	8000
	既有线增建电气化	—	4000

注：独立建设项目的站房、动车段、专用线、车站改造等项目的工器具及生产家具购置费按 1000 元/定员计列，其中新建项目按设计定员计算，改建项目按新增定员计算。

（十五）其他

其他是指以上费用之外，按国家、相关部委及工程所在省（自治区、直辖市）规定应纳入设计概（预）算的费用，或在设计阶段无法准确核定的特殊工程处理措施估算费用，以及铁路专利专有技术等知识产权使用费等。

第四节　预备费、建设期投资贷款利息、机车车辆（动车组）购置费及铺底流动资金

一、基本预备费

基本预备费是指为建设阶段各种不可预见因素的发生而预留的可能增加的费用。

本项费用以下列费用总额为基数，乘以 5% 的费率计算：拆迁及征地费用，路基，桥涵，隧道及明洞，轨道，通信、信号、信息及灾害监测，电力及电力牵引供电，房屋，其他运营生产设备及建筑物，大型临时设施和过渡工程，其他费用。

二、价差预备费

价差预备费是指为正确反映铁路基本建设工程项目的概（预）算总额，在设计概（预）算编制年度到项目建设竣工的整个期限内，因形成工程造价诸因素的正常变动（如材料、设备、征地拆迁价格等的上涨，人工费及其他有关费用标准的调整等），导致必须对该建设项目所需的总投资额进行合理的核定和调整，而需预留的费用。

本项费用应根据建设项目施工组织设计安排，以其分年度投资额及不同年限，按国家有关部门公布的工程造价年上涨指数计算。计算公式如下：

$$E = \sum_{n=1}^{N} F_n[(1+p)^{c+n} - 1]$$

式中 E——价差预备费；

N——施工总工期（年）；

F_n——施工期第 n 年的分年度投资额；

c——编制年至开工年年限（年）；

n——开工年至结（决）算年年限（年）；

p——工程造价年增长率。

【例 3-8】 某铁路建设项目，建设期为 3 年。分年度投资额为第一年 30000 万元，第二年为 40000 万元，第三年为 30000 万元，编制期至开工期为 1 年，工程造价年增长率为 3%，则该铁路建设项目的价差预备费为多少？

解：$E=30000$ 万元$\times[(1+3\%)^{1+1}-1]+40000$ 万元$\times[(1+3\%)^{1+2}-1]+30000$ 万元$\times[(1+3\%)^{1+3}-1]=1827$ 万元$+3709.08$ 万元$+3765.26$ 万元$=9301.34$ 万元

三、建设期投资贷款利息

建设期投资贷款利息是指建设项目中分年度使用国内贷款，在建设期应归还的贷款利息。

建设期投资贷款利息=Σ(年初付息贷款本金累计+本年度付息贷款额÷2)×年利率

【例 3-9】 某新建铁路，建设期为 3 年。在建设期第一年资金供应量为 3000 万元，其中贷款占 30%；第二年为 6000 万元，贷款占 60%；第三年为 4000 万元，贷款占 80%。银行贷款年利率为 8%，计算建设期投资贷款利息。

解：

第一年利息为

3000 万元×30%÷2×8%=36 万元

第二年利息为

(3000 万元×30%+36 万元+6000 万元×60%÷2)×8%=218.88 万元

第三年利息为

(3000 万元×30%+6000 万元×60%+36 万元+218.88 万元+4000 万元×80%÷2)×8%=508.39 万元

因此建设期投资贷款利息总和为

36 万元+218.88 万元+508.39 万元=763.27 万元

四、机车车辆（动车组）购置费

机车车辆（动车组）购置费是指根据铁路行政主管部门铁路机车、客车投资有偿占用有关办法的规定，在新建铁路、增建二线和电气化改造等基建大中型项目总概（预）算中根据需要计列的机车车辆（动车组）的购置费。

本项费用按设计确定的初期运量所需新增机车车辆（动车组）的型号、数量及编制期机车车辆（动车组）购置价格计算。

五、铺底流动资金

铺底流动资金是指为保证新建铁路项目投产初期正常运营所需流动资金有可靠来源而计列的费用。铺底流动资金主要用于购买原材料、燃料、动力，支付职工工资和其他有关费用。

本项费用按以下定额计算：

1）设计速度>200km/h 新建铁路：16.0 万元/正线公里。

2）设计速度≤200km/h 新建双线铁路：12.0 万元/正线公里。

3）设计速度≤200km/h 新建单线Ⅰ级铁路：8.0 万元/正线公里。

4）设计速度≤200km/h 新建单线Ⅱ级铁路：6.0 万元/正线公里。

5）新建Ⅰ级地方铁路：6.0 万元/正线公里。

6）新建Ⅱ级地方铁路：4.5 万元/正线公里。

如初期运量较小，上述指标可酌情核减。既有线改扩建、增建二线以及电气化改造工程等不计列铺底流动资金。

练 习 题

1. 铁路工程建筑安装工程费由（　　）、间接费和（　　）三部分组成。
2. 材料预算价格由材料原价、（　　）、（　　）组成。
3. 施工机械台班费用由折旧费、检修费、（　　）、安装拆卸费、（　　）、（　　）、其他费组成。
4. 铁路工程间接费包括（　　）、规费和（　　）。

思 考 题

1. 铁路工程项目总投资由哪些费用构成？
2. 铁路工程直接工程费由哪些费用组成？
3. 铁路工程施工措施费包括哪些费用？
4. 铁路工程特殊施工增加费包括哪些内容？
5. 铁路工程企业管理费包括哪些内容？
6. 铁路工程其他费用包括哪些内容？

第四章

建设工程计价依据

第一节　工程定额的概念及分类

一、工程定额的概念

工程定额是指在一定生产条件下，完成规定计量单位的合格建筑安装工程所消耗的人工、材料、施工机具台班及资金的数量标准。

1）一定的生产条件是指在某一社会生产力发展水平下的正常施工条件，即按照企业技术装备正常、工人素质正常、合理工期、施工工艺和劳动组织的情况下组织施工。

2）规定计量单位与产品内涵有关。产品可以是：最终产品（如新建学校、铁路客运专线）；构成项目的某些完整产品（如教学楼、特大桥）；完整产品中的某些较大组成部分（如教学楼的土建工程，桥梁的下部结构）；较大组成部分中的较小组成部分（如土石方工程）；更为细小的组成部分（如机械挖土方）。

3）合格产品是指产品应符合现行设计、施工规范、安全标准、质量评定标准，这也是对工作内容和质量标准和安全做出了要求。

工程定额反映的是在一定社会生产力发展水平条件下，完成工程建设中的某项产品与各种生产消费之间的特定的数量关系。

二、工程定额的分类

工程定额是一个综合概念，是建设工程造价计价和管理中各类定额的总称，包括许多种类的定额，可以按照不同的原则和方法对它进行分类。工程定额分类如图 4-1 所示。

1. 按定额反映的生产要素消耗内容分类

工程定额可以分为劳动消耗定额、材料消耗定额和机具消耗定额三种。

（1）劳动消耗定额。劳动消耗定额简称劳动定额（也称为人工定额），是指在正常的施工技术和组织条件下，完成规定计量单位合格的建筑安装产品所消耗的人工工日的数量标准。劳动定额的主要表现形式是时间定额，但同时也表现为产量定额。时间定额与产量定额互为倒数。

（2）材料消耗定额。材料消耗定额简称材料定额，是指在正常的施工技术和组织条件下，完成规定计量单位合格的建筑安装产品所消耗的原材料、成品、半成品、构配件、燃料以及水、电等动力资源的数量标准。

（3）机具消耗定额。机具消耗定额由机械消耗定额与仪器仪表消耗定额组成。机械消

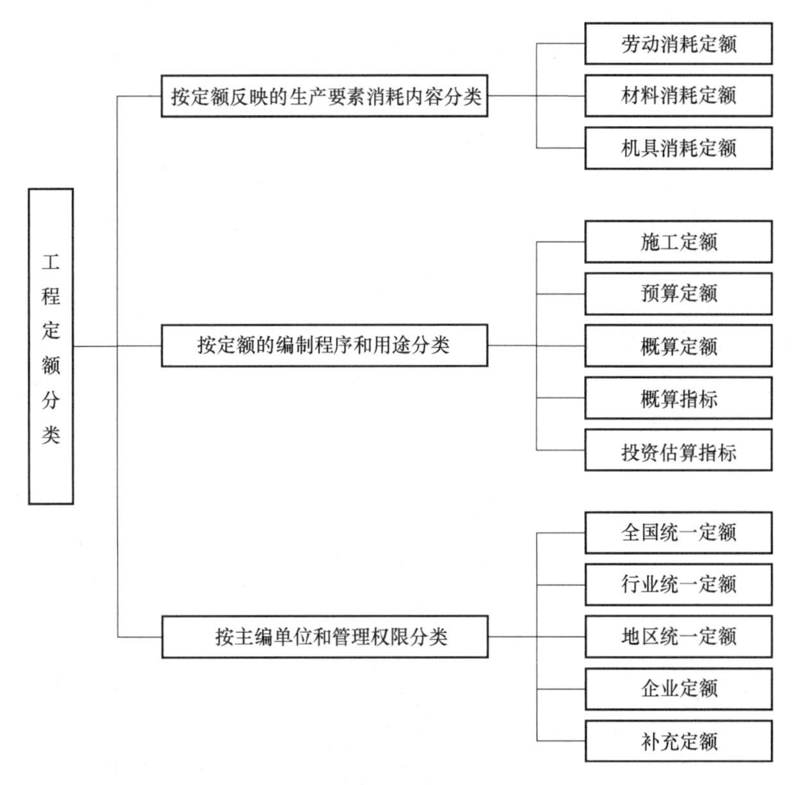

图 4-1　工程定额分类

耗定额是以一台机械一个工作班为计量单位，所以又称为机械台班定额。机械消耗定额是指在正常的施工技术和组织条件下，完成规定计量单位合格的建筑安装产品所消耗的施工机械台班的数量标准。机械消耗定额的主要表现形式是机械时间定额，同时也以产量定额表现。仪器仪表消耗定额的表现形式与机械消耗定额类似。

2. 按定额的编制程序和用途分类

工程定额可以分为施工定额、预算定额、概算定额、概算指标、投资估算指标等。

（1）施工定额。施工定额是指完成一定计量单位的某一施工过程或基本工序所需消耗的人工、材料和施工机具台班数量标准。施工定额是施工企业（建筑安装企业）组织生产和加强管理在企业内部使用的一种定额，属于企业定额的性质。施工定额是以某一施工过程或基本工序作为研究对象，以生产产品数量与生产要素消耗综合关系编制的定额。为了适应组织生产和管理的需要，施工定额的项目划分很细，是工程定额中分项最细、定额子目最多的一种定额，也是工程定额中的基础性定额。

（2）预算定额。预算定额是指在正常的施工条件下，完成一定计量单位合格分项工程或结构构件所需消耗的人工、材料、施工机具台班数量及其费用标准。预算定额是一种计价性定额。从编制程序上看，预算定额是以施工定额为基础综合扩大编制的，同时它也是编制概算定额的基础。

（3）概算定额。概算定额是指完成单位合格扩大分项工程或扩大结构构件所需消耗的人工、材料和施工机具台班的数量及其费用标准，是一种计价性定额。概算定额是编制扩大初步设计概算、确定建设项目投资额的依据。概算定额的项目划分粗细，与扩大初步设计的深度相适应，一般是在预算定额的基础上综合扩大而成的，每一扩大分项概算定额都包含了数项预算定额。

（4）概算指标。概算指标是指以单位工程为对象，反映完成一个规定计量单位建筑安装产品的经济指标。概算指标是概算定额的扩大与合并，以更为扩大的计量单位来编制的。

概算指标的内容包括人工、材料、机具台班三个基本部分，同时还列出了分部工程量及单位工程的造价，是一种计价定额。

（5）投资估算指标。投资估算指标是指以建设项目、单项工程、单位工程为对象，反映建设总投资及其各项费用构成的经济指标。它是在项目建议书和可行性研究阶段编制投资估算、计算投资需要量时使用的一种定额。它的概略程度与可行性研究阶段相适应。投资估算指标往往根据历史的预算、决算资料和价格变动等资料编制，但其编制基础仍然离不开预算定额、概算定额。

上述各种定额之间关系的比较可参见表 4-1。

表 4-1　各种定额之间关系的比较

项目	施工定额	预算定额	概算定额	概算指标	投资估算指标
对象	施工过程或基本工序	分项工程或结构构件	扩大的分项工程或扩大的结构构件	单位工程	建设项目、单项工程、单位工程
用途	编制施工预算	编制施工图预算	编制扩大初步设计概算	编制初步设计概算	编制投资估算
项目划分	最细	细	较粗	粗	很粗
定额水平	平均先进	平均			
定额性质	生产性定额	计价性定额			

3. 按专业分类

由于工程建设涉及众多的专业，不同的专业所含的内容也不同，因此就确定人工、材料和机具台班消耗数量标准的工程定额来说，也需按不同的专业分别进行编制和执行。

（1）建筑工程定额。建筑工程定额按专业对象分为建筑及装饰工程定额、房屋修缮工程定额、市政工程定额、铁路工程定额、公路工程定额、矿山井巷工程定额、水利建筑工程定额、内河航运水工建筑工程定额等。

（2）安装工程定额。安装工程定额按专业对象分为电气设备安装工程定额、机械设备安装工程定额、热力设备安装工程定额、通信设备安装工程定额、化学工业设备安装工程定额、工业管道安装工程定额、工艺金属结构安装工程定额、水利水电设备安装工程定额、内河航运设备安装工程定额等。

4. 按主编单位和管理权限分类

工程定额可以分为全国统一定额、行业统一定额、地区统一定额、企业定额、补充定额等。

（1）全国统一定额。全国统一定额是指由国家建设行政主管部门综合全国工程建设中技术和施工组织管理的情况编制，并在全国范围内执行的定额。

（2）行业统一定额。行业统一定额是考虑到各行业专业工程技术特点，以及施工生产和管理水平编制的。一般只在本行业和相同专业性质的范围内使用。

（3）地区统一定额。地区统一定额包括省、自治区、直辖市定额。地区统一定额主要是考虑地区性特点和全国统一定额水平做适当调整和补充编制的。

（4）企业定额。企业定额是施工单位根据本企业的施工技术、机械装备和管理水平编制的人工、材料、机具台班等的消耗标准。企业定额在企业内部使用，是企业综合素质的标志。企业定额水平一般应高于国家现行定额，才能满足生产技术发展、企业管理和市场竞争的需要。在工程量清单计价方法下，企业定额是施工企业进行投标报价的依据。

（5）补充定额。补充定额是指随着设计、施工技术的发展，现行定额不能满足需要的情况下，为了补充缺陷所编制的定额。补充定额只能在指定的范围内使用，可以作为以后修订定额的基础。

上述各种定额虽然适用于不同的情况和用途，但是它们是一个互相联系的、有机的整体，在实际工作中可以配合使用。

第二节　施工过程分解及工作时间研究

对施工过程与工作时间进行研究，是制定定额的基础性工作。要对工程造价计价内涵与内容有完整准确的理解，就必须对施工过程进行细致的分析研究。

一、施工过程的概念及分类

（一）施工过程的概念

施工过程是指不同工种、不同技术等级的建筑安装工人使用各种劳动工具（手动工具、小型工具、大中型机械和仪器仪表等），按照一定的施工工序和操作方法，直接或间接地作用于各种劳动对象（各种建筑、装饰材料，半成品，预制品和各种设备、零配件等），使其按照人们预定的目的，形成人们生产或生活所需要的合格建筑产品的生产活动。一个建筑物或构筑物的施工是由许多施工过程组成的。例如，挖基槽土方、浇筑混凝土等都是施工过程。

每个施工过程的结果，都获得一定的产品。该产品可能改变了劳动对象的外表形态、内部结构或性质（由于制作和加工的结果），也可能改变了劳动对象的空间位置（运输和安装的结果）。所得的产品数量可用一定的计算单位来表示，按照工程分部组合的计价原理，对于复杂的工程体，需要自上而下分解为细小的计价单元，计价时通过对计价单元价格自下而上适当组合形成工程造价。对施工过程的研究，就是要研究不同施工过程产出的产品（计价单元）与其工作内容、投入资源之间的关系，从而为编制定额奠定基础。

（二）施工过程的分类

要将施工过程研究清楚，有必要对其进行分类，以便于更有效地研究定额。根据不同的标准和需要，施工过程有如下分类：

1. 根据施工过程组织上的复杂程度不同分类

施工过程可以分解为工序、工作过程和综合工作过程。该种分类方法与定额制定的关系最为紧密。

(1) 工序。工序是指施工过程中可以由一个人来完成，也可以由小组或施工队内的几名工人协同完成，在组织上不可分割，在操作上属于同一类的作业环节。其主要特征是劳动者、劳动对象和使用的劳动工具均不发生变化。如果其中一个因素发生变化，就意味着由一项工序转入了另一项工序。如钢筋施工，它由平直钢筋、钢筋除锈、切断钢筋、弯曲钢筋、运输和绑扎等工序组成。其中各工序的劳动者都是钢筋工，劳动对象都是钢筋，但劳动工具分别是卷扬机、钢丝刷、钢筋剪切机、钢筋弯曲机等。

从施工的技术操作和施工组织角度看，工序是工艺方面最基本的单元。但从劳动创造价值的角度来看，工序还可以进一步分解细化为操作与动作。例如，钢筋剪断的工序可以分为到钢筋堆放处取钢筋、把钢筋放到作业台上、操作钢筋剪切机、取下剪切完的钢筋、送至指定的堆放地点等操作。操作本身又包括了许多动作：例如，到钢筋堆放处取钢筋这一操作，由下列动作组成，即走到钢筋堆放处、弯腰、抓取钢筋、直腰、回到作业台，如图 4-2 所示。

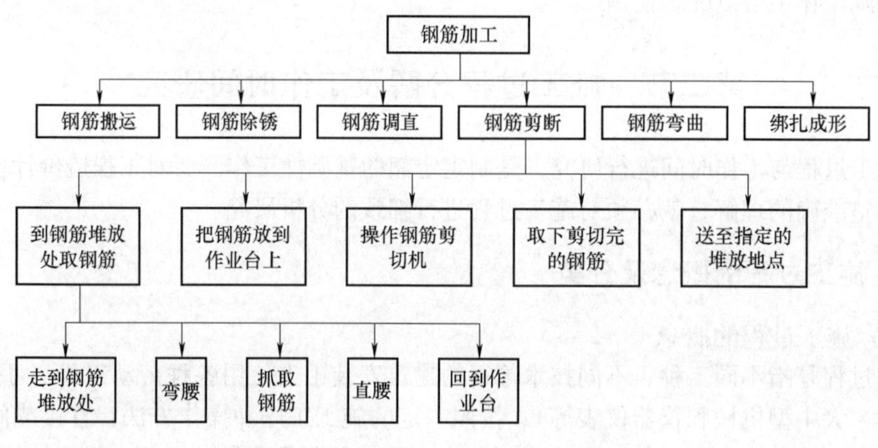

图 4-2 钢筋加工施工过程分解图

在编制施工定额时，工序是主要的研究对象。如果进行某项先进技术或新技术的工时研究，就要分解到操作甚至动作为止，从中研究可加以改进的操作或节约的工时。

(2) 工作过程。工作过程是指由同一工人或同一小组所完成的在技术操作上相互有机联系的工序的总和。其特点是劳动者和劳动对象不发生变化，而使用的劳动工具可以变换。例如，钢筋混凝土工程中的模板工程、钢筋工程和混凝土工程等都是工作过程。

(3) 综合工作过程。综合工作过程是指同时进行的，在组织上有直接联系的，为完成一个最终产品结合起来的各个施工过程的总和。例如，钢筋混凝土梁构件施工，由模板工程、钢筋工程和混凝土工程等工作过程组成，它们在不同的空间同时进行，在组织上有直接联系，并最终形成的共同产品是一定数量的钢筋混凝土梁。

对施工过程进行分解并细致分析，使我们能够更深入地确定施工过程各个工序组成的必要性及其顺序的合理性，从而能正确地制定各个工序所需要的工时消耗。

2. 按照施工过程在建筑安装产品形成过程中所起作用分类

(1) 施工准备过程。施工准备过程是指建筑、安装工程开工前或建筑材料、机械设备投入施工前所进行的一系列技术组织工作。包括施工现场范围内水、电、道路的铺设，施工机械进场、劳动力的调配，以及施工组织设计和工程预算的编制等方面的准备。

（2）基本施工过程。基本施工过程是指对劳动对象进行加工、制作，或经过自然力作用，使其成为不同结构类型的合格的建筑安装产品所必须进行的施工活动。如土建工程中的土石方、钢筋混凝土工程，安装工程中的管道敷设等。

（3）辅助施工过程。辅助施工过程是指为了保证基本施工过程正常进行，所必需的各种辅助性的施工活动。如现场筛砂、水洗石子等。

（4）施工服务过程。施工服务过程是指为保证各类施工过程的顺利进行，所需要的各种服务性的活动。如建筑材料和各种零配件的供应、保管和运输等。

3. 按照施工工序是否重复循环分类

施工过程可以分为循环施工过程和非循环施工过程两类。

（1）循环施工过程。如果施工过程的工序或其组成部分按一定顺序依次循环进行，并且每经过一次重复都可以生产出同种产品的施工过程，则称为循环施工过程，例如混凝土构件浇筑、挖掘机挖土等。

（2）非循环施工过程。若施工过程的工序或其组成部分不是以同样的次序重复，或者生产出来的产品各不相同，这种施工过程则称为非循环施工过程，如某设备的安装等。

4. 按施工过程的完成方法和手段分类

施工过程可以分为手工操作过程（手动过程）、机械化过程（机动过程）和机手并动过程（半自动化过程）。

二、工作时间的分类

工作时间就是工作班的延续时间，它是由工作班制度决定的。我国现在劳动制度规定，建筑、安装企业中一个工作班的延续时间为 8h，个别特殊工作则有不同规定，例如，潜水，一个工作班为 6h；隧道，一个工作班为 7h。工作班时间不包括午饭的中断时间。

工作时间的研究就是将劳动者或施工机械在整个施工过程中所消耗的工作时间，根据其性质、范围和具体情况的不同，予以科学的划分、归纳，找出定额时间及非定额时间。进行工时研究的目的就是在编制或测定定额时，要充分考虑到哪些工作时间的消耗是必需的，哪些工作时间的消耗不是必需的，以便分析研究各种影响因素，减少和消除工时损失，提高劳动生产率。否则，无法对定额的测定进行定性和定量的分析，更不可能制定出科学定额的标准额度。

根据施工工作的消耗性质可以将工作时间分为两个系统：工人工作时间和机械工作时间。通过对其研究可以确定施工过程的时间额度（即时间定额），随之根据时间额度与产量额度的倒数关系，即可确定与其对应的产量额度（即产量定额）。

（一）工人工作时间消耗的分类

工人工作时间消耗是指工人在同一工作班内，全部劳动时间的消耗。工人在工作班内消耗的工作时间，按其消耗的性质，基本可以分为两大类：必须消耗的时间和损失时间。工人工作时间消耗的分类如图 4-3 所示。

1. 必须消耗的时间

必须消耗的时间是指工人在正常施工条件下，为完成一定合格产品（工作任务）所消耗的时间，是制定定额的主要依据。必须消耗的时间由有效工作时间、休息时间和不可避免中断时间组成。

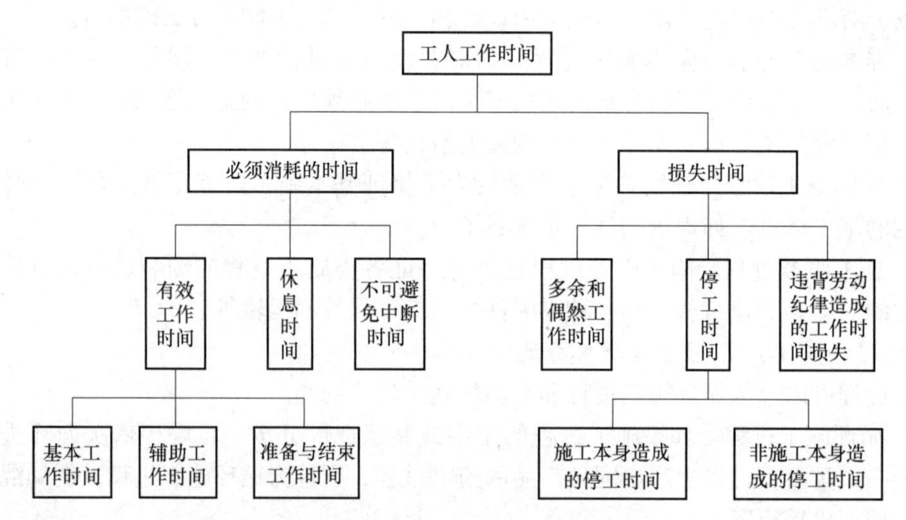

图 4-3 工人工作时间消耗的分类

（1）有效工作时间。有效工作时间是指从生产效果来看与产品生产直接有关的时间消耗。其中包括基本工作时间、辅助工作时间、准备与结束工作时间的消耗。

1）基本工作时间是指工人完成能生产一定产品的施工工艺过程所消耗的时间。例如，完成钢筋加工过程中的调直、除锈、切断、弯曲成形等工作所消耗的时间。基本工作时间的长短与工作量大小成正比例。

2）辅助工作时间是指为保证基本工作能顺利完成所消耗的时间。例如修整工具、测量放线、自行检查等。在辅助工作时间里，不能使产品的形状大小、性质或位置发生变化。辅助工作时间的结束，往往就是基本工作时间的开始。辅助工作一般是手工操作。但如果在机手并动的情况下，辅助工作是在机械运转过程中进行的，为避免重复则不应再计辅助工作时间的消耗。辅助工作时间长短与工作量大小有关。

3）准备与结束工作时间是指执行任务前或任务完成后所消耗的工作时间。例如工作地点、劳动工具和劳动对象的准备工作时间；工作结束后与劳动场地、劳动工具和劳动对象有关的整理工作时间等。准备与结束工作时间的长短与所担负的工作量大小无关，但往往和工作内容有关。这项时间消耗可以分为班内的准备与结束工作时间和任务的准备与结束工作时间。

班内的准备与结束工作时间包括工人每天从工地仓库领取工具、设备的时间，准备安装设备的时间，机械开动前的观察和试车的时间，交接班时间等。

任务的准备与结束工作时间与每个工作日交替无关，但与具体任务有关。例如，熟悉图纸、准备相应的工具、事后清理场地等工作所消耗的时间。通常不反映在每一个工作班里。

但是，一般地，只要组织得当，准备与结束工作时间占用时间较少，所以可以不作为成本控制的重点，但必须考虑。

（2）休息时间。休息时间是指工人在工作过程中为恢复体力所必需的短暂休息和生理需要的时间消耗。这种时间是为了保证工人精力充沛地进行工作，所以在定额时间中必须进行计算。休息时间的长短与劳动性质、劳动条件、劳动强度和劳动危险性等密切相关。

（3）不可避免中断时间。不可避免中断时间是指由于施工工艺特点引起的工作中断所必需的时间。例如，起重机吊预支构件是安装工等待的时间；汽车驾驶员等待装卸货物的时间等。与施工过程工艺特点有关的工作中断时间，应包括在定额时间内，但应尽量缩短此项时间消耗。

2. 损失时间

损失时间是指与产品生产无关，而与施工组织和技术上的缺点有关，与工人在施工过程中的个人过失或某些偶然因素有关的时间消耗。损失时间中包括有多余和偶然工作、停工、违背劳动纪律所引起的工时损失。

（1）多余和偶然工作时间。多余和偶然工作时间是指在正常的条件下，施工过程中不应发生的工作时间或由于意外事件所引起的时间消耗。例如，手推车运输过程中的倾翻和扶正时间，质量不符合要求的产品的整修和返工时间等。多余和偶然工作时间消耗与生产任务数量的大小无直接关系，但与工作条件及工人的技术水平有关。

1）多余工作是工人进行了任务以外而又不能增加产品数量的工作。如重新施工质量不合格的工程。多余工作的工时损失，一般都是由于工程技术人员和工人的差错而引起的，因此，不应计入定额时间中。

2）偶然工作也是工人在任务外进行的工作，但能够获得一定产品。如抹灰工不得不补上偶然遗留的墙洞等。由于偶然工作能获得一定产品，拟定定额时要适当考虑它的影响。

（2）停工时间。停工时间是指工作班内停止工作造成的工时损失。停工时间按其性质可分为施工本身造成的停工时间和非施工本身造成的停工时间两种。施工本身造成的停工时间是指由于施工组织不善、材料供应不及时、工作面准备工作做得不好、工作地点组织不良等情况引起的停工时间。它与不可避免中断时间不同，它是人为因素造成的。非施工本身造成的停工是指由于气候条件的特殊变化以及全工地性水电供应的中断而引起的停工。如突然的暴风、大雨、停电而造成的停工等。前一种情况在拟定定额时不应该计算，后一种情况定额中则应给予合理的考虑。

（3）违背劳动纪律造成的工作时间损失。违背劳动纪律造成的工作时间损失是指工人迟到、早退、擅自离开工作岗位、工作时间内怠工等造成的工时损失。由于个别工人违背劳动纪律而影响其他工人无法工作的时间损失，也包括在内。此项工时损失不应允许存在。因此，在定额中是不能考虑的。

（二）机械工作时间消耗的分类

在机械化施工过程中，对工作时间消耗的分析和研究较为复杂，除了要对工人工作时间的消耗进行分类研究之外，还需要分类研究机械工作时间的消耗。

机械工作时间消耗（也称台班消耗），是指机械在正常运转情况下，在一个工作班内的全部工作时间消耗。机械工作时间消耗按其性质也分为必须消耗的工作时间和损失时间两大类，如图 4-4 所示。

1. 必须消耗的工作时间

必须消耗的工作时间包括有效工作时间、不可避免的无负荷工作时间和不可避免中断时间。

（1）有效工作时间。有效工作时间是指机械直接为施工生产而进行工作的工时消耗。在有效工作的时间消耗中又包括正常负荷下、有根据地降低负荷下的工时消耗。

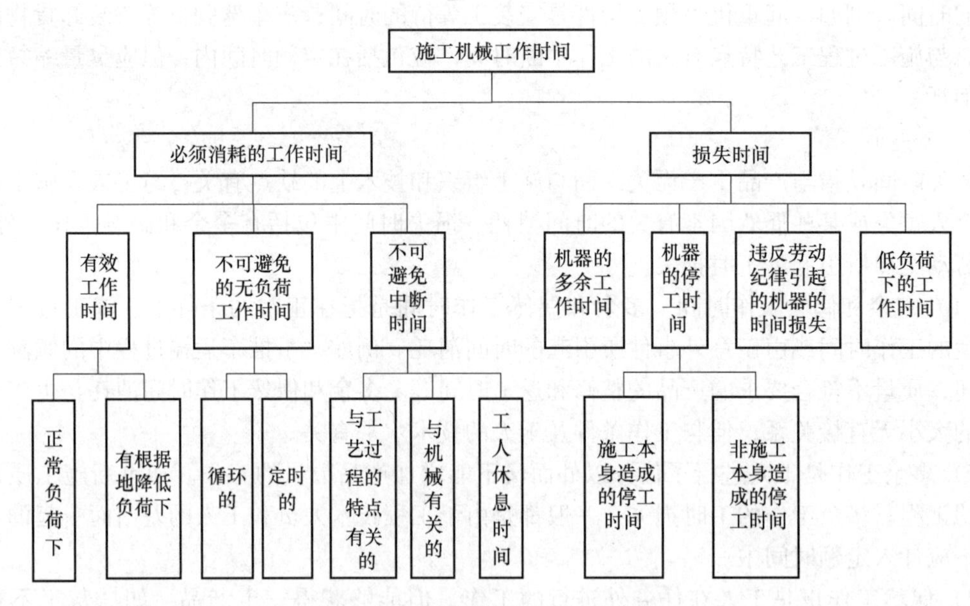

图 4-4 机械工作时间消耗的分类

1）正常负荷下的工作时间是指机械在与机械说明书规定的额定负荷相符的情况下进行工作的时间。

2）有根据地降低负荷下的工作时间是指在个别情况下由于技术上的原因，机械在低于其计算负荷下工作的时间。例如，汽车运输质量轻而体积大的货物时，不能充分利用汽车的载重吨位因而不得不降低其计算负荷。

（2）不可避免的无负荷工作时间。不可避免的无负荷工作时间是指由施工过程的特点和机械结构的特点造成的机械无负荷工作时间。例如，筑路机在工作区末端调头等，就属于此项工作时间的消耗。一般分为循环的和定时的两类。

循环的不可避免的无负荷工作时间是指由于施工过程特点引起并循环出现的无负荷工作时间。例如运输汽车在卸货后的空车回驶时间；铲运机卸土后回至取土地点的空车回驶时间等。

定时的不可避免的无负荷工作时间或称周期的不可避免的无负荷工作时间，它主要是发生在一些开行式机械上，例如挖土机、压路机、运输汽车等在上班和下班时的空放和空回时间，以及在工地范围内由这一工作地点调至另一工作地点时的空驶时间。

（3）不可避免中断时间是指与工艺过程的特点、机器的使用和保养、工人休息有关的中断时间。

1）与工艺过程的特点有关的不可避免中断时间，有循环的和定期的两种。循环的不可避免中断，是在机器工作的每一个循环中重复一次。如汽车装货和卸货时的停车。定期的不可避免中断，是经过一定时期重复一次。例如把灰浆泵由一个工作地点转移到另一个工作地点时的工作中断。

2）与机械有关的不可避免中断工作时间是指由于工人进行准备与结束工作或辅助工作时，机械停止工作而引起的中断工作时间。它是与机械的使用与保养有关的不可避免中断时间。

3）工人休息时间，前面已经做了说明。这里要注意的是，应尽量利用与工艺过程有关的和与机械有关的不可避免中断时间进行休息，以充分利用工作时间。

2. 损失时间

损失时间包括多余工作、停工、违背劳动纪律所消耗的工作时间和低负荷下的工作时间。

（1）机器的多余工作时间。一是机器进行任务内和工艺过程内未包括的工作而延续的时间，如工人没有及时供料而使机器空运转的时间；二是机械在负荷下所做的多余工作，如混凝土搅拌机搅拌混凝土时超过规定搅拌时间，即属于多余工作时间。

（2）机器的停工时间。机器的停工时间按其性质也可分为施工本身造成和非施工本身造成的停工时间。施工本身造成的停工是指由于施工组织得不好而引起的停工现象，如由于未及时供给机器燃料而引起的停工。非施工本身造成的停工是指由于气候条件所引起的停工现象，如暴雨时压路机的停工。上述停工中延续的时间，均为机器的停工时间。

（3）违反劳动纪律引起的机器的时间损失。违反劳动纪律引起的机器的时间损失是指由于工人迟到、早退或擅离岗位等引起的机器停工时间。

（4）低负荷下的工作时间。低负荷下的工作时间是指由于工人或技术人员的过错所造成的施工机械在降低负荷的情况下工作的时间。例如，工人装车的砂石数量不足引起的汽车在降低负荷的情况下工作所延续的时间。此项工作时间不能作为计算时间定额的基础。

三、工作时间研究方法

工作时间研究是制定定额的一个主要步骤，工作时间研究通常使用计时观察法。

（一）计时观察法的概念

计时观察法是研究工作时间消耗的一种技术测定方法。它是对施工过程的具体活动进行观察、记录工人和机械的工作时间消耗，完成建筑安装产品的数量以及技术、组织因素的影响，并将记录结果进行整理、分析、研究，得出可靠的数据资料，为制定定额提供科学的依据。由此可知，对施工过程进行观察、测时，计算实物和劳务产量，记录施工过程所处的施工条件和确定影响工时消耗的因素，是计时观察法的三项主要内容和要求。计时观察法以研究工时消耗为对象，以现场观察为主要技术手段，所以也称为现场观察法。

计时观察法能够把现场工时消耗情况和施工组织技术条件联系起来加以考察，它不仅能为制定定额提供基础数据，而且能为改善施工组织管理、改善工艺过程和操作方法、消除不合理的工时损失和进一步挖掘生产潜力提供技术根据。

（二）计时观察法的种类

计时观察法种类很多，最主要的有测时法、写实记录法和工作日写实法三种。

1. 测时法

测时法主要适用于测定那些定时重复的循环工作的工时消耗，是精确度比较高的一种计时观察法。它用于观察施工过程各循环组成部分的工作时间消耗。它仅测定产品生产的基本工作时间，不研究工人必需的休息时间、准备与结束工作时间及其他非循环的工作时间。通过测时法，可以为制定劳动定额提供单位产品所必需的基本工作时间的技术数据。测时法又分为选择测时法和接续测时法两种方法。

（1）选择测时法。选择测时法也称间隔测时法，它是间隔选择施工过程中非紧密连接的组成部分（工序和操作）测定工时。此法适用于延续时间较短的循环施工过程。采用选择测时法测时，当被观察的某一循环工作的组成部分开始，观察者立即开动秒表，当该组成部分终止，则立即停止秒表。然后把秒表上指示的延续时间记录到选择测时法测时记录（循环整理）表上，并把秒针拨回到零点。下一组成部分开始，再开动秒表，如此依次观察，并依次记录下延续时间。

采用选择测时法，应特别注意掌握定时点。记录时间时仍在进行的工作组成部分，应不予观察。当所测定的各工序或操作的延续时间较短时，连续测定比较困难，用选择测时法比较方便、简单。

选择测时法比较容易掌握，使用比较广泛。它的缺点是测定起始和结束点的时刻时，容易发生读数的偏差。

（2）接续测时法。接续测时法是对施工过程的各循环组成部分进行不间断的观测，记录它们的时间消耗。此法可以连续测得同一循环各组成部分的延续时间。接续测时法也称为连续测时法。接续测时法记录的资料较间隔测时法精确、完善，但观察技术也较之复杂，工作量较大，而且在各个组成部分的延续时间较短时，往往不容易做到，只有在延续时间较长时，才采用这种测时方法。它的特点是，在工作进行中和非循环组成部分出现之前一直不停止秒表，秒针走动过程中，观察者根据各组成部分之间的定时点，记录它的终止时间。由于这个特点，在观察时，要使用双针秒表，以便使其辅助针停止在某一组成部分的结束时间上。

测时记录数据的整理，是保证测定成果可靠性和科学性的重要步骤，是提高定额编制质量的前提条件。记录数据整理时，一般是在剔除明显错误的数值和误差极大的数值后，求出算术平均值。因为这些误差极大的数据，往往是技术或组织上的原因所引起的工时拖延。

2. 写实记录法

写实记录法是测定施工过程中各种时间消耗的方法。采用这种方法可以测得准备与结束工作时间、基本工作时间、辅助工作时间、工人必需的休息时间、不可避免中断时间以及各种损失时间等全部数据资料。这种测定方法比较简单，易于掌握，并能保证必需的精确度。因此，写实记录法在实际中得到广泛采用，是一种值得提倡的方法。

写实记录法的观察对象，可以是一个工人，也可以是一个工人小组。测时用有秒表的普通计时表即可，详细记录在一段时间内观察对象的各种活动及其时间消耗（起止时间），以及完成的产品数量。

3. 工作日写实法

工作日写实法是观察工人和工人小组在整个工作班内的工时消耗情况，分析研究各种有效工作时间、休息时间、不可避免中断时间以及各种损失时间的一种方法。

用工作日写实法研究工人的工时消耗，可以达到两个目的：一是取得制定定额的基础数据；二是检查定额的执行情况。通过各种时间消耗的测定，分析工时利用情况，从技术上、组织上找出工时损失的原因，制定改进措施，促进劳动生产率的提高。当它被用来达到第一个目的时，工作日写实记录的结果要获得观察对象在工作班内工时消耗的全部情况，以及产品数量和影响工时消耗的影响因素。其中，工时消耗应该按工时消耗的性质分类记录。

随着信息技术的发展，计时观察的基本原理不变，但可采用更为先进的技术手段进行观测。例如，通过物联网智能设备实时采集施工现场数据，借助大数据分析技术，形成准确动态的资源消耗量、实物产量、劳务产出等数据。

第三节　施 工 定 额

一、施工定额的概念

施工定额是指在正常施工条件下，完成一定计量单位合格产品所必需的人工、材料和施工机具台班消耗量的标准。它是以工序为对象编制的。它的项目划分很细，是建设工程定额中分项最细、定额子目最多的一种定额。施工定额由劳动（人工）消耗定额、材料消耗定额、机具台班消耗定额三个相对独立的部分组成。

施工定额与施工生产紧密结合，施工定额的水平反映施工企业生产与组织的技术水平和管理水平。由此，施工定额水平应该是平均先进水平。平均先进水平是指在正常的施工条件下，大多数生产者经过努力能够达到和超过的水平，企业施工定额的编制应能够反映比较成熟的先进技术和先进经验，有利于降低工料消耗，提高企业管理水平，达到鼓励先进，勉励中间，鞭策落后的水平。

二、施工定额的作用

施工定额的作用主要体现在以下两个方面：

（1）施工定额是企业计划管理工作的基础。施工定额是施工企业组织生产、编制施工阶段施工组织设计和施工作业计划、签发工程任务单和限额领料单、考核工效、评奖、计算劳动报酬、加强企业成本管理和经济核算、编制施工预算的基础。

（2）施工定额是建设工程定额中的基础性定额。施工定额是确定概（预）算定额和估算指标的基础。在预算定额的编制过程中，施工定额的劳动、机具、材料消耗的数量标准，是计算预算定额中劳动、机具、材料消耗数量标准的直接依据。对其他各类定额则是间接依据。

三、劳动（人工）定额

（一）劳动定额的概念

劳动定额，即人工定额，是指在先进合理的施工组织和技术措施的条件下，完成合格的单位建筑安装产品所需要消耗的人工数量。劳动定额是施工定额的主要内容，主要表示生产效率的高低，劳动力的合理运用，劳动力和产品的关系以及劳动力的配备情况。

（二）确定劳动定额消耗量的基本方法

劳动定额从表现形式上可分为时间定额和产量定额。拟定出时间定额，也就可以计算出产量定额。时间定额是在拟定基本工作时间、辅助工作时间、准备与结束工作时间、不可避免中断时间以及休息时间的基础上制定的。

1. 确定工序作业时间

基本工作时间和辅助工作时间合并，称为工序作业时间。它是各种因素的集中反映，决定着整个产品的定额时间。

（1）拟定基本工作时间。基本工作时间在必须消耗的工作时间中占的比例最大。在确定基本工作时间时，必须细致、精确。基本工作时间消耗一般应根据计时观察资料来确定。其做法是，首先确定工作过程每一组成部分的工时消耗，然后再综合出工作过程的工时消耗。如果组成部分的产品计量单位和工作过程的产品计量单位不符，就需先求出不同计量单位的换算系数，进行产品计量单位的换算，然后再相加，求得工作过程的工时消耗。

（2）拟定辅助工作时间。辅助工作时间的确定方法与基本工作时间相同。如果在计时观察时不能取得足够的资料，也可采用工时规范或经验数据来确定。如具有现行的工时规范，可以直接利用工时规范中规定的辅助工作时间的百分比来计算，举例见表4-2。

表4-2 木作工程各类辅助工作时间的百分率参考表

工作项目	占工序作业时间（%）	工作项目	占工序作业时间（%）
磨刨刀	12.3	磨线刨	8.3
磨槽刨	5.9	锉锯	8.2
磨凿子	3.4	—	—

2. 确定规范时间

规范时间的内容包括工序作业时间以外的准备与结束工作时间、不可避免中断时间以及休息时间。

（1）确定准备与结束工作时间。如果在计时观察资料中不能取得足够的准备与结束工作时间的资料，也可根据工时规范或经验数据来确定。

（2）确定不可避免中断时间。在确定不可避免中断时间的定额时，必须注意由工艺特点所引起的不可避免中断才可列入工作过程的时间定额。

不可避免中断时间也需要根据测时资料通过整理分析获得，也可以根据经验数据或工时规范，以占工作日的百分比表示此项工时消耗的时间定额。

（3）确定休息时间。休息时间应根据工作班作息制度、经验资料、计时观察资料以及对工作的疲劳程度做全面分析来确定。同时，应考虑尽可能利用不可避免中断时间作为休息时间。规范时间均可利用工时规范或经验数据确定，常用的参考数据见表4-3。

表4-3 准备与结束工作时间、休息时间、不可避免中断时间占工作班时间的百分比参考表

序号	工种	准备与结束工作时间占工作班时间百分比（%）	休息时间占工作班时间百分比（%）	不可避免中断时间占工作班时间百分比（%）
1	材料运输及材料加工	2	13~16	2
2	模板工程	5	7~10	3
3	钢筋工程	4	7~10	4
4	现浇混凝土工程	6	10~13	3
5	机械土方工程	2	4~7	2
6	石方工程	4	13~16	2
7	机械打桩工程	6	10~13	3

3. 确定时间定额

确定的基本工作时间、辅助工作时间、准备与结束工作时间、不可避免中断时间与休息

时间之和，就是劳动定额的时间定额。根据时间定额可计算出产量定额，时间定额和产量定额互成倒数。

利用工时规范，可以计算劳动定额的时间定额。计算公式如下：

$$时间定额=规范时间+工序作业时间$$

$$规范时间=准备与结束工作时间+不可避免中断时间+休息时间$$

$$工序作业时间=基本工作时间+辅助工作时间=\frac{基本工作时间}{1-辅助工作时间所占百分比}$$

$$时间定额=\frac{工序作业时间}{1-规范时间所占百分比}$$

【例 4-1】 人工运石方，运距在 20m 以内。测试资料表明，运 $100m^3$ 石方需要消耗基本工作时间 100min，辅助工作时间占工序作业时间 2%，准备与结束工作时间、不可避免中断时间、休息时间分别占工作班延续时间的 2%、1%、20%。试计算运 $100m^3$ 石方的时间定额。

解：设运 $100m^3$ 石方的时间定额为 x。

$$工序作业时间=\frac{基本工作时间}{1-辅助工作时间所占百分比}=\frac{100}{1-2\%}\text{min}=102.04\text{min}$$

$$x=102.04\text{min}+(2\%+1\%+20\%)x$$

$$x=\frac{102.04\text{min}}{1-(2\%+1\%+20\%)}=132.52\text{min}$$

$$132.52\text{min}\div(60\text{min/h}\times8\text{h/工日})=0.28\ 工日$$

根据时间定额可以计算出产量定额：$100m^3\div0.28$ 工日 $=357.14m^3/$工日

【例 4-2】 通过计时观察资料得知，人工挖二类土 $1m^3$ 的基本工作时间为 6h，辅助工作时间占工序作业时间的 2%，准备与结束工作时间、不可避免中断时间、休息时间分别占工作日的 3%、2%、18%。求该人工挖二类土的时间定额是多少？

解：

$$基本工作时间=6\text{h}=0.75\ 工日/m^3$$

$$工序作业时间=0.75\ 工日/m^3\div(1-2\%)=0.765\ 工日/m^3$$

$$时间定额=0.765\ 工日/m^3\div(1-3\%-2\%-18\%)=0.994\ 工日/m^3$$

（三）劳动定额的表现形式

劳动定额是劳动消耗定额的简称，也称人工定额，有两种表现形式，即时间定额和产量定额两种。

1. 时间定额

时间定额是指在一定的生产技术和生产组织条件下，某工种、某技术等级工人小组或个人，完成单位合格产品所必须消耗的工作时间。时间定额中的时间包括准备与结束工作时间、基本工作时间、辅助工作时间、不可避免中断时间及工人必需的休息时间。时间定额以工日为单位，每一工日按 8h 计算（潜水作业按 6h，隧道洞内作业按 7h）。其计算方法如下：

$$单位产品的时间定额=\frac{1}{每工产量}$$

当以班组计算时

$$单位产品的时间定额=\frac{班组成员工日数总和}{班组完成产品数量总和}$$

劳动定额可采用单式表，也可采用复式表，单式表只表达时间定额，见表4-4。

表4-4　地基钎探　（单位：10眼）

项目	地槽、地沟		桩基、地坑	
	钎探深度在（m）以内			
	1.5	2	1.5	2
时间定额	0.333	0.5	0.4	0.667

注：工作内容包括准备工具，根据施工技术要求定点、选点、打钎、（注水）拔钎、灌砂、记录等全部操作过程。使用工具：洛阳铲。

复式表把时间定额和产量定额都表达出来，即采用如下形式：

$$\frac{时间定额}{每工产量}$$

横线上方表示时间定额，横线下方表示产量定额。

2. 产量定额

产量定额是指在一定的生产技术和生产组织条件下，某工种、某技术等级工人小组或个人在单位时间（工日）内，完成合格产品的数量。其计算方法如下：

$$产量定额=\frac{1}{单位产品的时间定额}$$

当以班组计算时

$$班组产量定额=\frac{班组成员工日数总和}{单位产品的时间定额}$$

从时间定额和产量定额的概念和计算公式可看出，两者互为倒数，可以相互换算。

四、材料消耗定额

（一）材料消耗定额的概念

材料消耗定额是指在节约和合理使用材料的条件下，生产单位合格产品所需要消耗一定品种、规格的材料，半成品，配件和水，电，燃料等的数量标准。制定材料消耗定额，主要就是为了利用定额这个经济杠杆，对物资消耗进行控制和监督，达到降低物耗和工程成本的目的。

（二）材料的分类

1. 根据材料消耗的性质划分

施工中材料的消耗可分为必须消耗的材料和损失的材料两类性质。

必须消耗的材料是指在合理用料的条件下生产合格产品需要消耗的材料，包括直接用于建筑和安装工程的材料、不可避免的施工废料、不可避免的材料损耗。

2. 根据材料消耗与工程实体的关系划分

施工中的材料可分为实体材料和非实体材料两类。

（1）实体材料。实体材料是指直接构成工程实体的材料，包括工程直接性材料和辅助性材料。工程直接性材料主要是指一次性消耗、直接用于工程构成建筑物或结构本体的材料，如钢筋混凝土柱中的钢筋、水泥、砂、碎石等；辅助性材料主要是指虽也是施工过程中一次性消耗，却并不构成建筑物或结构本体的材料，如土石方爆破工程中所需的炸药、引信、雷管等。主要材料用量大，辅助材料用量少。

（2）非实体材料。非实体材料是指在施工中必须使用但又不能构成工程实体的施工措施性材料。非实体材料主要是指周转性材料，如模板、脚手架、支撑等。

（三）材料消耗定额的组成

实体材料消耗定额由材料消耗净用量定额和材料损耗量定额两部分组成。

直接消耗在建筑安装工程上构成建筑产品的材料用量称为材料消耗净用量定额。不可避免的施工废料及材料场内运输、加工制作与施工操作中的合理损耗量称为材料损耗量定额。它们的相互关系是：

$$材料消耗定额=材料消耗净用量定额+材料损耗量定额$$

$$或材料总消耗量=材料净用量+材料损耗量$$

材料的损耗一般以损耗率表示。材料损耗率可以通过观察法或统计法确定。材料损耗率及材料损耗量的计算通常采用以下公式计算：

$$材料损耗率=\frac{材料损耗量}{材料净用量}\times 100\%$$

$$材料总消耗量=材料净用量\times(1+材料损耗率)$$

（四）确定材料消耗量的基本方法

1. 实体材料消耗量的确定方法

确定实体材料的净用量定额和材料损耗量定额的计算数据，是通过现场技术测定、实验室试验、现场统计和理论计算等方法获得的。

（1）现场技术测定法。现场技术测定法又称为观测法，是指根据对材料消耗过程的观测，通过完成产品数量和材料消耗量的计算，而确定各种材料消耗定额的一种方法。现场技术测定法主要适用于确定材料损耗量，因为该部分数值用统计法或其他方法较难得到。通过现场观测，还可以区别出哪些是可以避免的损耗，哪些是难以避免的损耗，明确定额中不应列入可以避免的损耗。

（2）实验室试验法。实验室试验法主要用于编制材料净用量定额。通过试验，能够对材料的结构、化学成分和物理性能以及按强度等级控制的混凝土、砂浆、沥青等配比做出科学的结论，给编制材料消耗定额提供有技术根据的、比较精确的计算数据。这种方法的优点是能更深入、更详细地研究各种因素对材料消耗的影响，其缺点在于无法估计施工现场某些因素对材料消耗量的影响。

（3）现场统计法。现场统计法是以施工现场积累的分部分项工程使用材料数量、完成产品数量、完成工作原材料的剩余数量等统计资料为基础，经过整理分析，获得材料消耗的数据。这种方法比较简单易行，但也有缺陷：一是该方法一般只能确定材料总消耗量，不能确定必须消耗的材料和损失量；二是其准确程度受到统计资料和实际使用材料的影响。因而其不能作为确定材料净用量定额和材料损耗定额的依据，只能作为编制定额的辅助性方法使用。

（4）理论计算法。理论计算法是指根据施工图和建筑构造要求，用理论计算公式计算出产品的材料净用量的方法。采用这种方法时，先根据图纸计算出单位产品的材料净用量，再根据相应的材料损耗率计算出损耗量，最后求得材料总消耗量，即材料消耗定额。这种方法较适用于不易产生损耗，且容易确定废料的材料消耗量的计算，如砖及砌块、钢材等消耗定额的制定。

1）标准砖墙材料用量计算。每立方米砖墙的用砖数和砌筑砂浆的用量可用下列理论计算公式计算各自的净用量。

用砖数：

$$每立方米砌体标准砖净用量=\frac{2\times 墙厚的砖数}{墙厚\times(砖长+灰缝)\times(砖厚+灰缝)}$$

$$砂浆净用量=1-砖数\times 每块标准砖体积$$

标准砖尺寸为240mm×115mm×53mm，缝厚度取10mm，标准砖砌体计算厚度见表4-5。

表4-5　标准砖砌体计算厚度

墙厚	1/4砖	1/2砖	3/4砖	1砖	1.5砖	2砖	2.5砖	3砖
计算厚度/mm	53	115	180	240	365	490	615	740

【例4-3】　计算 $1m^3$ 标准砖1砖外墙砌体砖数和砂浆的消耗量。标准砖的损耗率为1%，砌筑砂浆的损耗率为1%。

解：

$$每立方米砌体标准砖净用量=\frac{2\times 1}{0.24\times(0.24+0.01)\times(0.053+0.01)}块=529块$$

$$砂浆净用量=[1-529\times(0.24\times 0.115\times 0.053)]m^3=0.226m^3$$

$$砖总消耗量=529块\times(1+1\%)=535块$$

$$砂浆总消耗量=0.226m^3\times(1+1\%)=0.228m^3$$

2）块料面层的材料用量计算。每 $100m^2$ 面层块料数量、灰缝及结合层材料用量公式如下：

$$100m^2块料净用量=\frac{100}{(块料长+灰缝)\times(块料宽+灰缝)}$$

$$100m^2灰缝材料净用量=[100-(块料长\times 块料宽\times 100m^2块料净用量)]\times 灰缝深$$

$$结合层材料用量=100m^2\times 结合层厚度$$

【例4-4】　用1∶1水泥砂浆贴150mm×150mm×5mm瓷砖墙面，结合层厚度为10mm，试计算每 $100m^2$ 瓷砖墙面中瓷砖和砂浆的消耗量（灰缝宽为2mm）。假设瓷砖损耗率为1.5%，砂浆损耗率为1%。

解：

$$每100m^2瓷砖墙面中瓷砖的净用量=\{100\div[(0.15+0.002)\times(0.15+0.002)]\}块=4329块$$

$$每100m^2瓷砖墙面中瓷砖的总消耗量=4329块\times(1+1.5\%)=4394块$$

$$每100m^2瓷砖墙面中结合层砂浆净用量=100m^2\times 0.01m=1m^3$$

$$每100m^2瓷砖墙面中灰缝砂浆净用量=[100-(4329\times 0.15\times 0.15)]m^2\times 0.005m=0.013m^3$$

$$每100m^2瓷砖墙面中水泥砂浆总消耗量=(1+0.013)m^3\times(1+1\%)=1.02m^3$$

2. 周转性材料消耗量的确定方法

周转性材料是指在施工过程中多次使用、周转的工具性材料，如模板、挡土板、脚手架等。周转性材料在施工过程中不是一次性消耗，而是可多次周转使用才逐渐耗尽的材料，在使用中它需要修理、补充。在编制周转性材料消耗定额时，应按多次使用、分次摊销的办法确定。

周转性材料消耗量通常与下列因素有关：第一次制造时的材料消耗（一次使用量）；每周转使用一次材料的损耗（第二次使用时需要补充）；周转使用次数；周转材料的最终回收及其回收折价。

定额中周转性材料消耗量可用一次使用量和摊销量两个指标表示。一次使用量是指周转性材料在不重复使用时的一次使用量，供企业组织施工用；摊销量是指周转性材料退出使用，应分摊到一定计量单位的结构构件的周转性材料消耗量，供施工企业成本核算或计价用。

（1）现浇构件周转性材料（模板）用量计算。

1）一次使用量的计算。周转性材料的一次使用量是根据施工图计算得出的。它与各分部分项工程的名称、部位、施工工艺和施工方法有关。例如，现浇钢筋混凝土模板的一次使用量，是根据各部件钢筋混凝土单位体积与模板的接触面积，乘以各相应部件 $1m^2$ 接触面所需的材料数量，再加上施工损耗得到的。计算公式如下：

$$一次使用量=混凝土模板接触面积\times 1m^2 接触面积所需模板数量\times(1+损耗率)$$

2）周转使用量的计算。周转使用量是指周转性材料每次生产时所需材料的平均数量。根据定的周转次数和每次周转使用的损耗量等因素来确定。

周转性材料在其由周转次数决定的全部周转过程中，投入使用总量计算公式如下：

$$投入使用总量=一次使用量+一次使用量\times(周转次数-1)\times 损耗率$$

因此，周转使用量根据下列公式计算：

$$周转使用量=\frac{投入使用总量}{周转次数}=\frac{一次使用量+一次使用量\times(周转次数-1)\times 损耗率}{周转次数}$$

$$=一次使用量\times\frac{1+(周转次数-1)\times 损耗率}{周转次数}$$

令周转使用系数

$$K_1=\frac{1+(周转次数-1)\times 损耗率}{周转次数}$$

则

$$周转使用量=一次使用量\times K_1$$

损耗率又称补损率，是指周转性材料使用一次后，因损坏不能再次使用的数量占一次使用量的百分数。

$$损耗率=\frac{损耗量}{一次使用量}\times 100\%$$

周转次数是指周转性材料从第一次使用起可重复使用的次数。影响周转次数的因素主要有材料的坚固程度、材料的使用寿命、材料服务的工程对象、施工方法、操作技术以及对材料的管理、保养等。模板周转次数和平均损耗率，应根据数理统计确定。

3）周转回收量计算。周转回收量是指周转性材料在一定的周转次数下，平均每周转一次可以回收的数量。其计算公式如下：

$$周转回收量=\frac{一次使用量\times(1-损耗率)}{周转次数}$$

4）周转性材料摊销量的计算。

$$\begin{aligned}周转性材料摊销量&=周转使用量-周转回收量\\&=一次使用量\times K_1-\frac{一次使用量\times(1-损耗率)}{周转次数}\\&=一次使用量\times\left(K_1-\frac{1-损耗率}{周转次数}\right)\end{aligned}$$

令摊销量系数

$$K_2=K_1-\frac{1-损耗率}{周转次数}$$

则

$$周转性材料摊销量=一次使用量\times K_2$$

【例4-5】 某矩形混凝土板，板长8m，板宽1m，高0.5m，采用5cm厚模板现浇，考虑底模，支撑用料为模板的20%，按5次周转摊销，锯材的场内运输及操作损耗为15%。试计算$10m^3$该实体混凝土板应摊销锯材多少？

解： 预制模板的一次使用量为

$$(8m\times1m+8m\times0.5m\times2+1m\times0.5m\times2)\times0.05m\times(1+20\%)\times(1+15\%)=1.173m^3$$

周转使用系数：

$$K_1=\frac{1+(周转次数-1)\times损耗率}{周转次数}=\frac{1+(5-1)\times15\%}{5}=0.32$$

摊销系数：

$$K_2=K_1-\frac{1-损耗率}{周转次数}=0.32-\frac{1-15\%}{5}=0.15$$

则

$$摊销量=一次使用量\times K_2=1.173m^3\times0.15=0.17595m^3$$

$10m^3$ 实体混凝土板应摊销的锯材为

$$\frac{0.17595m^3}{8m\times1m\times0.5m}\times10m^3=0.44m^3$$

（2）预制构件模板及其他定型模板的计算。预制构件模板虽然也多次使用，反复周转，但与现浇构件模板的计算方法不同，预制构件是按多次使用平均摊销的计算办法，不计算每次周转损耗率。因此，计算预制构件模板摊销量时，只需确定其周转次数，按设计图并算出模板一次使用量后，按下式计算：

$$摊销量=\frac{一次使用量}{周转次数}$$

（3）脚手架摊销量计算。

$$脚手架摊销量=\frac{单位一次使用量\times(1-残值率)}{耐用期\div一次使用期}$$

五、机具台班消耗定额

（一）机具台班消耗定额的概念

机具台班消耗定额是指正常施工条件、合理的施工组织和合理地使用机具的前提下，完成单位合格产品所需消耗的机具台班的数量标准。

（二）确定施工机具台班定额消耗量的基本方法

施工机具台班定额消耗量包括施工机械台班定额消耗量和仪器仪表台班定额消耗量，二者的确定方法大体相同，本部分主要介绍施工机械台班定额消耗量的确定。

1. 确定机械纯工作1h正常生产率

机械纯工作时间就是指机械的必须消耗时间。机械纯工作1h正常生产率就是指在正常施工组织条件下，具有必需的知识和技能的技术工人操纵机械1h的生产率。

根据机械工作特点的不同，机械纯工作1h正常生产率的确定方法，也有所不同。

1）对于循环动作机械，确定机械纯工作1h正常生产率的计算公式如下：

$$机械一次循环的正常延续时间=\sum(循环各组成部分正常延续时间)-交叠时间$$

$$机械纯工作1h循环次数=\frac{60\times60s}{一次循环的正常延续时间}$$

$$机械纯工作1h正常生产率=机械纯工作1h正常循环次数\times一次循环生产的产品数量$$

2）对于连续动作机械，确定机械纯工作1h正常生产率要根据机械的类型和结构特征，以及工作过程的特点来进行。计算公式如下：

$$机械纯工作1h正常生产率=\frac{工作时间内生产的产品数量}{工作时间}$$

工作时间内的产品数量和工作时间的消耗，要通过多次现场观察和机械说明书来取得。

2. 确定施工机械的时间利用系数

施工机械的时间利用系数是指机械在一个台班内的纯工作时间与一个工作班延续时间（8h）之比。施工机械的时间利用系数和机械在工作班内的工作状况有着密切的关系。所以，要确定施工机械的时间利用系数，首先要拟定机械工作班的正常工作状况，保证合理利用工时。施工机械的时间利用系数的计算公式如下：

$$施工机械的时间利用系数=\frac{机械在一个工作班内纯工作时间}{一个工作班延续时间}$$

3. 计算施工机械台班定额

计算施工机械台班定额是编制机械定额工作的最后一步。在确定了机械工作的正常条件、机械纯工作1h正常生产率和施工机械的时间利用系数之后，采用下列公式计算施工机械的产量定额：

$$施工机械台班产量定额=机械纯工作1h正常生产率\times工作班纯工作时间$$

或

$$施工机械台班产量定额=机械纯工作1h正常生产率\times$$

工作班延续时间×施工机械的时间利用系数

$$施工机械时间定额=\frac{1}{施工机械台班产量定额}$$

【例 4-6】 已知某挖土机的一个工作循环需 2min，每循环一次挖土 0.8m^3，工作班的延续时间为 8h，时间利用系数为 0.80，计算台班产量定额。

解：挖土机工作 1h 的循环次数：

$$(60\div2)次=30次$$

挖土机工作 1h 的正常生产率：

$$(30\times0.8)\,m^3=24m^3$$

台班产量定额：

$$(8\times24\times0.80)\,m^3/台班=153.6m^3/台班$$

【例 4-7】 某工程现场采用出料容量 500L 的混凝土搅拌机，每一次循环中，装料、搅拌、卸料、中断需要的时间分别为 1min、3min、1min、1min，施工机械的时间利用系数为 0.9，求该机械的台班产量定额。

解：该搅拌机一次循环的正常延续时间=1min+3min+1min+1min=6min=0.1h

该搅拌机纯工作 1h 循环次数=10 次

该搅拌机纯工作 1h 正常生产率=10×500L=5000L=5m^3

该搅拌机台班产量定额=(5×8×0.9)m^3/台班=36m^3/台班

【例 4-8】 每 1m^3 一砖半砖墙砂浆消耗量为 0.256m^3，砂浆采用 400L 搅拌机现场搅拌，运料需 200s，装料 50s，搅拌 90s，卸料 30s，不可避免中断 10s，施工机械的时间利用系数为 0.8。求每 1m^3 一砖半砖墙机械台班消耗量。

解：因运料时间大于装料、搅拌、出料和不可避免中断时间之和，故机械循环一次所需时间为 200s。

$$机械产量定额=(8\times60\times60\div200\times0.4\times0.8)\,m^3/台班=46.08m^3/台班$$

每 1m^3 一砖半砖墙机械台班消耗量为

$$(0.256\div46.08)台班=0.0056台班$$

（三）机械台班消耗定额的形式

机械台班消耗定额的形式按其表现形式不同，可分为机械时间定额和机械产量定额，两者互为倒数关系。

（1）机械时间定额。机械时间定额是指在合理的劳动组织和合理使用机械的正常条件下，完成单位合格产品所必需的工作时间。机械时间定额以“台班”表示，即一台机械工作一个作业班时间（8h）。

$$单位产品机械时间定额=\frac{1}{台班产量}$$

（2）机械产量定额。机械产量定额是指在合理的劳动组织与合理使用机械的正常条件下，机械在每个台班时间内应完成合格产品的数量。

$$机械产量定额=\frac{1}{机械时间定额}$$

机械台班消耗定额可采用单式表，也可采用复式表，单式表只表达机械时间定额，复式表把时间定额和产量定额都表达出来，表4-6即采用如下形式：

$$\frac{时间定额}{产量定额}$$

表4-6　平地机铺料

工作内容：配料，找平　　（单位：1000m²）

项目	平地机功率/kW		
	80以内	120以内	150以内
机械定额	$\frac{0.288}{3.472}$	$\frac{0.232}{4.31}$	$\frac{0.202}{4.95}$

（3）人工、机械配合工作的定额。由于机械要由工人小组配合，所以人工配合机械工作的定额以劳动定额的形式来表达，见表4-7。表中，横线上方为人工时间定额，横线下方为机械产量定额。

1）单位产品的人工时间定额。计算公式如下：

$$单位产品的人工时间定额=\frac{班组成员工日数的总和}{台班产量}$$

2）机械台班产量定额。计算公式如下：

$$机械台班产量定额=\frac{台班产量}{班组成员工日数的总和}$$

表4-7　正铲挖土机每1台班的劳动定额

项目				装车			不装车		
				一、二类土	三类土	四类土	一、二类土	三类土	四类土
斗容量/m³	1.0	挖土深度/m	2以内	$\frac{0.322}{6.21}$	$\frac{0.369}{5.42}$	$\frac{0.420}{4.76}$	$\frac{0.299}{6.60}$	$\frac{0.351}{5.70}$	$\frac{0.420}{4.76}$
			2以外	$\frac{0.307}{6.51}$	$\frac{0.351}{5.69}$	$\frac{0.398}{5.02}$	$\frac{0.285}{7.01}$	$\frac{0.334}{5.99}$	$\frac{0.398}{5.02}$

【例4-9】　斗容量1m³正铲挖土机，挖四类土，深度在2m以外，班组成员2人，查表4-7，台班产量为5.02（定额单位：100m³），则人工时间定额为多少？

解：挖100m³土的人工时间定额为

$$(2÷5.02)工日=0.398工日$$

或

挖100m³土的人工时间定额为

$$(1÷5.02)台班=0.199台班$$

第四节　建筑安装工程施工资源单价的确定

一、人工日工资单价的组成和确定方法

人工日工资单价是指施工企业平均技术熟练程度的生产工人在每工作日（国家法定工作时间内）按规定从事施工作业应得的日工资总额。合理确定人工日工资单价是正确计算人工费和工程造价的前提和基础。在我国，人工日工资单价一般是以工日来计量的，其计量单位为：元/工日。

（一）人工日工资单价的组成

人工日工资单价由计时工资或计件工资、奖金、津贴补贴以及特殊情况下支付的工资组成。

（1）计时工资或计件工资。计时工资或计价工资是指按计时工资标准和工作时间或对已做工作按计件单价支付给个人的劳动报酬。

（2）奖金。资金是指对超额劳动和增收节支支付给个人的劳动报酬，如节约奖、劳动竞赛奖等。

（3）津贴补贴。津贴补贴是指为了补偿职工特殊或额外的劳动消耗和因其他原因支付给个人的津贴，以及为了保证职工工资水平不受物价影响支付给个人的物价补贴，如流动施工津贴、特殊地区施工津贴、高温（寒）作业临时津贴、高空津贴等。

（4）特殊情况下支付的工资。特殊情况下支付的工资是指根据国家法律、法规和政策规定，医病、工伤、产假、计划生育假、婚丧假、事假、探亲假、定期休假、停工学习、执行国家或社会义务等原因按计时工资标准或计件工资标准的一定比例支付的工资。

（二）人工日工资单价的确定方法

（1）年平均每月法定工作日。由于人工日工资单价是每一个法定工作日的工资总额，因此需要对年平均每月法定工作日进行计算。计算公式如下：

年平均每月法定工作日=(全年日历日-法定假日)/12

法定假日是指双休日和法定节日。

（2）人工日工资单价的计算。确定了年平均每月法定工作日后，将上述工资总额进行分摊，即可得到人工日工资单价。计算公式如下：

人工日工资单价=[生产工人平均月工资+平均月(奖金+津贴补贴+特殊情况下支付的工资)]/年平均每月法定工作日

上述公式主要适用于施工企业投标报价时自主确定人工费，也是工程造价管理机构编制计价定额确定定额人工单价或发布人工成本信息的参考依据。

工程造价管理机构确定人工日工资单价应通过市场调查、根据工程项目的技术要求，参考实物工程量人工单价综合分析确定，最低人工日工资单价不得低于工程所在地人力资源和社会保障部门所发布的最低工资标准的：普工 1.3 倍、一般技工 2 倍、高级技工 3 倍。

工程计价定额不可只列一个综合工日单价，应根据工程项目技术要求和工种差别适当划

分多种日人工单价，确保各分部工程人工费的合理构成。

《铁路基本建设工程设计概（预）算费用定额》（TZJ 3001—2017、各省的“建设工程计价依据”文件中分别给出了铁路工程、房屋建筑工程的综合工费单价，作为编制工程造价文件时，计算人工费的依据。2017 年铁路工程基期综合工费单价见表 3-1。

二、材料单价的组成和确定方法

材料单价是指建筑材料从其来源地运到施工工地仓库，直至出库形成的综合平均单价。

《铁路工程材料基期价格》（TZJ 3003—2017）、各省的“建筑安装工程材料基期价格”文件中给出了材料单价以及材料单价的确定方法，作为编制工程造价文件时计算材料费用的依据。铁路工程材料基期价格（2014 年度）见表 4-8。

表 4-8　铁路工程材料基期价格（2014 年度）

电算代号	名称及规格	单位	基期价格（元）	单位质量/t
1010002	水泥 32. 5 级	kg	0. 29	0. 001000
1010003	普通水泥 42. 5 级	kg	0. 33	0. 001000
1010004	普通水泥 52. 5 级	kg	0. 35	0. 001000
1010007	白色水泥	kg	0. 54	0. 001000
……	……	……	……	……

（一）建筑工程材料单价的组成及确定方法

1. 材料原价（或供应价格）

材料原价是指国内采购材料的出厂价格，国外采购材料抵达买方边境、港口或车站并缴纳完各种手续费、税费（不含增值税）后形成的价格。

2. 材料运杂费

材料运杂费是指国内采购材料自来源地、国外采购材料自到岸港运至工地仓库或指定堆放地点发生的费用（不含增值税）。含外埠中转运输过程中所发生的一切费用和过境过桥费用，包括调车和驳船费、装卸费、运输费及附加工作费等。

3. 运输损耗费

在材料的运输中应考虑一定的场外运输损耗费用。运输损耗费是指材料在运输装卸过程中不可避免的损耗费。运输损耗费的计算公式如下：

运输损耗费=(材料原价+材料运杂费)×运输损耗率

4. 采购及保管费

采购及保管费是指为组织采购、供应和保管材料过程中所需要的各项费用，包括采购费、仓储费、工地保管费和仓储损耗。

采购及保管费一般按照材料到库价格以费率取定。材料采购及保管费的计算公式如下：

采购及保管费=材料运到工地仓库价格×采购及保管费费率

或

采购及保管费=(材料原价+材料运杂费+运输损耗费)×采购及保管费费率

综上所述，材料单价的一般计算公式如下：

材料单价=(供应价格+材料运杂费)×(1+运输损耗率)×(1+采购及保管费费率)

由于我国幅员辽阔，建筑材料产地与使用地点的距离，各地差异很大，采购、保管、运输方式也不尽相同，因此材料单价原则上按地区范围编制。

【例 4-10】 某装修公司采购一批花岗石，运至施工现场。已知该花岗石出厂价为 1000 元/m^2，运杂费为 30 元/m^2，原价和运杂费均为不含税价格，运输损耗率为 0.5%，当地造价管理部门规定材料采购及保管费费率为 1%。试计算该花岗石的单价为多少？

解：材料供应价格=材料出厂价=1000 元/m^2

材料单价=(材料供应价格+材料运杂费)×(1+运输损耗率)×(1+采购及保管费费率)

=(1000+30)元/m^2×(1+0.5%)×(1+1%)

=1045.50 元/m^2

(二) 铁路工程材料单价的组成及确定方法

铁路工程材料单价（预算价格）的确定方法和建筑工程的材料单价（预算价格）确定方法稍有不同。

铁路工程由于线长点多，分布区域广，大多工程地处荒僻地区，交通不便，材料来源广，品种杂，运输方法多，建设周期长，材料的运杂费占直接费比例比较大，很难统一将运杂费纳入料价中。因此，长期以来铁路工程的主要材料的材料费和运杂费是分别计算确定的。

铁路工程材料单价（预算价格）确定方法、材料费和运杂费计算的具体方法见第三章第二节的内容。

三、施工机械台班单价的组成和确定方法

《铁路工程施工机具台班费用定额》（TZJ 3004—2017）、各省的“建设工程施工机械台班单价”文件中给出了施工机具的台班单价及费用组成，作为编制工程造价文件时，计算施工机械费用的依据。

施工机械台班单价是指一台施工机械，在正常运转条件下一个工作班中所发生的全部费用，每台班按 8h 工作制计算。正确制定施工机械台班单价是合理确定和控制工程造价的重要方面。

根据《建设工程施工机械台班费用编制规则》（建标〔2015〕34 号文发布）的规定，施工机械划分为十二个类别：土石方及筑路机械、桩工机械、起重机械、水平运输机械、垂直运输机械、混凝土及砂浆机械、加工机械、泵类机械、焊接机械、动力机械、地下工程机械和其他机械。

施工机械台班单价由七项费用组成，包括折旧费、检修费、维护费、安装拆卸费、人工费、燃料动力费和其他费用（见表 4-9）。

表 4-9 施工机械台班费用定额表

电算代号	机械名称与规格型号	费用组成						台班单价（元）
		折旧费（元）	检修费（元）	维护费（元）	安装拆卸费（元）	人工费：人工（工日）	人工费：工费（元）	
9100466	沥青混凝土搅拌站≤160t/h	2059.48	530.79	705.95	286.42	1	70.00	
9100468	沥青混凝土搅拌站≤320t/h	5148.63	1326.97	1711.79	549.89	1	70.00	
……	……	……	……	……	……	……	……	

电算代号	机械名称与规格型号	燃料动力费						其他费用（元）	台班单价（元）
		汽油/kg	柴油/kg	电/kW·h	煤/t	水/t	小计（元）		
9100466	沥青混凝土搅拌站≤160t/h	—	34.68	1486.08	—	—	879.84	—	4532.48
9100468	沥青混凝土搅拌站≤320t/h	—	58.71	2515.97	—	—	1489.56	—	10296.84
……	……	……	……	……	……	……	……	……	……

（一）折旧费的组成及确定

折旧费是指施工机械在规定的耐用总台班内，陆续收回其原值的费用。计算公式如下：

$$台班折旧费=\frac{机械预算价格\times(1-残值率)}{耐用总台班}$$

1. 机械预算价格

（1）国产施工机械的预算价格。国产施工机械的预算价格按照机械原值、相关手续费和一次运杂费以及车辆购置税之和计算。

（2）进口施工机械的预算价格。进口施工机械的预算价格按照到岸价格、关税、消费税、相关手续费和国内一次运杂费、银行财务费、车辆购置税之和计算。

2. 残值率

残值率是指机械报废时回收其残余价值占施工机械预算价格的百分数。残值率应按编制期国家有关规定确定：目前各类施工机械均按5%计算。

3. 耐用总台班

耐用总台班是指施工机械从开始投入使用至报废前使用的总台班数，应按相关技术指标取定。

年工作台班是指施工机械在一个年度内使用的台班数量。年工作台班应在编制期制度工作日基础上扣除检修、维护天数及考虑机械利用率等因素综合取定。

耐用总台班的计算公式如下：

$$耐用总台班=折旧年限\times年工作台班=检修间隔台班\times检修周期$$

检修间隔台班是指机械自投入使用起至第一次检修止或自上一次检修后投入使用起至

下一次检修止，应达到的使用台班数。

检修周期是指机械正常的施工作业条件下，将其寿命期（即耐用总台班）按规定的检修次数划分为若干个周期。其计算公式如下：

$$检修周期=检修次数+1$$

（二）检修费的组成及确定

检修费是指施工机械在规定的耐用总台班内，按规定的检修间隔进行必要的检修，以恢复其正常功能所需的费用。检修费是机械使用期限内全部检修费之和在台班费用中的分摊额，取决于一次检修费、检修次数和耐用总台班的数量，其计算公式如下：

$$检修费=\frac{一次检修费\times检修次数}{耐用总台班}\times除税系数$$

（1）一次检修费。一次检修费是指施工机械一次检修发生的工时费、配件费、辅料费、油燃料费等。一次检修费应以施工机械的相关技术指标和参数为基础，结合编制期市场价格综合确定。可按其占预算价格的百分比取定。

（2）检修次数。检修次数是指施工机械在其耐用总台班内的检修次数。检修次数应按施工机械的相关技术指标取定。

（3）除税系数。除税系数是指考虑一部分检修可以购买服务，从而需扣除维护费中包括的增值税进项税额，其计算公式如下：

$$除税系数=自行检修比例+委外检修比例/(1+税率)$$

（三）维护费的组成及确定

维护费是指施工机械在规定的耐用总台班内，按规定的维护间隔进行各级维护和临时故障排除所需的费用。其中包括保障机械正常运转所需替换与随机配备工具附具的摊销和维护费用、机械运转及日常保养维护所需润滑与擦拭的材料费用及机械停滞期间的维护费用等。

各项费用分摊到台班中，即为维护费。其计算公式如下：

$$维护费=\frac{\sum(各级维护一次费用\times除税系数\times各级维护次数)+临时故障排除费}{耐用总台班}$$

当维护费计算公式中各项数值难以确定时，也可按下式计算：

$$维护费=检修费\times K$$

式中　K——维护费系数，指维护费占检修费的百分数。

1）各级维护一次费用应按施工机械的相关技术指标，结合编制期市场价格综合取定。

2）各级维护次数应按施工机械的相关技术指标取定。

3）临时故障排除费可按各级维护费用之和的百分数取定。

4）替换设备及工具附具台班摊销费应按施工机械的相关技术指标，结合编制期市场价格综合取定。

（四）安装拆卸费及场外运费的组成和确定

安装拆卸费是指施工机械在现场进行安装与拆卸所需的人工、材料、机械和试运转费用以及机械辅助设施的折旧、搭设、拆除等费用；场外运费是指施工机械整体或分体自停放地点运至施工现场或由一施工地点运至另一施工地点的运输、装卸、辅助材料及架线等费用。

安装拆卸费及场外运费根据施工机械不同分为计入台班单价、单独计算和不需计算三种类型。

1）安装拆卸简单、移动需要起重及运输机械的轻型施工机械，其安装拆卸费及场外运费计入台班单价。安装拆卸费及场外运费应按下式计算：

$$台班安装拆卸费及场外运费=(一次安装拆卸费及场外运费\times年平均安装拆卸次数)\div年工作台班$$

① 一次安装拆卸费应包括施工现场机械安装和拆卸一次所需的人工费、材料费、机械费、安全监测部门的检测费及试运转费。

② 一次场外运费应包括运输、装卸、辅助材料、回程等费用。

③ 年平均安装拆卸次数按施工机械的相关技术指标，结合具体情况综合确定。

④ 运输距离均按平均值 30km 计算。

2）单独计算的情况包括：

① 安装拆卸复杂、移动需要起重及运输机械的重型施工机械，其安装拆卸费及场外运费单独计算。

② 利用辅助设施移动的施工机械，其辅助设施（包括轨道和枕木）等的折旧、搭设和拆除等费用可单独计算。

3）不需计算的情况包括：

① 不需安装拆卸的施工机械，不计算一次安装拆卸费。

② 不需相关机械辅助运输的自行移动机械，不计算场外运费。

③ 固定在车间的施工机械，不计算安装拆卸费及场外运费。

4）自升式塔式起重机、施工电梯安装拆卸费的超高起点及其增加费，各地区、部门可根据具体情况确定。

（五）人工费的组成及确定

人工费是指机上司机（司炉）和其他操作人员的人工费，按下式计算：

$$人工费=人工消耗量\times\left(1+\frac{年制度工作日-年工作台班}{年工作台班}\right)\times人工单价$$

1）人工消耗量是指机上司机（司炉）和其他操作人员工日消耗量。

2）年制度工作日应执行编制期国家有关规定。

3）人工单价应执行编制期工程造价管理机构发布的信息价格。

【例 4-11】 某载重汽车配司机 1 人，当年制度工作日为 250 天，年工作台班为 230 台班，人工单价为 50 元。求该载重汽车的人工费为多少？

解：

$$人工费=\left[1\times\left(1+\frac{250-230}{230}\right)\times50\right]元/台班=54.35\ 元/台班$$

（六）燃料动力费的组成及确定

燃料动力费是指施工机械在运转作业中所耗用的燃料及水、电等费用。其计算公式如下：

燃料动力费=∑(燃料动力消耗量×燃料动力单价)

1）燃料动力消耗量应根据施工机械技术指标等参数及实测资料综合确定。可采用下式计算：

燃料动力消耗量=(实测数×4+定额平均值+调查平均值)÷6

2）燃料动力单价应执行编制期工程造价管理机构发布的不含税信息价格。

（七）其他费用的组成及确定

其他费用是指施工机械按照国家规定应缴纳的车船税、保险费及检测费等。其计算公式如下：

其他费用=(年车船税+年保险费+年检测费)/年工作台班

1）年车船税、年检测费应执行编制期国家及地方政府有关部门的规定。

2）年保险费应执行编制期国家及地方政府有关部门强制性保险的规定，非强制性保险不应计算在内。

四、施工仪器仪表台班单价的组成和确定方法

根据《建设工程施工仪器仪表台班费用编制规则》（建标〔2015〕34号）的规定，施工仪器仪表划分为七个类别：自动化仪表及系统、电工仪器仪表、光学仪器、分析仪表、试验机、电子和通信测量仪器仪表、专用仪器仪表。

施工仪器仪表台班单价由四项费用组成，包括折旧费、维护费、校验费、动力费，见表4-10。施工仪器仪表台班单价中的费用组成不包括检测软件的相关费用。

表4-10 施工仪器仪表台班单价

电算代号	施工仪器仪表名称与规格型号	费用组成				台班单价（元）
		折旧费（元）	维护费（元）	校验费（元）	动力费（元）	
9109933	全站仪 1mm+1ppm/<0.5"	99.48	15.54	8.29	0.26	123.57
9109935	全站仪 5mm+2ppm/<0.5"	56.40	8.81	4.70	0.21	70.12
9109951	数显扭力扳手 40~200N·m	1.58	0.33	0.17	0.08	2.16
9109953	电动扭力扳手 750~4000N·m	15.36	3.20	1.60	0.90	21.06

1. 折旧费

折旧费是指施工仪器仪表在耐用总台班内，陆续收回其原值的费用。计算公式如下：

折旧费=施工仪器仪表原值×(1-残值率)÷耐用总台班

（1）施工仪器仪表原值。施工仪器仪表原值应按以下方法取定：

1）对从施工企业采集的成交价格，各地区、部门可结合本地区、部门实际情况，综合确定施工仪器仪表原值。

2）对从施工仪器仪表展销会采集的参考价格或从施工仪器仪表生产厂、经销商采集的销售价格，各地区、部门可结合本地区、部门实际情况，测算价格调整系数取定施工仪器仪表原值。

3）对类别、名称、性能规格相同而生产厂家不同的施工仪器仪表，各地区、部门可根据施工企业实际购进情况，综合取定施工仪器仪表原值。

4）对进口与国产施工仪器仪表性能规格相同的，应以国产为准取定施工仪器仪表原值。

5）进口施工仪器仪表原值应按编制期国内市场价格取定。

6）施工仪器仪表原值应按不含一次运杂费和采购及保管费的价格取定。

（2）残值率。残值率是指施工仪器仪表报废时回收其残余价值占施工仪器仪表原值的百分比。残值率应按国家有关规定取定。

（3）耐用总台班。耐用总台班是指施工仪器仪表从开始投入使用至报废前所积累的工作总台班数量。

耐用总台班应按相关技术指标取定。

$$耐用总台班=年工作台班\times折旧年限$$

1）年工作台班是指施工仪器仪表在一个年度内使用的台班数量。

$$年工作台班=年制度工作日\times年使用率$$

年制度工作日应按国家规定制度工作日执行，年使用率应按实际使用情况综合取定。

2）折旧年限是指施工仪器仪表逐年计提折旧费的年限。折旧年限应按国家有关规定取定。

2. 维护费

维护费是指施工仪器仪表各级维护、临时故障排除所需的费用及为保证仪器仪表正常使用所需备件（备品）的维护费用。其计算公式如下：

$$维护费=\frac{年维护费}{年工作台班}$$

年维护费是指施工仪器仪表在一个年度内发生的维护费用。年维护费应按相关技术指标，结合市场价格综合取定。

3. 校验费

校验费是指按国家与地方政府规定的标定与检验的费用。其计算公式如下：

$$校验费=\frac{年校验费}{年工作台班}$$

年校验费是指施工仪器仪表在一个年度内发生的校验费用。年校验费应按相关技术指标取定。

4. 动力费

动力费是指施工仪器仪表在施工过程中所耗用的电费。其计算公式如下：

$$动力费=台班耗电量\times电价$$

1）台班耗电量应根据施工仪器仪表不同类别，按相关技术指标综合取定。

2）电价应执行编制期工程造价管理机构发布的信息价格。

第五节　预算定额

一、预算定额的概念

预算定额是指在正常的施工条件下，完成一定计量单位合格分项工程和结构构件所需消耗的人工、材料、施工机具台班数量标准。为了计价方便，我国大部分预算定额中都包含了定额基价。但是，预算定额作为反映单位合格工程资源消耗量标准的本质是不变的。

预算定额应按市场的普遍水平确定资源消耗量，即预算定额中的人工、材料和施工机具台班的消耗量反映的是社会平均水平。社会平均水平的资源消耗是指在正常的施工条件下，在合理的施工组织和工艺条件、平均劳动熟练程度和劳动强度下，完成单位分项工程基本构造单元所需要消耗的资源的数量水平。

二、预算定额的作用

（1）预算定额是编制施工图预算的依据。预算定额所确定的是一定计量单位的分项工程和结构构件所需消耗的人工、材料、施工机具台班数量标准，该数量标准是确定施工图预算的基础。

（2）预算定额可以作为编制施工组织设计的参考依据。施工组织设计的重要任务之一，就是确定施工中所需人力、物力和机械设备的供求量，并做出最佳安排。根据预算定额，能够比较精确地计算出各项物质技术的需求量，为有计划地组织材料采购和预制构件加工、调配劳动力和机械等方面提供可靠和科学的依据。

（3）预算定额可以作为确定招标控制价、投标报价、合同价款的参考性基础。按照施工图进行工程招标投标发包时，招标控制价、投标报价、合同价款的确定都需要按照施工图进行计价，预算定额是施工图预算的主要编制依据，因此其为上述计价工作提供了参考基础。

（4）预算定额可以作为拨付工程进度款及办理工程结算的参考性基础。业主根据承包商在施工过程中已完成的分项工程，向施工企业支付工程价款及办理单位工程竣工结算，都可以以预算定额为参考基础。

（5）预算定额可以作为施工单位经济活动分析的依据。预算定额规定的物化劳动和劳动消耗指标，可以作为施工单位生产中允许消耗的最高标准。施工单位可以预算定额为依据，进行技术革新，提高劳动生产率和管理效率，提高自身竞争力。

（6）预算定额是编制概算定额的基础。概算定额是在预算定额基础上综合扩大编制的。利用预算定额作为编制依据，不但可以节省编制工作的大量人力、物力和时间，达到事半功倍的效果，还可以使概算定额在水平上与预算定额保持一致，保证计价工作的连贯性。

三、预算定额的编制方法

1）根据编制建筑工程预算定额的有关资料，参照施工定额分项项目，综合确定预算定额的分项工程（或结构构件）项目及其所含子项目的名称和工作内容。

2）根据正常的施工组织设计，正确合理地确定施工方法。

3）根据分项工程（或结构构件）的形体特征和变化规律确定定额项目计量单位。

关于预算定额计量单位的确定，一般来说，当物体的长、宽、高都发生变化时，应采用“m^3”为计量单位，如土方、砖石、钢筋混凝土等工程；当物体有一定的厚度，而面积不固定时，应采用“m^2”为计量单位；当物体的截面形状和大小不变，而长度发生变化时，应采用“m”为计量单位；当物体的体积或面积相同，但质量和价格差异较大时，应当采用“t”或“kg”为计量单位，如金属构件制作、安装工程等；当物体形状不规则，难以量度时，则采用自然单位为计量单位，如根、套等。

预算定额的计量单位通常在基本计量单位基础上进行扩大，如 $10m^3$、$100m^2$、km、10个等。

4）根据确定的分项工程或结构构件项目及其子项目，结合选定的典型设计或资料、典型施工组织设计，计算工程量并确定定额人工、材料和施工机具台班消耗量指标。

5）编制定额表，即确定和填制定额中的各项内容。

① 确定人工消耗定额。按工种分别列出各工种工人的工日数和他们的合计工日数。

② 确定材料消耗定额。应列出主要材料名称和消耗量；对一些用量很小的次要材料，可合并成一项按“其他材料费”，以金额“元”表示，但占材料总价值的比例不能超过2%~3%。

③ 确定机具台班消耗定额。列出各种机具名称，消耗定额以“台班”表示；对于一些次要机具，可合并成一项按“其他机具费”，直接以金额“元”列入定额表。

④ 确定定额基价。预算定额表中，直接列出定额基价和其中的人工费、材料费、机具使用费。

6）按照预算定额的工程特征，包括工作内容、施工方法、计量单位以及具体要求，编制简要的定额说明。

四、预算定额消耗量指标的确定

确定预算定额消耗量指标，包括确定人工、材料和机具台班的消耗量指标。以施工定额为基础编制预算定额时，先按施工定额的分项逐项计算出消耗指标，再按预算定额的项目加以综合确定。

（一）人工消耗量指标的确定

预算定额中人工消耗量是指在正常施工条件下，生产单位合格产品所必须消耗的人工工日数量，以工日为单位表示。人工消耗量指标由分项工程所综合的各个工序劳动定额包括的基本用工以及超运距用工、辅助用工和人工幅度差用工组成。预算定额中的人工消耗量可以有两种确定方法：一种是以劳动定额为基础确定；另一种是以现场观察测定资料为基础计算，主要用于遇到劳动定额缺项时的人工消耗量确定。

1. 人工消耗量指标的内容

（1）基本用工。基本用工是指完成一定计量单位的分项工程或结构构件的各项工作过程的施工任务所必须消耗的技术工种用工。基本用工包括完成定额计量单位的主要用工和按施工定额规定应增（减）的用工。

如墙体砌筑工程中，基本用工包括调、运、铺砂浆，运砖、砌砖的用工（即主要用工），以及砌附墙烟囱、瓷砖、垃圾道、门窗洞口等需增加的用工。基本用工可按技术工种相应劳动定额的工时定额计算，以不同工种列出定额工日数。

1）完成定额计量单位的主要用工，按综合取定的工程量和相应劳动定额进行计算。

2）按劳动定额规定应增（减）计算的用工量。由于预算定额是在施工定额子目的基础上综合扩大的，包括的工作内容较多，施工的工效视具体部位而不一样，所以需要另外增加人工消耗，而这种人工消耗也可以列入基本用工内。

（2）超运距用工。超运距用工是指预算定额中考虑的材料及半成品的场内运输距离超过了劳动定额基本用工中规定的距离所需增加的用工。

（3）辅助用工。辅助用工是指劳动定额内不包括而在预算定额内又必须考虑的对材料进行加工整理所需的用工，如材料加工（包括筛砂子、洗石子、淋石灰膏等）、模板整理等用工。

（4）人工幅度差。人工幅度差是指编制预算定额时加算的、劳动定额中没有包括的、在实际施工过程中必然发生的零星用工量。它是劳动定额作业时间之外，预算定额内应考虑的、在正常施工条件下所发生的各种工时损失。其内容包括：

1）工种交叉与工序搭接及互相配合所发生的停歇时间。

2）工序交接时对前一工序不可避免的修整用工。

3）工程质量检查和隐蔽工程验收影响工人操作的时间。

4）班组操作地点转移而影响工人操作的时间。

5）现场内施工机械转移及临时水电线路移动所造成的停工。

6）施工中难以测定的不可避免的少数零星用工等。

2. 人工消耗量指标的计算

基本用工=∑(综合取定的工程量×劳动定额)

辅助用工=∑(材料加工数量×相应的加工劳动定额)

超运距用工=∑(超运距材料数量×时间定额)

人工幅度差=(基本用工+超运距用工+辅助用工)×人工幅度差系数

预算定额的人工幅度差系数一般为10%~15%。

定额人工消耗量=基本用工+超运距用工+辅助用工+人工幅度差

（二）材料消耗量指标的确定

1. 主要材料消耗量的确定

预算定额的材料消耗量由材料的净用量和损耗量构成。其中，损耗量由施工操作损耗、场内运输（从现场内材料堆放点或加工点到施工操作地点）损耗、加工制作损耗和场内管理损耗（操作地点的堆放及材料堆放地点的管理）组成。具体确定方法详见本章第三节。

材料消耗量=材料净用量+材料损耗量=材料净用量×(1+材料损耗率)

房屋建筑工程材料、成品、半成品损耗率和铁路工程预算定额中部分材料采用的损耗率见表4-11、表4-12。

表4-11 房屋建筑工程材料、成品、半成品损耗率

序号	材料名称	工程项目	损耗率（%）
1	标准砖	实砖墙	1
2	混凝土	现浇	1.5

（续）

序号	材料名称	工程项目	损耗率（%）
3	钢筋	现浇	2
4	钢筋	现浇Φ 10 以外	4
5	砌筑砂浆	砖砌体	1

表 4-12　铁路工程预算定额中部分材料损耗率

序号	材料名称	材料工地搬运及操作损耗率（%）
1	砖	2
2	混凝土（现浇）	2
3	水泥	1
4	光圆钢筋Φ 10 以内	1.5
5	光圆钢筋Φ 10 以上（机械连接）	1
6	带肋钢筋（机械连接）	1
7	砂浆（砌筑）	2

2. 次要材料消耗量的确定

预算定额中对于用量很少，价值又不大的次要材料，估算其用量后，合并成“其他材料费”，以“元”为单位列入预算定额。

3. 周转性材料消耗量的确定

周转性材料的消耗量，应按多次使用、分次摊销的方法进行计算或确定。周转性材料的消耗量指标以定额摊销量表示，其数值大小取决于一次使用量、每周转使用一次的材料损耗量、周转使用次数以及回收量等因素，具体确定方法详见本章第三节的相关内容。

（三）机具台班消耗量指标的确定

预算定额中的机具台班消耗量是指在正常施工条件下，生产单位合格产品（分项工程或结构构件）必须消耗的某种型号施工机具的台班数量。

1）预算定额施工机械台班消耗量，可按施工定额中的各种机械施工项目所规定的台班产量，并考虑一定的机械幅度差进行计算。其计算公式如下：

预算定额机械台班消耗量=施工定额机械耗用台班×(1+机械幅度差)

机械幅度差是指在施工定额中所规定的范围内没有包括，而在实际施工中又不可避免产生的影响机械或使机械停歇的时间。在编制预算定额时，应予以考虑。机械幅度差一般根据测定和统计资料取定。

机械幅度差内容包括：

① 施工机械转移工作面及配套机械相互影响损失的时间。

② 在正常施工条件下，机械在施工中不可避免的工序间歇。

③ 工程开工或收尾时工作量不饱满所损失的时间。

④ 检查工程质量影响机械操作的时间。

⑤ 临时停机、停电影响机械操作的时间。

⑥ 机械维修引起的停歇时间。

【例 4-12】 已知某挖土机挖土，一次正常循环工作时间是 40s，每次循环平均挖土量为 $0.3m^3$，施工机械的时间利用系数为 0.8，机械幅度差为 25%。求该机械挖土方 $1000m^3$ 的预算定额机械耗用台班量。

解：机械纯工作 1h 循环次数 = (3600÷40) 次/h = 90 次/h

机械纯工作 1h 正常生产率 = $(90×0.3)m^3/h = 27m^3/h$

施工机械台班产量定额 = $(27×8×0.8)m^3$/台班 = $172.8m^3$/台班

施工机械台班时间定额 = (1÷172.8) 台班/m^3 = 0.00579 台班/m^3

预算定额机械耗用台班 = [0.00579×(1+25%)] 台班/m^3 = 0.00724 台班/m^3

挖土方 $1000m^3$ 的预算定额机械耗用台班量 = (1000×0.00724) 台班 = 7.24 台班

2）以现场测定资料为基础确定机械台班消耗量。如遇施工定额（劳动定额）缺项者，则须依据单位时间完成的产量测定。具体方法可参见本章第三节。

五、预算定额的组成

1. 预算定额简介

《铁路工程预算定额》按专业内容分为十三分册。涉及土木工程的预算定额主要有《铁路工程预算定额 第一册 路基工程》(TZJ 2001—2017)、《铁路工程预算定额 第二册 桥涵工程》(TZJ 2002—2017)、《铁路工程预算定额 第三册 隧道工程》(TZJ 2003—2017)、《铁路工程预算定额 第四册 轨道工程》(TZJ 2004—2017)、《铁路工程预算定额 第十册 房屋工程》(TZJ 2010—2017)、《铁路工程预算定额 第十三册 站场工程》(TZJ 2013—2017)。房屋建筑工程土建部分的预算定额是《房屋建筑与装饰工程消耗量定额》(TY01-31—2015)。

预算定额按施工顺序分部工程划章，按分项工程划节，按结构不同、材质品种、机械类型、使用要求不同划项。

各专业预算定额主要内容包括：总说明、章说明、节说明、定额表及表下附注和附录。

2. 定额说明

定额说明包括总说明、章说明和节说明。总说明主要介绍预算定额的适用范围、目的、作用、编制原则、主要依据，对各章节都适用的统一规定，定额采用的标准及允许抽换定额的原则，定额包括的内容及未包括的内容，需编制补充定额的规定等。章（节）说明则规定各章（节）包括的内容、各章（节）工程项目的统一规定、各章（节）工程项目综合的内容及允许抽换的规定、各章（节）工程项目的工程量计算规则等。

以上各项说明是为了正确使用定额而做出的规定和解释，是正确运用定额所应遵循的条件和保证。因此，编制施工图预算时，应先阅读预算定额的总说明、章说明、节说明。

3. 定额项目表

预算定额的项目表是定额手册的主要部分，是定额各指标数额的具体体现。概算定额和预算定额的表格形式基本相同，其主要内容见表 4-13、表 4-14。

表 4-13　机械挖土方、淤泥、流砂定额项目表（铁路工程）

工作内容：挖、运至基坑外 20m，近坑底标高 0.5m 以内的土方以人工挖运，坑壁及坑底修整

（计量单位：$10m^3$）

电算代号	定额编号		QY-17	QY-18	QY-19	QY-20
	项目	单位	挖土方基坑深≤6m		机械挖淤泥	机械挖流砂
			无水	有水		
基价		元	43.72	49.05	58.35	58.90
其中	人工费		9.35	10.46	2.45	2.89
	材料费		0.11	0.12	0.24	0.24
	机械使用费		34.26	38.47	55.66	55.77
质量		t	—	—	—	—
1	人工	工日	0.42	0.47	0.11	0.13
18951	其他材料费	元	0.11	0.12	0.24	0.24
19001	履带式液压单斗挖掘机≤$0.6m^2$	台班	0.050	0.050	0.080	0.090
19011	履带式推土机≤75kW	台班	0.030	0.040	0.050	0.040

表 4-14　砌砖定额项目表（房屋建筑工程）

工作内容：砖基础包括调运砂浆、铺砂浆、清理基槽坑、砌砖等；砖墙包括调、运、铺砂浆，运砖，砌砖包括窗台虎头砖、腰线、门窗套，安放木砖、铁件等　（计量单位：$10m^3$）

定额编号			4-1	4-2	4-3	4-4
项目		单位	砖基础	单面清水砖墙		
				1/2 砖	3/4 砖	1 砖
人工	综合人工	工日	12.18	21.97	21.63	18.87
材料	水泥砂浆 M5	m^3	2.36	—	—	—
	水泥砂浆 M10	m^3	—	1.95	2.13	—
	水泥砂浆 M2.5	m^3	—	—	—	2.25
	普通黏土砖	千块	5.236	5.641	5.510	5.314
	水	m^3	1.05	1.13	1.10	1.06
机械	灰浆搅拌机 200L	台班	0.39	0.33	0.35	0.38

（1）工程内容。工程内容位于定额表的左上方。工程内容主要说明定额表所包括的主要操作内容。查定额时，必须将实际发生的操作内容与表中的工程内容相对照，若不一致，应按照章（节）说明中的规定进行调整。

（2）定额单位。定额单位位于定额表的右上方，见表 4-13，单位 $10m^3$。定额单位是合格产品的计量单位，实际的工程数量应是定额单位的倍数。

（3）电算代号。当采用电算方法编制工程预算时，可引用表中代号作为工、料、机名称的识别符号，见表 4-13。

（4）定额编号。铁路工程定额编号按“分册号-子目号”确定。路基工程分册号为“LY”，桥涵工程分册号为“QY”，隧道工程分册号为“SY”，轨道工程分册号为“GY”，房屋工程分册号为“FY”，站场工程分册号为“ZY”。如“QY-19”表示桥梁工程预算定额

中的第19项，即机械挖淤泥，见表4-13。建筑工程定额编号按“章-项”确定。如“4-1”表示第4章中的第1项，即砌筑工程中的砖基础，见表4-14。

（5）定额值。定额值就是定额表中各种资源消耗量的数值。其中括号内的数值表示基价中未包括其价值。

（6）定额基价。基价是指一定计量单位的分项工程或结构构件基期的人工费、材料费、机械费之和。也就是在定额编制时，以某一年为基期年，以该年某一地区工、料、机单价为基础计算的完成定额计量单位的合格产品所需要的人工费、材料费、机械费的合计价值。如表4-13中QY-17的基价为43.72元。

定额使用一定时期后，由定额编制单位发行更新的基价表配合原定额使用，以确保定额的相对稳定性。如铁路工程定额，基期计费依据和标准如下：

1）人工单价：铁路工程执行现行《铁路工程基本建设工程设计概（预）算编制办法》中的概（预）算综合工费标准。建筑工程执行各省预算定额说明中的综合工费标准。

2）材料单价：铁路工程执行《铁路工程基本建设材料基期价格》中的单价。建筑工程执行各省的建设工程材料价格中的单价。

3）机械使用单价：铁路工程执行《铁路工程施工机具台班费用定额》（TZJ 3004—2017）中的单价。建筑工程执行各省的“建设工程施工机械台班单价”中的单价。

为了适应市场价格的变动，在编制施工图预算时，应根据调价系数或指数等对定额基价进行修正。修正后的定额基价乘以根据图纸计算出来的工程量，就可以获得符合实际市场情况的人工、材料、机具费用。或者只使用预算定额的资源消耗量，各种资源单价采用市场价格信息进行计价。

（7）定额材料质量。子目栏中“质量”说明完成某一定额计量单位合格产品所需要的全部建筑安装材料质量，但不包括水和施工机械的动力消耗（油耗及燃料）的质量，以“t”为计量单位。定额中消耗的材料包括主要材料和辅助材料，其中主要材料质量用于计算主要材料运杂费。

4. 预算定额基价的确定

预算定额基价是指根据预算定额规定的实物消耗量指标计算确定的分项工程或结构构件的单价。我国现行各行业、各地区预算定额基价的表达内容不尽统一。有的定额基价只包括人工费、材料费和施工机具使用费，即工料单价；也有的定额基价包括了直接费以外的管理费、利润的清单综合单价，即不完全综合单价；也有的定额基价还包括了规费、税金在内的全费用综合单价，即完全综合单价。

以基价为工料单价为例，分项工程预算定额基价的计算公式如下：

分项工程预算定额基价=人工费+材料费+机具使用费

其中：

人工费=∑(预算定额中人工工日用量×人工日工资单价)

材料费=∑(预算定额中各种材料耗用量×材料预算价格)

机具使用费=∑(机械台班用量×机械台班单价)+∑(仪器仪表台班用量×仪器仪表台班单价)

【例4-13】 某预算定额A4-1砖基础的定额项目表见表4-15。请说明其定额基价的编制

过程。

表 4-15　基础及实砌内外墙

工作内容：1. 调运砂浆（包括筛砂子及淋灰膏）、砌砖。基础包括清理基槽。2. 砌窗台虎头砖、腰线、门窗套。3. 安放木砖，铁件　（计量单位：$10m^3$）

定额编号				A4-1
项目名称				砖基础
基价（元）				2918.52
其中	人工费（元）			584.40
	材料费（元）			2293.77
	机械费（元）			40.35
名称		单位	单价（元）	数量
人工	综合用工二类	工日	60.00	9.740
材料	水泥砂浆 M5（中砂）	m^3	—	(2.360)
	标准砖 240mm×115mm×53mm	千块	380.00	5.236
	水泥 32.5 级	t	360.00	0.505
	中砂	t	30.00	3.783
	水	m^3	5.00	1.760
机械	灰浆搅拌机 200L	台班	103.45	0.390

解：A4-1 定额子目的定额基价计算过程如下：

定额人工费=(60.00×9.740)元=584.40 元

定额材料费=(380.00×5.236+360.00×0.505+30.00×3.783+5.00×1.760)元=2293.77 元

定额机械费=(103.45×0.390)元=40.35 元

定额基价=584.40 元+2293.77 元+40.35 元=2918.52 元

六、预算定额的应用

预算定额的应用可分为直接套用和换算两种情况。

（一）预算定额的直接套用

在应用定额编制预算文件时，直接套用定额的情况占绝大多数。当设计要求、结构形式、施工工艺、施工机械、材料品种规格等与定额条件完全相符时，可直接套用定额。套用定额时，应根据设计图的要求、做法说明，从工程内容、技术特征、施工方法、材料品种规格等方面一一仔细核对，正确选择相应的套用项目。根据所选的相应定额项目的定额基价（预算定额为量价合一定额时）或根据人工、材料和施工机具台班的消耗数量，计算出该分项工程的直接工程费

【例 4-14】　某工程设计有 C20-40 现浇混凝土矩形柱，断面尺寸为 400mm×400mm，柱高 3.3m，计 20 根，定额项目表见表 4-16，计算所有矩形柱的预算直接工程费。

表 4-16　矩形柱定额项目表　　（计量单位：$10m^3$）

定额编码				A4-14
项目名称				矩形柱
基价（元）				2339.33
其中	人工费（元）			848.40
	材料费（元）			1401.58
	机械费（元）			89.35
名称		单位	单价（元）	数量
人工	综合用工二类	工日	40.00	21.210
材料	现浇混凝土（中砂碎石）C20-40	m^3	—	(9.800)
	水泥砂浆 1∶2（中砂）	m^3	—	(0.310)
	水泥 32.5 级	t	220.00	3.356
	中砂	t	25.16	7.008
	碎石	t	33.78	13.387
	塑料薄膜	m^2	0.60	4.000
	水	m^3	3.03	10.670
机械	滚筒式混凝土搅拌机 500L 以内	台班	120.35	0.600
	灰浆搅拌机 200 以内	台班	75.03	0.040
	混凝土振捣器（插入式）	台班	11.40	1.240

解：(1) 计算工程量。

$$矩形柱工程量 = (0.4\times0.4\times3.3\times20)m^3 = 10.56m^3$$

(2) 套用预算定额基价。查表 4-16 中 A4-14，矩形柱基价为 2339.33 元/$10m^3$。

$$直接工程费 = (2339.33\times10.56\div10)元 = 2470.33 元$$

（二）预算定额的换算

当工程内容或设计要求与预算定额条件不完全一致时，则不可直接套用定额，需要根据定额编制总说明、章节说明和附录等规定，在定额允许的范围内进行换算。定额换算是对原有定额的一种调整，既可以采用调整原有定额基价的形式，也可以采用调整定额消耗量的形式。

常见的定额换算类型有混凝土或砂浆的换算、加套定额换算、乘系数换算及定额规定的其他换算等。

1. 混凝土或砂浆的换算

当预算定额中的混凝土或砂浆强度等级或粗、细骨料粒径与设计要求不一致时，通常允许进行定额换算。换算的基本特征是：换算前后混凝土或砂浆消耗量不变，只调整混凝土或砂浆中各组成材料的消耗量。其余材料消耗量不变，人工、机具消耗用量不变。调整混凝土或砂浆中各组成材料的消耗量后，预算定额基价也做相应调整。

(1) 混凝土或砂浆强度等级的换算。

1) 混凝土的换算。混凝土强度等级设计与规定不符时，铁路工程应根据《铁路工程基本定额》查出相应换入混凝土（砂浆）的配合比及换出混凝土（砂浆）的配合比。在《铁路工程预算定额》中，查出混凝土（砂浆）的定额消耗量（已考虑损耗量等）。换入或换出的各组成材料数量为混凝土（砂浆）的定额消耗量乘以混凝土（砂浆）的配合比中各组成材料的数量。换算公式如下：

换算后预算定额基价＝原预算定额基价＋∑（应换入的材料数量×相对应的材料单价）－∑（应换出的材料数量×相对应的材料单价）

【例 4-15】铁路工程矩形涵涵身成品块安装，设计采用 42.5 级普通水泥和中砂拌制的 M15 水泥砂浆安装，计算此项预算定额基价。

解：查《铁路工程预算定额》桥涵工程分册 QY-743，各资源消耗见表 4-17，在《铁路工程基本定额》中分别查得 $1m^3$M10、M15 水泥砂浆所消耗普通水泥、中砂的数量见表 4-18。查《铁路工程材料基期价格》（TZJ 3003—2017）知，普通水泥 42.5 级为 0.33 元/kg，中粗砂为 24.25 元/m^3。

表 4-17　矩形涵成品块安装

工作内容：洗刷成品块，铺设、校正。砂浆制作，安砌成品块并勾缝，养护，处理吊环孔

（计量单位：$10m^3$）

电算代号	定额编号		QY-743	QY-744
	项目	单位	涵身	帽石
			M10 水泥砂浆	
基价		元	295.48	828.42
其中	人工费		242.95	192.65
	材料费		52.53	132.20
	机具使用费		—	503.57
质量		t	0.85	2.147
1	人工	工日	3.681	2.919
HT-915	M10 水泥砂浆，42.5 级	m^3	(0.440)	(1.110)
1010003	普通水泥 42.5 级	kg	121.000	305.250
1260022	中粗砂	m^3	0.510	1.288
8999006	水	t	0.650	0.660
9102102	汽车起重机 8t	台班	—	1.170

表 4-18　水泥砂浆配合比

定额编号	砂浆强度等级	水泥强度等级	水泥/kg	中砂/m^3	水/m^3
HT-915	M10	42.5	275	1.16	0.21
HT-919	M15	42.5	316	1.12	0.21

换算后预算定额基价＝原预算定额基价＋∑（应换入的材料数量×相对应的材料单价）－∑（应换出的材料数量×相对应的材料单价）＝｛295.48＋(316－275)×0.44×0.33［水泥］＋

(1.12−1.16)×0.44×24.25[中砂]}元/10m^3 = 301.01 元/10m^3

房屋建筑工程中，混凝土或砂浆强度等级设计与规定不符时的换算，和铁路工程的换算方法一致，可以采用铁路工程的换算公式。但是房屋建筑工程中，在混凝土或砂浆配合比表中，往往给出混凝土或砂浆的预算单价，因此也可采用下式：

换算后预算定额基价=原预算定额基价+定额混凝土或砂浆消耗量×(换入混凝土或砂浆单价−换出混凝土或砂浆单价)。

【例 4-16】 某砖混结构住宅楼的构造柱，设计使用 C25-40 现浇混凝土。计算该构造柱的预算定额基价。构造柱定额项目表见表 4-19。

表 4-19 构造柱定额项目表 （计量单位：10m^3）

定额编码				A4-16
项目名称				构造柱
基价（元）				2489.88
其中	人工费（元）			999.60
	材料费（元）			1400.93
	机械费（元）			89.35
名称		单位	单价	数量
人工	综合用工二类	工日	40.00	24.990
材料	现浇混凝土（中砂碎石）C20-40	m^3	—	(9.800)
	水泥砂浆 1∶2（中砂）	m^3	—	(0.310)
	水泥 32.5 级	t	220.00	3.356
	中砂	t	25.16	7.008
	碎石	t	33.78	13.387
	塑料薄膜	m^2	0.60	3.360
	水	m^3	3.03	10.580
机械	滚筒式混凝土搅拌机 500L 以内	台班	120.35	0.600
	灰浆搅拌机 200 以内	台班	75.03	0.040
	混凝土振捣器（插入式）	台班	11.40	1.240

解： 1）查表 4-19 中 A4-16 项，构造柱定额基价是按照现浇混凝土（中砂碎石）C20-40 取定计算的，这与实际设计使用的 C25-40 现浇混凝土不一致，需要进行换算。查表 4-20 混凝土配合比表 C20-40 预算价值为 135.02 元/m^3，C25-40 预算价值为 132.13 元/m^3。

换算后预算定额基价=[2489.88+9.800×(132.13−135.02)]元/10m^3 = 2461.56 元/10m^3

2）采用铁路工程给出的公式换算：

换算后预算定额基价=原预算定额基价+∑(应换入的材料数量×相对应的材料单价)−∑(应换出的材料数量×相对应的材料单价)={2489.88+(0−0.325)×9.8×220.00[水泥 32.5 级]+9.8×(0.294−0)×230.00[水泥 42.5 级]+(0.680−0.669)×9.8×25.16[中砂]+(1.387−1.366)×9.8×33.78[碎石]}元/10m^3 = 2461.52 元/10m^3

表 4-20 房屋建筑工程混凝土配合比表

项目			粗骨料最大粒径 40mm					
			C10	C15	C20	C25	C30	C35
基价（元/m^3）			110.87	122.22	135.02	132.13	140.98	149.30
名称	单位	单价（元）	数量					
水泥 32.5 级	t	220.00	0.202	0.260	0.325	—	—	—
水泥 42.5 级	t	230.00	—	—	—	0.294	0.336	0.378
中砂	t	25.16	0.818	0.754	0.669	0.680	0.605	0.592
碎石	t	33.78	1.341	1.347	1.366	1.387	1.419	1.389
水	m^3	3.03	0.180	0.180	0.180	0.180	0.180	0.180

2）砂浆的换算。

① 砌筑砂浆的换算。砌筑砂浆换算的特点与混凝土换算特点相同，换算原理和方法与混凝土强度等级换算相同。

【例 4-17】 某砖混建筑物的基础为条形砖基础，基础采用 M7.5 水泥砂浆砌 MU10 标准砖。砖基础定额项目表见表 4-21，计算该基础的定额基价。

解：查表 4-21 中 A3-1 项，砖基础定额基价是按照 M5 水泥砂浆（中砂）取定计算的，这与实际设计使用的 M7.5 水泥砂浆不一致，需要进行换算。查表 4-22 M5 水泥砂浆（中砂）预算价为 88.32 元/m^3，M7.5 水泥砂浆（中砂）预算价为 94.92 元/m^3。

换算后预算定额基价 = [1726.47+2.360×(94.92-88.32)] 元/$10m^3$ = 1742.05 元/$10m^3$

表 4-21 砖基础定额项目表

工作内容：调制砂浆（包括筛砂子及淋石灰膏）、砌砖；基础包括清理基槽 （计量单位：$10m^3$）

定额编码				A3-1
项目名称				砖基础
基价（元）				1726.47
其中	人工费（元）			438.40
	材料费（元）			1258.81
	机械费（元）			29.26
名称		单位	单价（元）	数量
人工	综合用工二类	工日	40.00	10.960
材料	水泥砂浆 M5（中砂）	m^3	—	(2.360)
	标准砖	千块	200.00	5.236
	水泥 32.5 级	t	220.00	0.505
	中砂	t	25.16	3.783
	水	m^3	3.03	1.760
机械	灰浆搅拌机 200L 以内	台班	75.03	0.390

表 4-22 房屋建筑工程砌筑砂浆配合比表

项目名称			M5		M7.5		M10	
			中砂	细砂	中砂	细砂	中砂	细砂
预算价（元/m^3）			88.32	82.90	94.92	89.50	101.52	96.10
名称	单位	单价（元）	数量					
水泥 32.5 级	t	220.00	0.214	0.214	0.244	0.244	0.274	0.274
中砂	t	25.16	1.603		1.603		1.603	
细砂	t	23.48		1.487		1.487		1.487
水	m^3	3.03	0.300	0.300	0.300	0.300	0.300	0.300

② 抹灰砂浆的换算。当设计要求的抹灰砂浆配合比或抹灰厚度与定额项目不同时，就需要进行抹灰砂浆的换算，有两种情况。

a. 抹灰厚度不变，砂浆配合比变化。如果抹灰厚度不变，仅涉及抹灰砂浆配合比的不同，换算方法与砌筑砂浆换算方法相同。换算时，人工、机械消耗量不调整，材料消耗方面，仅对砂浆配合比中所涉及的材料的消耗量进行调整，其他材料消耗量不变。由此，人工费和机械费不变，材料费进行调整。

换算后预算定额基价=原预算定额基价+定额抹灰砂浆消耗量×（换入抹灰砂浆单价-换出抹灰砂浆单价）

【例 4-18】 某工程混凝土内墙进行抹灰，墙面抹灰做法为 8mm 厚 1∶3 水泥砂浆打底，7mm 厚 1∶3 水泥砂浆中层，5mm 厚 1∶2.5 水泥砂浆面层。计算该墙面抹灰的定额基价。

解： 查表 4-23 中 B2-10 项，原定额基价为 1031.32 元。查表 4-24 知 $1m^3$ 1∶2 抹灰砂浆（中砂）预算价为 158.76 元，$1m^3$ 1∶2.5 抹灰砂浆（中砂）预算价为 147.94 元。

表 4-23 墙面定额项目表

工作内容：清理、修补、湿润基层表面、调运砂浆、分层抹灰找平、罩面压光（包括门窗洞口侧壁及堵墙眼）、清扫落地灰、清理等全部操作过程 （计量单位：$100m^2$）

定额编号				B2-9	B2-10
项目名称				墙面	
				标准砖	混凝土
基价（元）				1045.55	1031.32
其中	人工费（元）			684.80	681.60
	材料费（元）			338.24	327.96
	机械费（元）			22.51	21.76
名称		单位	单价（元）	数量	
人工	综合用工二类	工日	40.00	17.120	17.040
材料	水泥砂浆 1∶2（中砂）	m^3	—	(0.578)	(0.578)
	水泥砂浆 1∶3（中砂）	m^3	—	(1.812)	(1.734)
	水泥 32.5 级	t	220.00	1.051	1.019
	中砂	t	25.16	3.746	3.621
	水	m^3	3.03	4.216	4.183
机械	灰浆搅拌机 200L	台班	75.03	0.300	0.290

表 4-24　房屋建筑工程抹灰砂浆配合比表

项目名称			1∶2		1∶2.5		1∶3	
			中砂	细砂	中砂	细砂	中砂	细砂
预算价值（元/m^3）			158.76	153.83	147.94	142.50	130.12	124.68
名称	单位	单价（元）	数量					
水泥 32.5 级	t	220.00	0.551	0.551	0.485	0.485	0.404	0.404
中砂	t	25.16	1.456		1.603		1.603	
细砂	t	23.48		1.350		1.486		1.486
水	m^3	3.03	0.300	0.300	0.300	0.300	0.300	0.300

结合表 4-25，混凝土墙面定额取定为底层 8mm 厚 1∶3 水泥砂浆，中层 7mm 厚 1∶3 水泥砂浆，面层 5mm 厚 1∶2 水泥砂浆。混凝土墙面设计抹灰厚度和定额取定的厚度一致，只是面层砂浆的设计配合比和定额不一致，需要换算。

换算后预算定额基价=原预算定额基价+定额抹灰砂浆消耗量×(换入抹灰砂浆单价-换出抹灰砂浆单价)=[1031.32+0.578×(147.94-158.76)]元/10m^3=1025.07 元/10m^3

表 4-25　房屋建筑工程水泥砂浆抹灰厚度取定表　（单位：mm）

项目		底层		中层		面层		总厚度
		砂浆种类	厚度	砂浆种类	厚度	砂浆种类	厚度	
墙面	毛石	水泥砂浆 1∶3	20	—	—	水泥砂浆 1∶2.5	10	30
	标准砖、混凝土	水泥砂浆 1∶3	8	水泥砂浆 1∶3	7	水泥砂浆 1∶2	5	20
	钢板网架聚苯夹芯板	水泥砂浆 1∶3	12	水泥砂浆 1∶3	8	水泥砂浆 1∶3	5	25

b. 砂浆配合比不变，抹灰厚度变化。抹灰厚度的变化引起砂浆用量的增减，必然会影响人工、材料、机械的消耗量。因而人工费、机械费及材料费都要调整。需根据定额说明中的“抹灰砂浆厚度调整表”（见表 4-26）进行调整。换算公式如下：

换算后预算定额基价=原预算定额基价+抹灰砂浆增减厚度×∑(每增减 1mm 厚度各资源的调整消耗数量×相应资源的定额单价)。

表 4-26　抹灰砂浆厚度调整表　（计量单位：100m^2）

项目	每增减 1mm 厚度消耗量调整			
	人工（工日）	机械（台班）	砂浆/m^3	水/m^3
石灰砂浆	0.35	0.014	0.11	0.01
水泥砂浆	0.38	0.015	0.12	0.01
混合砂浆	0.52	0.015	0.12	0.01
石膏砂浆	0.43	0.014	0.11	0.01

（续）

项目	每增减 1mm 厚度消耗量调整			
	人工（工日）	机械（台班）	砂浆/m^3	水/m^3
水泥 TG 胶砂浆	0.38	0.015	0.12	0.01
石英砂浆	0.51	0.015	0.12	0.01

【例 4-19】 某工程标准砖墙进行抹灰施工，墙面抹灰做法为 10mm 厚 1∶3 水泥砂浆底层，7mm 厚 1∶3 水泥砂浆中层，5mm 厚 1∶2 水泥砂浆面层，计算该墙面抹灰的定额基价。

解：查表 4-23 中 B2-9 项，结合表 4-25 查出标准砖墙面水泥砂浆抹灰定额取定为底层 8mm 厚 1∶3 水泥砂浆，中层 7mm 厚 1∶3 水泥砂浆，面层 5mm 厚 1∶2 水泥砂浆。现设计底层厚度比定额取定值厚 2mm，需要换算，查表 4-26 确定调整量，计算调整后预算定额基价。

换算后预算定额基价 = {1045.55+2×(0.38×40[人工]+0.015×75.03[机械]+0.12×130.12[砂浆]+0.01×3.03[水])} 元/$100m^2$ = 1109.49 元/$100m^2$

（2）混凝土或砂浆骨料粒径的换算。混凝土或砂浆的骨料粒径，当设计与定额规定不符时，预算定额基价必须按混凝土或砂浆相应粒径的配合比进行调整换算。

【例 4-20】 某铁路工程进行喷射普通混凝土施工，设计要求喷射卵石粒径 16mm 以内的 C25 混凝土，其他和定额内容一致。计算此项预算定额基价。

解：查《铁路工程预算定额》隧道工程分册第二章 SY-84，见表 4-27，可知，定额单位 $10m^3$ 的喷射混凝土 C25，考虑工地搬运及操作损耗量等实际需 12.240m^3 混凝土，所需普通水泥 42.5 级 5422.320kg，中粗砂 6.487m^3，碎石粒径 16mm 以内 8.935m^3，萘系减水剂 54.835kg，速凝剂 0.220t，预算定额基价 4958.27 元。

表 4-27 喷射普通混凝土定额项目表

工作内容：喷射混凝土集中拌制，机具就位、湿喷及养护 （计量单位：$10m^3$）

电算代号	定额编号		SY-84
	项目	单位	喷射普通混凝土
基价		元	4958.27
其中	人工费	元	1043.29
	材料费		2988.94
	机具使用费		926.04
重量		t	28.386
7	人工	工日	12.723
HT-210	C25（1）喷射普通混凝土，碎石 16mm	m^3	（12.240）
1010003	普通水泥 42.5 级	kg	5422.320
1240011	碎石 16mm 以内	m^3	8.935

（续）

1260022	中粗砂	m^3	6.487
3005008	萘系减水剂	kg	54.835
3005007	速凝剂（液态，低碱）	t	0.220
3310215	输气胶管 d516 层	m	3.060
8999002	其他材料费	元	17.800
8999006	水	t	4.000
9100503	轮胎式装载机≤$2m^3$	台班	0.108
9101215	电动螺杆空气压缩机≤$20m^3$/min	台班	0.714
9104016	混凝土搅拌站≤$60m^3$/h	台班	0.108
9104121	混凝土湿喷机≤$3m^3$/h	台班	1.427
9199999	其他机具使用费	元	65.376

在《铁路工程基本定额》中分别查得 $1m^3$C25 的碎石、卵石混凝土所消耗普通水泥、中粗砂、碎石的量见表 4-28。查《铁路工程材料基期价格》（TZJ 3003—2017）知，普通水泥 42.5 级为 0.33 元/kg，中粗砂为 24.25 元/m^3，碎石粒径 16mm 以内为 39.77 元/m^3，卵石粒径 16mm 以内为 29.10 元/m^3，速凝剂为 1905.48 元/t，萘系减水剂为 2.32 元/kg。

表 4-28　铁路工程每立方米喷射混凝土配合比用料表

定额编号	混凝土强度等级	粗骨料	水泥强度等级	水泥/kg	速凝剂/kg	减水剂/kg	碎（卵）石/m^3	水/m^3	中砂/m^3
HT-210	C25	碎石 16mm	42.5	443	17.73	4.48	0.73	0.23	0.53
HT-209	C25	卵石 16mm	42.5	453	18.14	4.58	0.70	0.23	0.52

换算后喷射卵石粒径 16mm 以内的 C25 混凝土 $10m^3$ 预算定额基价为

换算后预算定额基价＝原预算定额基价＋∑（应换入的材料数量×相对应的材料单价）－∑（应换出的材料数量×相对应的材料单价）＝{4958.27＋(453－443)×12.24×0.33[水泥]＋(0.01814－0.01773)×12.24×1905.48[速凝剂]＋(4.58－4.48)×12.24×2.32[减水剂]＋0.70×12.24×29.10[卵石]－0.73×12.24×39.77[碎石]＋(0.52－0.53)×12.24×24.25[中砂]}元/$10m^3$＝4902.072 元/$10m^3$

2. 乘系数换算

利用定额规定的系数来调整定额的人工、材料、机具的消耗量，即对人工费、材料费、机具使用费做相同系数的调整。例如，铁路工程预算定额针对旋挖钻钻孔定额均适用于孔深 50m 以内；若 50m<钻孔深度≤60m 时，土质地层钻孔定额中人工和机具台班消耗乘以调整系数 1.008。房屋建筑工程某省定额中规定：“垫层项目如用于基础垫层时，人工、机械乘以 1.20 系数（不含满堂基础）”。

【例 4-21】　某铁路工程桥梁施工中，桥墩基础桩径为 0.8m，桩孔深 60m。采用旋挖钻钻孔，地层为土质地层。计算该桩成孔 10m 的定额基价。

解： 查表 4-29 知，该项目适用的定额编号为 QY-85。根据定额说明，钻孔定额适用于孔深 50m 以内；若 50m<钻孔深度≤60m 时，土质地层钻孔定额中人工和机具台班消耗乘以调整系数 1.008。本工程桩孔深 60m，需要进行换算。换算后的成孔 10m 的定额基价为

换算后预算定额基价=96.60 元/10m×1.008[人工费]+182.58 元/10m[材料费]+
1490.27 元/10m×1.008[机具使用费]=1782.15 元/10m

表 4-29 陆上旋挖钻机钻孔定额项目表

工作内容：安拆泥浆循环系统并造浆，准备钻具，装、拆、移钻架及钻机，安拆钻杆及钻头；钻进、压泥浆、清理钻渣；清孔 （计量单位：10m）

电算代号	定额编号		QY-85
	项目	单位	桩径≤0.8m
			土层
基价		元	1769.45
其中	人工费		96.60
	材料费		182.58
	机具使用费		1490.27
质量		t	0.377
3	人工	工日	1.380
材料	略		
9102104	汽车起重机≤16t	台班	0.092
9105286	旋挖钻机≤280kN·m	台班	0.276
9105310	单级离心清水泵≤170m^3/h-26m	台班	0.138
9105355	离心式泥浆泵 150m^3/h-39m	台班	0.276
9105401	泥浆搅拌机≤150L	台班	0.138
19100003	履带式液压单斗挖掘机	台班	0.138
9199999	其他机具使用费	元	1.677

【例 4-22】 某砖混建筑物基础采用 3∶7 灰土垫层工程数量为，计算该工程灰土垫层定额基价。

解： 查表 4-30 定额项目表，B1-2 项是地面垫层，现在要将该垫层项目用于基础垫层，需要进行人工、机械乘系数换算。

换算后预算定额基价=222.00 元/10m^3×1.20[人工费]+
219.05 元/10m^3[材料费]+10.34 元/10m^3×1.20[机械费]=497.86 元/10m^3

表 4-30　垫层定额项目表

工程内容：垫层，拌和、铺设垫层、夯实；灰土垫层包括焖灰、筛灰、筛土；找平层，清理基层、调运砂浆、刷素水泥浆、混凝土搅拌、捣平、压实　　（计量单位：$10m^3$）

定额编号				B1-2
项目名称				垫层
				3∶7 灰土
基价（元）				451. 39
其中	人工费（元）			222. 00
	材料费（元）			219. 05
	机械费（元）			10. 34
名称		单位	单价	数量
人工	综合用工三类	工日	30. 00	7. 400
材料	灰土 3∶7	m^3	—	(10. 100)
	黏土	m^3	—	(11. 817)
	生石灰	t	85. 00	2. 505
	水	m^3	3. 03	2. 020
机械	电动夯实机 20~62N · m	台班	23. 50	0. 440

（三）预算定额的补充

当设计要求与定额条件完全不同或由于设计采用新材料、新工艺方法，在定额中无此项目，属于定额的缺项时，可自编定额。编制方法有两种：一是运用定额的编制方法编制；二是利用相近定额改编。

总之，定额换算，必须在定额规定的条件下进行。如果定额规定不允许进行换算，不得强调本部门的特点，任意进行换算。例如在定额总说明中规定，周转性的材料、模板、支撑、脚手杆、脚手板和挡土板等的数量，按其正常周转次数，已摊入定额内，不得因实际周转次数不同调整定额消耗量。又如，定额中各项目的施工机械种类、规格型号是按一般情况综合选定的，如果施工中实际采用的种类、规格与定额不一致，除定额另有说明者外，均不得换算。

第六节　概算定额与概算指标

一、概算定额

（一）概算定额的概念

概算定额是指在正常的施工生产条件下，完成一定计量单位的扩大分项工程或扩大结构构件所需消耗的人工、材料和机具台班的数量标准及其费用标准。概算定额又称扩大结构定额。

概算定额是预算定额的综合与扩大，它是按照工程部位，以结构分部为主，将预算定额中有联系的若干个分项工程项目进行综合、扩大和合并而成一个概算定额项目。例如，铁路通桥（2016）2101-I-32m 的概算定额见表 4-31，它是综合了预算定额中的多个分项工程项目。房屋建筑工程砖基础项目概算定额，就是以砖基础为主，综合了预算定额中平整场地、挖地槽、铺设垫层、砌砖基础、铺设防潮层、回填土及运土等分项工程项目而编制的。

表 4-31 铁路通桥（2016）2101-I-32m 的概算定额项目表 （计量单位：孔）

预算定额编号	定额编号		QG-1	QG-3
	项目	单位	通桥（2016）2101-I-32m	
			单线直线	双线直线
HT-5136	C55 泵送 T2，100 年；T3，60 年、30 年，碎石 20mm	m^3	108.494	209.545
1980053	预应力钢绞线	kg	120.107	240.213
2261001	群锚（QM、OVM、HVM 锚具）	孔束	-1.771	-3.542
YY-40	混凝土拌制 搅拌站生产能力<$120m^3/h$	$10m^3$	10.849	20.954
YY-71	蒸汽养护 预制混凝土梁（燃煤锅炉）	$10m^3$ 构件	10.742	20.747
QY-430	预制 T 梁 混凝土	$10m^3$	10.742	20.747
QY-431	预制 T 梁钢筋 制安	t	15.244	28.119
QY-432	预制 T 梁场内移梁 门式起重机≤2×80t	片	2.000	4.000
QY-463	梁体纵向张拉 钢绞线制安及张拉 7 根 1 束 制安	10t	0.263	0.525
QY-464	梁体纵向张拉 钢绞线制安及张拉 7 根 1 束 张拉	10 束	1.000	2.000
QY-467	梁体纵向张拉 钢绞线制安及张拉 9 根 1 束 制安	10t	0.280	0.560
QY-468	梁体纵向张拉 钢绞线制安及张拉 9 根 1 束 张拉	10 束	0.809	1.618
QY-873	防水层 TQF-II（丙）	$10m^2$	1.009	1.648

与预算定额相比，概算定额表达的主要内容、表达的主要方式及基本使用方法都与预算定额相近。不同之处在于项目划分和综合扩大程度上的差异，同时，概算定额主要用于设计概算的编制。由于概算定额综合了若干分项工程的预算定额，因此概算工程量计算和概算表的编制，都比编制施工图预算简化一些。

（二）概算定额的作用

1）概算定额是初步设计阶段编制概算、扩大初步设计阶段编制修正概算的主要依据。

2）概算定额是对设计项目进行技术经济分析比较的基础资料之一。

3）概算定额是建设工程主要材料计划编制的依据。

4）概算定额是控制施工图预算的依据。

5）概算定额是施工企业在准备施工期间编制施工组织总设计或总规划时对生产要素提出需要量计划的依据。

6）概算定额是工程结束后，进行竣工决算和评价的依据。

（三）概算定额手册的内容

按专业特点和地区特点编制的概算定额手册，内容基本上由文字说明、定额项目表和附录三个部分组成。

1. 文字说明部分

文字说明部分有总说明和分部工程说明。在总说明中，主要阐述概算定额的编制依据、使用范围、包括的内容及作用、应遵守的规则及建筑面积计算规则等。分部工程说明主要阐述本分部工程包括的综合工作内容及分部分项工程的工程量计算规则等。

2. 定额项目表

它主要包括以下内容：

（1）定额项目的划分。概算定额项目一般按以下两种方法划分：一是按工程结构划分，例如，房屋建筑工程一般是按土石方、基础、墙、梁板柱、门窗、楼地面、屋面、装饰、构筑物等工程结构划分；二是按工程部位（分部）划分，例如，房屋建筑工程一般是按基础、墙体、梁柱、楼地面、屋盖、其他工程部位等划分，如基础工程中包括了砖、石、混凝土基础等项目。

（2）定额项目表。定额项目表是概算定额手册的主要内容，由若干分节定额组成。各节定额由工程内容、定额表及附注说明组成。定额表中列有定额编号、计量单位、概算价格、人工、材料、机械台班消耗量指标，综合了预算定额的若干项目与数量。下面以房屋建筑工程概算定额为例来说明，见表 4-32。

表 4-32　现浇钢筋混凝土柱概算定额表

工程内容：模板制作、安装、拆除，钢筋制作、安装，混凝土浇捣、抹灰、刷浆

（计量单位：10m^3）

概算定额编号				4-3		4-4	
项目				矩形柱			
				周长 1.8m 以内		周长 1.8m 以外	
基价（元）				13428.76		12947.26	
其中	人工费（元）			2116.40		1728.76	
	材料费（元）			10272.03		10361.83	
	机械费（元）			1040.33		856.67	
名称		单位	单价（元）	数量	合价（元）	数量	合价（元）
合计工		工日	22.00	96.20	2116.40	78.58	1728.76
材料	中（粗）砂（天然）	t	35.81	9.494	339.98	8.817	315.74
	碎石 5~20mm	t	36.18	12.207	441.65	12.207	441.65
	石灰膏	m^3	98.89	0.221	20.75	0.155	14.55
	普通木成材	m^3	1000.00	0.302	302.00	0.187	187.00
	圆钢（钢筋）	t	3000.00	2.188	6564.00	2.407	7221.00
	组合钢模板	kg	4.00	64.416	257.66	39.848	159.39
	钢支撑（钢管）	kg	4.85	34.165	165.70	21.134	102.50
	零星卡具	kg	4.00	33.954	135.82	21.004	84.02
	铁钉	kg	5.96	3.091	18.42	1.912	11.40
	镀锌铁丝 22#	kg	8.07	8.368	67.53	9.206	74.29
	电焊条	kg	7.84	15.644	122.65	17.212	134.94
	803 涂料	kg	1.45	22.901	33.21	16.038	23.26
	水	m^3	0.99	12.700	12.57	12.300	12.21
	水泥 42.5 级	kg	0.25	664.459	166.11	517.117	129.28
	水泥 52.5 级	kg	0.30	4141.200	1242.36	4141.200	1242.36
	脚手架	元	—	—	196.00	—	90.60
	其他材料费	元	—	—	185.62	—	117.64
机械	垂直运输费	元	—	—	628.00	—	510.00
	其他机械费	元	—	—	412.33	—	346.67

（四）概算定额基价的编制

概算定额基价和预算定额基价一样，根据不同的表达方法，概算定额基价通常采用的是工料单价，用于编制设计概算。

概算定额基价和预算定额基价的编制方法类似。以概算定额基价为工料单价的情况为例，概算定额基价计算如下：

概算定额基价=人工费+材料费+机具使用费

其中：人工费=现行概算定额中人工工日消耗量×人工单价

材料费=∑(现行概算定额中材料消耗量×相应材料单价)

机具使用费=∑(现行概算定额中机械台班消耗量×相应机械台班单价)十∑(仪器仪表台班用量×仪器仪表台班单价)

二、概算指标

（一）概算指标的概念

建筑安装工程概算指标通常是以单位工程为对象，以建筑面积、体积或成套设备装置的台或组为计量单位而规定的人工、材料、机具台班的消耗量标准和造价指标。

概算指标一般是在概算定额和预算定额的基础上编制的，以更为扩大的计量单位来编制的，比概算定额更加综合扩大。概算定额以现行预算定额为基础，通过计算之后才综合确定出各种消耗量指标，而概算指标中各种消耗量指标的确定，则主要来自各种预算或结算资料。

（二）概算指标的作用

概算指标的作用主要有：

1）概算指标可以作为编制投资估算的参考。

2）概算指标是初步设计阶段编制概算书、确定工程概算造价的依据。

3）概算指标中的主要材料指标可以作为匡算主要材料用量的依据。

4）概算指标是设计单位进行设计方案比较、设计技术经济分析的依据。

5）概算指标是编制固定资产投资计划、确定投资额和主要材料计划的主要依据。

6）概算指标是建筑企业编制劳动力、材料计划、实行经济核算的依据。

（三）概算指标的分类和表现形式

1. 概算指标的分类

房屋建筑工程概算指标可分为两大类：一类是建筑工程概算指标；另一类是设备安装工程概算指标，如图4-5所示。

2. 概算指标的组成内容及表现形式

（1）概算指标的组成内容。概算指标的组成内容一般分为文字说明（总说明和分册说明）和列表形式两部分，以及必要的附录。

1）总说明和分册说明。其内容一般包括：概算指标的编制范围、编制依据、分册情况、指标包括的内容、指标未包括的内容、指标的使用方法、指标允许调整的范围及调整方法等。

2）列表形式。建筑工程列表形式：房屋建筑、构筑物的一般是以建筑面积、建筑体积、“座”“个”等为计算单位，附以必要的示意图，示意图画出建筑物的轮廓示意或单线平面图，列出综合指标（元/m^2或元/m^3），自然条件（如地耐力、地震烈度等），建筑物的类型、结构

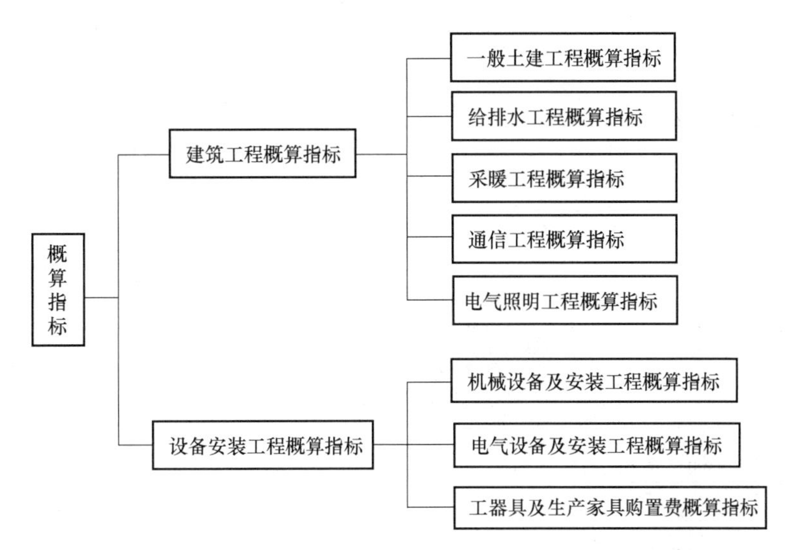

图 4-5　房屋建筑工程概算指标分类

形式及各部位中结构主要特点，主要工程量。安装工程的列表形式：设备以“t”或“台”为计算单位，也有以设备购置费或设备原价的百分比（%）表示；工艺管道一般以“t”为计算单位；通信电话站安装以“站”为计算单位。列出指标编号、项目名称、规格、综合指标（元/计算单位）之后一般还要列出其中的人工费，必要时还要列出主要材料费、辅材费。

总体来讲，建筑工程列表形式分为以下几个部分：

① 示意图。表明工程的结构、工业项目，还表示出起重机及起重能力等。

② 工程特征。对采暖工程特征应列出采暖热媒及采暖形式；对电气照明工程特征可列出建筑层数、结构类型、配线方式、灯具名称等；对房屋建筑工程特征主要对工程的结构形式、层高、层数和建筑面积进行说明，见表 4-33。

表 4-33　内浇外砌住宅结构特征

结构类型	层数	层高	檐高	建筑面积
内浇外砌	六层	2. 8m	17. 7m	$4206m^2$

③ 经济指标。说明该项目每 $100m^2$ 的造价指标及其中土建、水暖和电气照明等单位工程的相应造价，见表 4-34。

表 4-34　内浇外砌住宅经济指标　　$100m^2$ 建筑面积

项目		合计（元）	其中			
			直接费（元）	间接费（元）	利润（元）	税金（元）
单方造价		30422	21860	5576	1893	1093
其中	土建	26133	18778	4790	1626	939
	水暖	2565	1843	470	160	92
	电气照明	614	1239	316	107	62

④ 构造内容及工程量指标。说明该工程项目的构造内容和相应计算单位的工程量指标

及人工、材料消耗指标，见表4-35、表4-36。

表4-35 内浇外砌住宅构造内容及工程量指标 100m² 建筑面积

序号	构造特征		工程量	
			单位	数量
一、土建				
1	基础	灌注桩	m^3	14.64
2	外墙	二砖墙、清水墙勾缝、内墙抹灰刷白	m^3	24.32
3	内墙	混凝土墙、一砖墙、抹灰刷白	m^3	22.70
4	柱	混凝土柱	m^3	0.70
5	地面	碎砖垫层、水泥砂浆面层	m^2	13
6	楼面	120mm 预制空心板、水泥砂浆面层	m^2	65
7	门窗	木门窗	m^2	62
8	屋面	预制空心板、水泥珍珠岩保温、三毡四油卷材防水	m^2	21.7
9	脚手架	综合脚手架	m^2	100
二、水暖				
1	采暖方式	集中采暖		
2	给水性质	生活给水明设		
3	排水性质	生活排水		
4	通风方式	自然通风		
三、电气照明				
1	配电方式	塑料管暗配电线		
2	灯具种类	日光灯		
3	用电量	—		

表4-36 内浇外砌住宅人工及主要材料消耗指标 100m² 建筑面积

序号	名称及规格	单位	数量	序号	名称及数量	单位	数量
一、土建				二、水暖			
1	人工	工日	506	1	人工	工日	39
2	钢筋	t	3.25	2	钢管	t	0.18
3	型钢	t	0.13	3	暖气片	片	35
4	水泥	t	18.1	4	卫生器具	套	2.35
5	白灰	t	2.1	5	水表	个	1.84
6	沥青	t	0.29	三、电气照明			
7	红砖	千块	15.1	1	人工	工日	20
8	木材	m^3	4.1	2	电线	m	283
9	砂	m^3	41	3	钢管	t	0.04
10	砾石	m^3	30.5	4	灯具	套	8.43
11	玻璃	m^2	29.2	5	电表	个	1.84
12	卷材	m^2	80.8	6	配电箱	套	6.1
				四、机械使用费		%	7.5
				五、其他材料费		%	19.57

（2）概算指标的表现形式。概算指标在具体内容的表示方法上，分综合概算指标和单项概算指标两种形式。

① 综合概算指标。综合概算指标是指按照工业或民用建筑及其结构类型而制定的概算指标。综合概算指标的概括性较大，其准确性、针对性不如单项概算指标。

② 单项概算指标。单项概算指标是指为某种建筑物或构筑物而编制的概算指标。单项概算指标的针对性较强，故指标中对工程结构形式要做介绍。只要工程项目的结构形式及工程内容与单项概算指标中的工程概况相吻合，编制出的设计概算就比较准确。

（四）概算指标的应用

概算指标的应用比概算定额具有更大的灵活性。由于它是一种综合性很强的指标，不可能与拟建工程的建筑特征、结构特征、自然条件、施工条件完全一致。因此在选用概算指标时要十分慎重，选用的指标与设计对象在各个方面应尽量一致或接近，不一致的地方要进行换算，以提高准确性。

概算指标的应用一般有两种情况：如果设计对象的结构特征与概算指标一致时，可以直接套用；如果设计对象的结构特征与概算指标的规定局部不同时，要对指标的局部内容进行调整后再套用。

用概算指标编制工程概算，工程量的计算工作很小，也节省了大量的定额套用和工料分析工作，因此比用概算定额编制工程概算的速度要快，但是准确性差一些。

第七节　投资估算指标

一、投资估算指标的概念

投资估算指标是指以独立的建筑项目、单项工程或单位工程为对象，综合项目全过程投资和建设中的各类成本和费用的一种扩大的技术经济指标。

投资估算指标既是定额的一种表现形式，但又不同于其他的计价定额，具有较强的综合性和概括性。

二、投资估算指标的作用

工程建设投资估算指标是编制建设项目建议书、可行性研究报告等前期工作阶段投资估算的依据，也可以作为编制固定资产长远规划投资额的参考。其主要作用有：

1）在编制项目建议书阶段，投资估算指标是项目主管部门审批项目建议书的依据之一，并对项目的规划及规模起参考作用。

2）在可行性研究报告阶段，投资估算指标既是项目决策的重要依据，也是多方案比选、优化设计方案、正确编制投资估算、合理确定项目投资额的重要基础。

3）在建设项目评价及决策过程中，投资估算指标是评价建设项目投资可行性、分析投资效益的主要经济指标。

4）在项目实施阶段，投资估算指标是限额设计和工程造价确定与控制的依据。

5）投资估算指标是核算建设项目建设投资需要额和编制建设投资计划的重要依据。

6）合理准确地确定投资估算指标是进行工程造价管理改革、实现工程造价事前管理和主动控制的前提条件。

三、投资估算指标的内容

投资估算指标是确定和控制建设项目全过程各项投资支出的技术经济指标，其范围涉及建设前期、建设实施期和竣工验收交付使用期等各个阶段的费用支出，内容因行业不同而各异，一般可分为建设项目综合指标、单项工程指标和单位工程指标三个层次。

1. 建设项目综合指标

建设项目综合指标是指以建设项目为对象编制的建设项目建设投资费用的综合技术经济指标。建设项目综合指标包括按规定应列入建设项目总投资的从立项筹建开始至竣工验收交付使用的全部投资额：单项工程投资、工程建设其他费用和预备费等。

建设项目综合指标一般以项目的综合生产能力单位投资表示，如元/t、元/kW，或以使用功能表示，如医院床位：元/床。

2. 单项工程指标

单项工程指标是指以建设项目中单项工程为对象编制的单项工程建设投资费用的技术经济指标。单项工程指标包括按规定应列入能独立发挥生产能力或使用效益的单项工程内的全部投资额，包括建筑工程费，安装工程费，设备、工器具及生产家具购置费和其他费用。

单项工程指标一般以单项工程生产能力单位投资表示。例如，变配电站：元/(kV · A)；锅炉房：元/蒸汽吨；供水站：元/m^3；办公室、仓库、宿舍、住宅等房屋则区别不同结构形式以“元/m^2”表示。

3. 单位工程指标

单位工程指标是指以单项工程中主要单位工程为对象编制的单位工程建设投资费用的技术经济指标。单位工程指标包括按规定应列入能独立设计、施工的工程项目的费用，即建筑安装工程费用。

单位工程指标一般以如下方式表示：房屋可以“元/m^2”表示；道路以“元/m^2”表示；水塔可以“元/座”表示。

练习题

1. 接定额的编制程序和用途分类，工程定额分为（　　）、预算定额、（　　）、概算指标、投资估算指标等。

2. 按主编单位和管理权限分类，工程定额可以分为（　　）、行业统一定额、（　　）、（　　）、补充定额等。

3. 根据施工过程组织上的复杂程度不同，施工过程可以分解为（　　）、（　　）和综合工作过程。

4. 工人工作必须消耗的时间由（　　）、休息时间和（　　）组成。

5. 工人工作损失时间中包括（　　）、（　　）、违背劳动纪律所引起的工时损失。

6. 施工定额的时间定额是在拟定基本工作时间、（　　）、（　　）、不可避免中断时间以及休息时间的基础上制定的。

7. 某装载容量为15m^3的运输机械，每运输10km的一次循环工作中，装车、运输、卸料、空返时间分别为10min、15min、8min、12min，施工机械的时间利用系数为0.75，则该机械运输10km的台班产量定额为（ ）$10m^3$/台班。

8. 已知某挖土机挖土的一个工作循环需 2min，每循环一次挖土 $0.5m^3$，工作班的延续时间为 8h，施工机械的时间利用系数为 0.80，则其产量定额为（ ）m^3/台班。

9. 某砖基础砌筑工程，完成 $10m^3$ 砌体基本用工 15 工日，辅助用工 2.5 工日，超运距用工 1.5 工日，人工幅度差系数为 10%，则该砌筑工程预算定额中人工消耗量为（ ）工日/$10m^3$。

10. 建筑工程某材料原价为 300 元/t，运杂费及运输损耗费合计为 50 元/t，采购及保管费费率为 3%，则该材料预算单价为（ ）元/t。

思 考 题

1. 施工机械工作必须消耗的工作时间包括哪些?
2. 施工机械工作损失的工作时间包括哪些?
3. 施工定额确定材料消耗量的基本方法有哪些?
4. 简述人工日工资单价组成内容。
5. 简述建筑工程材料单价的组成。
6. 简述施工机械台班单价的组成。
7. 简述预算定额的作用。
8. 预算定额人工消耗量指标如何计算?
9. 预算定额基价为工料单价情况下，预算定额基价是如何计算的?
10. 常见的预算定额换算类型有哪些?
11. 当预算定额中的混凝土或砂浆强度等级或粗、细骨料粒径与设计要求不一致时，预算定额如何换算?
12. 什么是概算定额?
13. 简述投资估算指标的作用。

5

第五章 投资估算

第一节 投资估算概述

一、投资估算的概念

投资估算是在投资决策阶段，以方案设计或可行性研究文件为依据，按照规定的程序、方法和依据，对拟建项目所需总投资及其构成进行的预测和估计，是在研究并确定项目的建设规模、产品方案、技术方案、工艺技术、设备方案、厂址方案、工程建设方案以及项目进度计划等的基础上，依据特定的方法，估算项目从筹建、施工直至建成投产所需全部建设资金总额并测算建设期各年资金使用计划的过程。投资估算的成果文件称作投资估算书，也简称为投资估算。投资估算书是项目建议书或可行性研究报告的重要组成部分，是项目决策的重要依据之一。

二、投资估算的作用

投资估算作为论证拟建项目的重要经济文件，既是建设项目技术经济评价和投资决策的重要依据，又是该项目实施阶段投资控制的目标值。投资估算在建设工程的投资决策、造价控制、筹集资金等方面都有重要作用。

1）项目建议书阶段的投资估算，是项目主管部门审批项目建议书的依据之一，也是编制项目规划、确定建设规模的参考依据。

2）项目可行性研究阶段的投资估算，是项目投资决策的重要依据，也是研究、分析、计算项目投资经济效果的重要条件。政府投资项目的可行性研究报告被批准后，其投资估算额将作为设计任务书中下达的投资限额，即建设项目投资的最高限额，不能随意突破。

3）项目投资估算是设计阶段造价控制的依据，投资估算一经确定，即成为限额设计的依据，用于对各设计专业实行投资切块分配，作为控制和指导设计的尺度。

4）项目投资估算可作为项目资金筹措及制订建设贷款计划的依据，建设单位可根据批准的项目投资估算额，进行资金筹措和向银行申请贷款。

5）项目投资估算是核算建设项目固定资产投资需要额和编制固定资产投资计划的重要依据。

6）投资估算是建设工程设计招标、优选设计单位和设计方案的重要依据。在工程设计招标阶段，投标单位报送的投标书中包括项目设计方案、项目的投资估算和经济性分析，招标单位根据投资估算对各项设计方案的经济合理性进行分析、衡量、比较，在此基础上，择优确定设计单位和设计方案。

三、投资估算的阶段划分与精度要求

投资估算贯穿于建设项目投资决策全过程，国内外投资估算阶段划分与误差要求稍有差异，见表 5-1。

表 5-1　国内外投资估算阶段划分与误差要求

序号	国外		国内	
	阶段名称	误差（%）	阶段名称	误差（%）
1	项目投资设想阶段（毛估阶段、比照估算）	>30	项目规划阶段和建议书阶段	<30
2	项目投资机会研究阶段（粗估阶段、因素估算）	<30	项目预可行性研究阶段	<20
3	项目初步可行性研究阶段（初步估算阶段、认可估算）	<20	可行性研究阶段	<10
4	项目详细可行性研究阶段（确定估算、控制估算）	<10		
5	工程设计阶段（详细估算、投标估算）	<5		

（一）国外项目投资估算的阶段划分及精度要求

在英国、美国等国家，对一个建设项目从开发设想直至施工图设计期间各阶段项目投资的预计额均称为估算。英国、美国等国家把建设项目的投资估算分为以下五个阶段：

（1）项目投资设想阶段的投资估算。这一阶段称为毛估阶段，或称为比照估算。它是根据假想条件比照同类已投产项目的投资额，并考虑涨价因素编制项目所需投资额。这一阶段投资估算的意义是判断一个项目是否需要进行下一步工作。此阶段对投资估算精度的要求较低，允许误差大于±30%。

（2）项目投资机会研究阶段的投资估算。这一阶段称为粗估阶段，或称为因素估算。它是根据主要生产设备的生产能力及项目建设的地理位置等条件，套用相近规模企业的单位生产能力建设费用来估算。对投资估算精度的要求为误差控制在±30%以内。

（3）项目初步可行性研究阶段的投资估算。这一阶段称为初步估算阶段，或称为认可估算。此时已具有设备规格表、主要设备的生产能力和尺寸、项目的总平面布置、各建筑物的大致尺寸、公用设施的初步位置等条件。此时期的投资估算额，可据以决定拟建项目是否可行，或据以列入投资计划。对投资估算精度的要求为误差控制在±20%以内。

（4）项目详细可行性研究阶段的投资估算。这一阶段称为确定估算，或称为控制估算。它是根据项目清楚的细节，尚不完备的工程图和技术说明，确定项目所需的投资额。可根据此时期的投资估算额进行筹款。对投资估算精度的要求为误差控制在±10%以内。

（5）工程设计阶段的投资估算。这一阶段称为详细估算，或称为投标估算。它是根据工程的全部设计图、详细的技术说明等资料，可据此投资估算控制项目的实际建设。对投资估算精度的要求为误差控制在±5%以内。

（二）我国项目投资估算的阶段划分与精度要求

我国项目投资估算的阶段划分与精度要求如下：

（1）建设项目规划和项目建议书阶段的投资估算。在项目规划和项目建议书阶段，按项目建议书中的产品方案、项目建设规模、主要生产工艺、车间组成、初选建厂地点等，估算建设项目所需投资额。此阶段项目投资估算是审批项目建议书的依据，是判断项目是否需要进入下一阶段工作的依据。对投资估算精度的要求为误差控制在±30%以内。

（2）预可行性研究阶段的投资估算。预可行性研究阶段，在掌握更详细、更深入资料的条件下，估算建设项目所需投资额。此阶段项目投资估算是初步明确项目方案，为项目进行技术经济论证提供依据，同时是判断是否进行可行性研究的依据。对投资估算精度的要求为误差控制在±20%以内。

（3）可行性研究阶段的投资估算。可行性研究阶段的投资估算尤为重要，是对项目进行较详细的技术经济分析，决定项目是否可行，并比选出最佳投资方案的依据。此阶段的投资估算经审查批准后，即是工程设计任务书中规定的项目投资限额，对工程设计概算起控制作用。对投资估算精度的要求为误差控制在±10%以内。

四、投资估算的编制依据

建设项目投资估算编制依据是指在编制投资估算时所遵循的计量规则、市场价格、费用标准及工程计价有关参数、率值等基础资料，主要有以下几个方面：

1）国家、行业和地方政府的有关法律、法规或规定；政府有关部门、金融机构等发布的价格指数、利率、汇率、税率等有关参数。

2）行业部门、项目所在地工程造价管理机构或行业协会等编制的投资估算指标、概算指标（定额）、工程建设其他费用定额（规定）、综合单价、各类工程造价指标、指数和有关造价文件等。

3）类似工程的各种技术经济指标和参数。

4）工程所在地同期的人工、材料、机具市场价格，建筑、工艺及附属设备的市场价格和有关费用。

5）与建设项目有关的工程地质资料、设计文件、图纸或有关设计专业提供的主要工程量和主要设备清单等。

6）委托单位提供的其他技术经济资料。

第二节　投资估算的编制

一、投资估算的编制步骤

根据投资估算的不同阶段，主要包括项目建议书阶段及可行性研究阶段的投资估算。

可行性研究阶段的投资估算的编制一般包含静态投资部分、动态投资部分与流动资金估算三部分，主要包括以下步骤：

1）分别估算各单项工程所需建筑工程费、设备及工器具购置费、安装工程费，在汇总各单项工程费用的基础上，估算工程建设其他费用和基本预备费，完成工程项目静态投资部分的估算。

2）在静态投资部分的基础上，估算价差预备费和建设期利息，完成工程项目动态投资部分的估算。

3）估算流动资金。

4）估算建设项目总投资。

投资估算编制流程如图 5-1 所示。

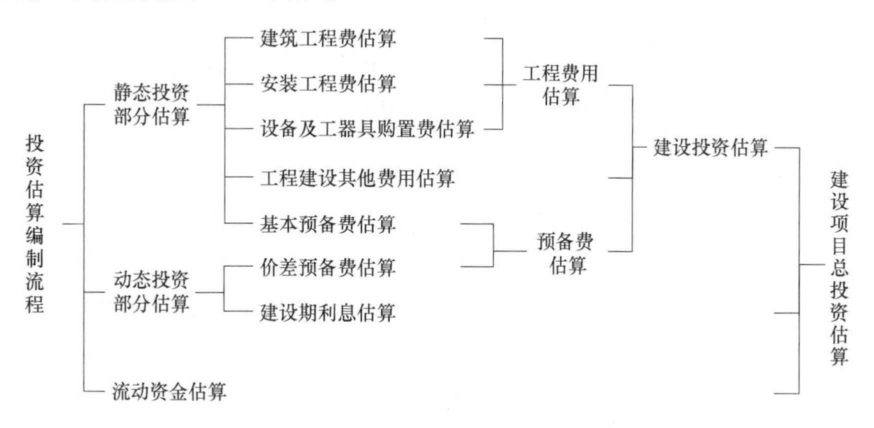

图 5-1　投资估算编制流程

二、静态投资部分估算

静态投资部分估算的方法很多，各有其适用的条件和范围，而且误差程度也不相同。一般情况下，应根据项目的性质、占有的技术经济资料和数据的具体情况，选用适宜的估算方法。在项目建议书阶段，投资估算的精度较低，可采取简单的匡算法，如生产能力指数法、系数估算法、比例估算法或混合法等，在条件允许时，也可采用指标估算法；在可行性研究阶段，投资估算精度要求高，需采用相对详细的投资估算方法，如指标估算法等。

1. 项目建议书阶段投资估算方法

（1）生产能力指数法。这种方法是根据已建成的、性质类似的建设项目或生产装置的生产能力和投资额以及拟建项目或生产装置的生产能力进行估算拟建项目的投资额。

其计算公式如下：

$$C_2=C_1\left(\frac{Q_2}{Q_1}\right)^n f$$

式中　C_1——已建类似项目或装置的投资额；

C_2——拟建项目或装置的投资额；

Q_1——已建类似项目或装置的生产能力；

Q_2——拟建项目或装置的生产能力；

f——不同建设时期、不同建设地点而产生的定额水平、设备购置和建筑安装材料价格、费用变更和调整等综合调整系数；

n——生产能力指数，$0 \leqslant n \leqslant 1$。

若已建类似项目或装置的规模和拟建项目或装置的规模相差不大，生产规模比值为 0.5~2，则指数 n 的取值近似为 1。若已建类似项目或装置的规模和拟建项目或装置的规模相差不大于 50 倍，且拟建项目规模的扩大仅靠增大设备规模来达到时，则 n 取值在 0.6~0.7 之间；若是靠增加相同规格设备的数量达到时，n 的取值为 0.8~0.9。

生产能力指数法主要适用于项目建议书阶段，设计深度不足，拟建项目与类似项目规模不同，设计定型并系列化，行业相关指数和系数等基础资料完备的情况。采用这种方法，计算简便、速度快；但要求类似工程的资料可靠，条件基本相同，否则误差会增大。

【例 5-1】 已知建设年产 30 万 t 乙烯装置的投资额为 60000 万元，试用生产能力指数法估算建设年产 70 万 t 乙烯装置的投资额。生产能力指数 $n=0.6$，$f=1.2$。

解：

$$C_2=C_1\left(\frac{Q_2}{Q_1}\right)^n f=60000\text{ 万元}\times\left(\frac{70}{30}\right)^{0.6}\times 1.2=119706.73\text{ 万元}$$

【例 5-2】 若将例 5-1 设计中的化工生产系统的生产能力提高 2 倍，投资额应增加多少？$n=0.6$，$f=1$。

解：

$$\frac{C_2}{C_1}=\left(\frac{Q_2}{Q_1}\right)^n=\left(\frac{3}{1}\right)^{0.6}=1.9$$

计算结果表明：生产能力提高 2 倍，投资额需增加 90%。

（2）系数估算法。系数估算法是以已知的拟建项目的主体工程费或主要设备购置费为基数，以其他辅助或配套工程费占主体工程费或主要设备购置费的百分比为系数，估算拟建项目相关投资额。该方法主要应用于设计深度不足，拟建项目与类似项目的主体工程费或主要设备购置费比例较大，行业内相关系数等基础资料完备的情况。系数估算法种类很多，下面介绍主要的几种类型：

1）设备系数法。这种方法以拟建项目的设备费为基数，根据已建成的同类项目的建筑安装工程费和其他费用等占设备价值的百分比，求出相应的建筑安装工程费用及其他工程费用，其总和即为拟建项目投资额。

其计算公式如下：

$$C=E(1+f_1P_1+f_2P_2+f_3P_3+\cdots)+I$$

式中 C——拟建项目的投资额；

E——拟建项目设备购置费［根据拟建项目的设备清单按当时、当地价格计算的设备购置费（含运杂费）的总和］；

P_1，P_2，P_3，…——已建项目中建筑、安装及其他工程费等占设备购置费的百分比；

f_1，f_2，f_3，…——由于时间因素引起上述各费用在定额、价格、费用标准等方面变化的综合调整系数；

I——拟建项目的其他费用。

2）主体专业系数法。这种方法以拟建项目中的最主要、投资比例较大并与生产能力直接相关的工艺设备投资（包括运杂费及安装费）为基数，根据已建同类项目的有关统计资料，计算出拟建项目的各专业工程（总图、土建、采暖、给排水、管道、电气及电信、自控及其他费用）占工艺设备投资的百分比，据以求出各专业的投资，然后把各部分投资费用（包括工艺设备费）相加求和，再加上拟建项目其他费用，即为拟建项目的总投资。

其计算公式如下：

$$C=E'(1+f_1P'_1+f_2P'_2+f_3P'_3+\cdots)+I$$

式中 C——拟建项目的投资额；

E'——拟建项目中的最主要、投资比例较大并与生产规模直接相关的工艺设备的投资（包括运杂费及安装费）；

P'_1，P'_2，P'_3，…——已建同类型项目中各专业工程费用占工艺设备费用的百分比；

其他符号同前。

【例 5-3】 已知年产 1250 万 t 的某工业产品项目，设备投资额为 2050 万元，其他附属项目投资（包括直接费、间接费、税金）占设备投资比例及拟建项目的综合调整系数见表 5-2。若拟建 2000t 同类产品的项目，与工程项目建设有关的其他费用占项目总投资的 25%。求拟建项目总投资（设备投资按生产能力指数法估算，$n=0.6$）。

表 5-2 其他附属项目投资占设备投资比例及拟建项目的综合调整系数

序号	工程名称	占设备投资比例（%）	综合调整系数
一	生产项目		
1	土建工程	36.3	1.10
2	设备安装工程	12.1	1.20
3	工艺管道工程	4.84	1.05
4	给排水工程	9.68	1.10
5	暖通工程	10.89	1.10
6	电气照明工程	12.1	1.10
7	自动化仪表	10.89	1.00
8	设备购置投资	100	1.20
二	附属工程	24.2	1.10
三	总体工程	12.1	1.30

解：

$$\text{设备投资额 } E=2050\text{ 万元}\times\left(\frac{2000}{1250}\right)^{0.6}\times1.2=3261.42\text{ 万元}$$

因 $I=25\%\cdot C$，根据主体专业系数法计算公式，可得

$$C=E\frac{1+\sum f_iP_i}{1-25\%}$$

估算项目总投资：

$$C=\frac{\begin{array}{c}3261.42\text{ 万元}\times[1+(36.3\%+9.68\%+10.89\%+12.1\%+24.2\%)\times1.10+12.1\%\times\\1.20+4.84\%\times1.05+10.89\%\times1.00+12.1\%\times1.30]\end{array}}{1-0.25}$$

$$=\frac{3261.42\text{ 万元}\times2.487}{0.75}=\frac{8111.15\text{ 万元}}{0.75}=10814.87\text{ 万元}$$

3）朗格系数法。这种方法以设备购置费为基数，乘以适当系数来推算项目的建设费用。其计算公式如下：

$$C=E(1+\sum K_i)K_c$$

式中 C——总建设费用；

E——设备费；

K_i——管线、仪表、建筑物等项费用的估算系数；

K_c——包括管理费、合同费、应急费等间接费在内的总估算系数。

总建设费用与设备购置费之比为朗格系数 K_L，即

$$K_L=(1+\sum K_i)K_c$$

此法比较简单，但没有考虑设备规格及材质的差异、不同地区自然条件和经济条件的差异等，所以精度不高，估算误差为10%~15%。

【例5-4】 在某地建设一座年产30万套汽车轮胎的工厂，已知该厂预计的设备费为2204万美元，根据表5-3所给出的计算内容及方法，求出朗格系数，并估算该工厂的投资。

表5-3 某工厂的投资计算内容及方法

项目	估算系数
设备费（E）	—
设备基础、绝热、油漆及设备安装工程费	0.43
配管工程费	0.14
电气、仪表、建筑工程费	0.79
包括管理费等间接费在内的总费用	1.31

解：

$$设备费\ E=2204\ 万美元$$

朗格系数为

$$K_L=(1+0.43+0.14+0.79)\times1.31=3.09$$

该工厂的投资为

$$C=2204\ 万美元\times3.09=6810.36\ 万美元$$

（3）比例估算法。比例估算法根据已知的同类建设项目主要设备购置费占整个建设项目的投资比例，先逐项估算出拟建项目主要设备购置费，再按照比例估算拟建项目投资额。该方法主要应用于项目建议书阶段，设计深度不足，拟建项目与类似项目的主要生产工艺设备投资比例较大，行业内相关系数等基础资料完备的情况。其计算公式如下：

$$C=\frac{1}{K}\sum_{i=1}^{n}Q_iP_i$$

式中 C——拟建项目投资额；

K——主要设备购置费占拟建项目投资的比例；

n——主要设备种类数；

Q_i——第 i 种主要设备的数量；

P_i——第 i 种主要设备的购置单价（到厂价格）。

2. 可行性研究阶段投资估算方法

指标估算法是投资估算的主要方法，为了保证编制精度，可行性研究阶段建设项目投资估算原则上应采用指标估算法。指标估算法是指依据投资估算指标，对各单位工程或单项工程费用进行估算，进而估算建设项目总投资的方法。首先，把拟建建设项目以单项工程或单位工程为单位，按建设内容纵向划分为各个主要生产系统、辅助生产系统、公用工程、服务性工程、生活福利设施，以及各项其他工程费用；同时，按费用性质横向划分为建筑工程、设备及工器具购置、安装工程等。其次，根据各种具体的投资估算指标，进行各单位工程或单项工程投资的估算，在此基础上汇集编制成拟建项目的各个单项工程费用和拟建项目的工程费用投资估算。最后，再按相关规定估算工程建设其他费用、基本预备费等，形成拟建项目静态投资。

在条件具备时，对于对投资有重大影响的主体工程应估算出分部分项工程量，套用相关综合定额（概算指标）或概算定额进行编制。对于子项单一的大型民用公共建筑，主要单项工程估算应细化到单位工程估算书。

可行性研究阶段投资估算均应满足项目的可行性研究与评估需要，并最终满足国家和地方相关部门批复或备案的要求。预可行性研究阶段、方案设计阶段项目建设投资估算视设计深度，宜参照可行性研究阶段的编制办法进行。当采用指标估算法时，可行性研究阶段投资估算的具体编制方法是：

（1）建筑工程费估算。建筑工程费是指为建造永久性建筑物和构筑物所需要的费用。主要采用单位实物工程量投资估算法估算建筑工程费。单位实物工程量投资估算法是指以单位实物工程量的建筑工程费乘以实物工程总量来估算建筑工程费的方法。当无适当估算指标或类似工程造价资料时，可采用计算主体实物工程量套用相关综合定额或概算定额进行估算，但通常需要较为详细的工程资料，工作量较大。实际工作中可根据具体条件和要求选用。建筑工程费估算通常应根据不同的专业工程选择不同的实物工程量计算方法。

1）工业与民用建筑物以“m^2”或“m^3”为单位，套用规模相当、结构形式和建筑标准相适应的投资估算指标或类似工程造价资料进行估算；构筑物以“延长米”“m^2”“m^3”或“座”为单位，套用技术标准、结构形式相适应的投资估算指标或类似工程造价资料进行估算。

2）公路、铁路、桥梁、隧道、涵洞设施等，分别以“km”（铁路、公路）、“$100m^2$ 桥面（桥梁）”“$100m^2$ 断面（隧道）”“道（涵洞）”为单位，套用技术标准、结构形式、施工方法相适应的投资估算指标或类似工程造价资料进行估算。

（2）设备及工器具购置费估算。设备购置费根据项目主要设备表及价格、费用资料编制，工器具购置费按设备费的一定比例计取。对于价值高的设备应按单台（套）估算购置费，价值较小的设备可按类估算，国内设备和进口设备应分别估算。具体估算方法见本书第二章第二节。

（3）安装工程费估算。安装工程费包括安装主材费和安装费。其中，安装主材费可以根据行业和地方相关部门定期发布的价格信息或市场询价进行估算；安装费根据设备专业属性，可按以下方法估算：

1）工艺设备安装费估算，以单项工程为单元，根据单项工程的专业特点和各种具体的投资估算指标，采用按设备费百分比估算指标进行估算；或根据单项工程设备总重，采用以“t”为单位的综合单价指标进行估算，即

安装工程费=设备原价×设备安装费费率

安装工程费=设备吨重×单位质量安装费指标

2）工艺非标准件、金属结构和管道安装费估算，以单项工程为单元，根据设计选用的材质、规格，以“t”为单位，套用技术标准、材质和规格、施工方法相适应的投资估算指标或类似工程造价资料进行估算，即

安装工程费=质量总量×单位质量安装费指标

3）工业炉窑砌筑和保温工程安装费估算，以单项工程为单元，以“t”“m^3”或“时”为单位，套用技术标准、材质和规格、施工方法相适应的投资估算指标或类似工程造价资料进行估算，即

安装工程费=质量(体积、面积)总量×单位质量(“m^3”“m^2”)安装费指标

4）电气设备及自控仪表安装费估算，以单项工程为单元，根据该专业设计的具体内容，采用相适应的投资估算指标或类似工程造价资料进行估算，或根据设备台套数、变配电容量、装机容量、桥架质量、电缆长度等工程量，采用相应综合单价指标进行估算，即

安装工程费=设备工程量×单位工程量安装费指标

（4）工程建设其他费用估算。工程建设其他费用的估算应结合拟建项目的具体情况，有合同或协议明确的费用按合同或协议列入；无合同或协议明确的费用，根据国家和各行业部门、工程所在地地方政府的有关工程建设其他费用定额（规定）和计算办法估算，没有定额或计算办法的，参照市场价格标准计算。

（5）基本预备费估算。基本预备费的估算一般是以建设项目的工程费用和工程建设其他费用之和为基础，乘以基本预备费费率进行计算。基本预备费费率的大小，应根据建设项目的设计阶段和具体的设计深度，以及在估算中所采用的各项估算指标与设计内容的贴近度、项目所属行业主管部门的具体规定确定。

基本预备费=(工程费用+工程建设其他费用)×基本预备费费率

（6）指标估算法的注意事项。

1）影响投资估算精度的因素主要包括价格变化、现场施工条件、项目特征的变化等。因而，在应用指标估算法时，应根据不同地区、建设年代、条件等进行调整。因为地区、年代不同，人工、材料与设备的价格均有差异，调整方法可以以人工、主要材料消耗量或工程量为计算依据，也可以按不同的工程项目的“万元工料消耗定额”确定不同的系数。在有关部门颁布定额或人工、材料价差系数（物价指数）以及其他各类工程造价指数时，可以据其调整。

2）使用指标估算法进行投资估算绝不能生搬硬套，必须对工艺流程、定额、价格及费用标准进行分析，经过实事求是的调整与换算后，才能提高其精确度。

三、动态投资部分估算

动态投资部分包括价差预备费和建设期利息两部分。动态投资部分的估算应以基准年静

态投资的资金使用计划为基础来计算，而不是以编制年的静态投资为基础计算。

1. 价差预备费

价差预备费计算可详见第二章第五节。

2. 建设期利息

建设期利息包括银行借款和其他债务资金的利息，以及其他融资费用。其他融资费用是指某些债务融资中发生的手续费、承诺费、管理费、信贷保险费等融资费用，一般情况下应将其单独计算并计入建设期利息；在项目前期研究的初期阶段，也可做粗略估算并计入建设投资；对于不涉及国外贷款的项目，在可行性研究阶段，也可做粗略估算并计入建设投资。建设期利息的计算可详见第二章第五节。

四、流动资金估算

流动资金估算一般可采用扩大指标估算法和分项详细估算法。

1. 扩大指标估算法

扩大指标估算法是按流动资金占某种基数的比率来估算流动资金。一般常用基数有销售收入、经营成本、总成本费用和固定资产投资等，依行业习惯确定采用基数。所采用比率根据经验确定，或根据同类企业的实际资料确定，或依行业、部门给定的参考值确定。该法简便易行，但准确度不高，适用于项目建议书阶段的流动资金估算。

（1）年产值（销售收入）资金率估算法。

$$流动资金=年产值（年销售收入额）\times年产值（销售收入）资金率$$

【例 5-5】 某项目投产后的年产值为 2 亿元，同类企业的百元产值流动资金占用额为 18 元，试求该项目流动资金估算额。

解：

$$流动资金估算额=20000万元\times18\div100=3600万元$$

（2）年经营成本（年总成本）资金率估算法。

$$流动资金=年经营成本（年总成本）\times年经营成本资金率（总成本资金率）$$

（3）固定资产投资资金率估算法。

$$流动资金=固定资产投资\times固定资产投资资金率$$

（4）单位产量资金率估算法

$$流动资金=年生产能力\times单位产量资金率$$

2. 分项详细估算法（分项定额估算法）

分项详细估算法是根据周转额与周转速度之间的关系，对构成流动资金的各项流动资产和流动负债分别进行估算。其计算公式如下：

$$流动资金=流动资产-流动负债$$

$$流动资产=应收账款+预付账款+存货+现金$$

$$流动负债=应付账款+预收账款$$

$$流动资金本年增加额=本年流动资金-上年流动资金$$

流动资金估算的具体步骤是首先确定各分项最低周转天数，计算出周转次数，然后进行分项计算。

（1）周转次数的计算。

$$周转次数=\frac{360天}{最低周转天数}$$

各类流动资产和流动负债的最低周转天数参照同类企业的平均周转天数并结合项目特点进行确定，或按部门（行业）规定，在确定最低周转天数时应考虑储存天数、在途天数，并考虑适当保险系数。

（2）流动资产的估算。

1）存货的估算。存货是指企业在日常生产经营过程中持有以备出售，或者仍然处在生产过程，或者在生产或提供劳务过程中将消耗的材料或物料等，包括各类材料、商品、在产品、半成品和产成品等。为简化计算，项目评价中仅考虑外购原材料、燃料、其他材料、在产品和产成品，并分项进行计算。其计算公式如下：

$$存货=外购原材料、燃料+其他材料+在产品+产成品$$

$$外购原材料、燃料=\frac{年外购原材料、燃料费用}{分项周转次数}$$

$$其他材料=\frac{年其他材料费用}{其他材料周转次数}$$

$$在产品=\frac{(年外购原材料、燃料动力费用+年工资及福利费+年修理费+年其他制造费用)}{在产品周转次数}$$

$$产成品=\frac{(年经营成本-年营业费用)}{产成品周转次数}$$

其他制造费用是指由制造费用中扣除生产单位管理人员工资及福利费、折旧费、修理费后的其余部分。

2）应收账款估算。应收账款是指企业对外销售商品、提供劳务尚未收回的资金，其计算公式如下：

$$应收账款=\frac{年经营成本}{应收账款周转次数}$$

3）预付账款估算。预付账款是指企业为购买各类材料、半成品或服务所预先支付的款项，其计算公式如下：

$$预付账款=\frac{外购商品或服务年费用金额}{预付账款周转次数}$$

4）现金需要量估算。项目流动资金中的现金是指为维持正常生产运营必须预留的货币资金，其计算公式如下：

$$现金=\frac{年工资及福利费+年其他费用}{现金周转次数}$$

年其他费用=制造费用+管理费用+营业费用-（以上三项费用中所含的工资及福利费、折旧费、摊销费、修理费）

（3）流动负债估算。流动负债是指将在1年（含1年）或者超过1年的一个营业周期内偿还的债务，包括短期借款、应付票据、应付账款、预收账款、应付工资、应付福利费、应付股利、应交税费、其他暂收应付款项、预提费用和一年内到期的长期借款等。在项目评价中，流动负债的估算可以只考虑应付账款和预收账款两项。计算公式如下：

$$应付账款=\frac{外购原材料、燃料动力及其他材料年费用}{应付账款周转次数}$$

$$预收账款=\frac{预收的营业收入年金额}{预收账款周转次数}$$

【例5-6】　某建设项目预计投产后定员800人，每人每年工资和福利费为9000元。每年的其他费用为540万元（其中其他制造费用为400万元）。年外购原材料、燃料动力费为6480万元。年修理费为680万元。年经营成本为8400万元。各项流动资金的最低周转天数分别为：应收账款30天，现金40天，应付账款30天，存货40天。试用分项详细估算法估算建设项目的流动资金。

解：（1）应收账款。

应收账款=8400万元÷(360÷30)=700万元

（2）存货。

外购原材料、燃料=6480万元÷(360÷40)=720万元

在产品=(6480+800×0.9+680+400)万元÷(360÷40)=920万元

产成品=8400万元÷(360÷40)=933.33万元

存货=720万元+920万元+933.33万元=2573.33万元

（3）现金。

现金=(800×0.9+540)万元÷(360÷40)=140万元

（4）应付账款。

应付账款=6480万元÷(360÷30)=540万元

（5）流动资产。

流动资产=700万元+2573.33万元+140万元=3413.33万元

（6）流动负债。

流动负债=540万元

（7）流动资金估算额。

流动资金估算额=3413.33万元−540万元=2873.33万元

3. 流动资金估算应注意的问题

1）最低周转天数取值对流动资金估算的准确程度有较大影响。

2）当投入物和产出物采用不含税价格时，估算中应注意将销项税额和进项税额分别包括在相应的年费用金额中。

3）流动资金一般应在项目投产前开始筹措。为简化计算，流动资金可在投产第一年开始安排，并随生产运营计划的不同而有所不同，因此流动资金估算应根据不同的生产运营计划分年进行。

4）用分项详细估算法计算流动资金，需以经营成本及其中的某些科目为基数，因此流动资金估算，应在经营成本估算后进行。

思 考 题

1. 什么是投资估算？
2. 简述投资估算的作用。
3. 投资估算的编制依据主要有哪些？
4. 简述投资估算的编制步骤。
5. 简述项目决策阶段，静态投资部分估算的方法主要有哪些？

第六章

设计概算

第一节　设计概算概述

根据国家有关文件的规定，一般工业项目设计可按初步设计和施工图设计两个阶段进行，称为“两阶段设计”；对于技术上复杂、在设计时有一定难度的工程，根据项目相关管理部门的意见和要求，可以按初步设计、技术设计和施工图设计三个阶段进行，称为“三阶段设计”。小型工程建设项目，技术上较简单的，经项目相关管理部门同意可以简化为施工图设计一阶段进行。采用两阶段设计的建设项目，初步设计阶段必须编制设计概算；采用三阶段设计的，技术设计阶段必须编制修正概算。

一、设计概算的概念

设计概算是指在投资估算的控制下根据初步设计（扩大初步设计）的图纸及说明，利用国家、行业或地区颁发的概算指标、概算定额、综合指标、各项费用定额或取费标准（指标），以及各类工程造价指标指数或其他价格信息和建设地区自然、技术经济条件和设备、材料预算价格等资料，按照设计要求，对建设项目从筹建至竣工交付使用所需全部费用进行的预计。设计概算的成果文件称作设计概算书，也简称设计概算。

设计概算的编制内容包括静态投资和动态投资两个层次。静态投资作为评价和选择设计方案的依据；动态投资作为项目筹措、供应和控制资金使用的限额。

二、设计概算的作用

设计概算是工程造价在初步设计阶段的表现形式，用于衡量建设投资是否超过估算并控制下一阶段费用支出。具体表现为：

（1）设计概算是编制固定资产投资计划、确定和控制建设项目投资的依据。按照国家有关规定，政府投资项目编制年度固定资产投资计划，确定计划投资总额及其构成数额，要以批准的初步设计概算为依据；没有批准的初步设计文件及其概算，建设工程不能列入年度固定资产投资计划。另外，政府投资项目设计概算一经批准，将作为控制建设项目投资的最高限额。施工图设计及其预算、竣工决算等，未经规定程序批准，都不能突破这一限额，确保对国家固定资产投资计划的严格执行和有效控制。

（2）设计概算是控制施工图设计和施工图预算的依据。经批准的设计概算是政府投资建设工程项目的最高投资限额。设计单位必须按批准的初步设计和总概算进行施工图设计，施工图预算不得突破设计概算，设计概算批准后不得任意修改和调整；如需修改或调整时，须经原批准部门重新审批。竣工结算不能突破施工图预算，施工图预算不能突破设计概算。

（3）设计概算是衡量设计方案技术经济合理性和选择最佳设计方案的依据。设计部门在初步设计阶段要选择最佳设计方案，设计概算是从经济角度衡量设计方案经济合理性的重要依据。因此，设计概算是衡量设计方案技术经济合理性和选择最佳设计方案的依据。

（4）设计概算是编制最高投标限价的依据。以设计概算进行招标投标的工程，招标单位以设计概算作为编制最高投标限价的依据。

（5）设计概算是签订建设工程合同和贷款合同的依据。建设工程合同价款是以设计概算价、预算价为依据，且总承包合同不得超过设计总概算的投资额。银行贷款或各单项工程的拨款累计总额不能超过设计概算。如果项目投资计划所列支投资额与贷款突破设计概算时，必须查明原因，之后由建设单位报请上级主管部门调整或追加设计概算总投资。凡未获批准之前，银行对其超支部分不予拨付。

（6）设计概算是考核建设项目投资效果的依据。通过设计概算与竣工决算对比，可以分析和考核建设工程项目投资效果的好坏，同时还可以验证设计概算的准确性，有利于加强设计概算管理和建设项目的造价管理工作。

第二节　设计概算的编制

一、设计概算的编制依据

1）国家、行业和地方有关规定。

2）概算定额（或指标）、费用定额、工程造价指标。

3）工程勘察与设计文件。

4）拟定或常规的施工组织设计和施工方案。

5）建设项目资金筹措方案。

6）工程所在地编制同期的人工、材料、机具台班市场价格信息，以及设备供应方式及供应价格信息。

7）建设项目的技术复杂程度，新技术、新材料、新工艺以及专利使用情况等。

8）建设项目批准的相关文件、合同、协议等。

9）政府有关部门、金融机构等发布的价格指数、利率、汇率、税率及工程建设其他费用，以及各类工程造价指数等。

10）委托单位提供的其他技术经济资料。

二、设计概算的内容

设计概算文件的编制应采用单位工程概算、单项工程综合概算、建设项目总概算（铁路工程设计概算三级概算名称为单项预算、综合预算、总预算）三个层次编制，即三级概算编制形式。当建设项目为一个单项工程时，可采用单位工程概算、总概算两级概算编制形式。编制设计概算时，由单位工程概算开始，汇总单位工程概算得出单项工程综合概算，最后形成建设项目总概算。总概算反映了建设项目从筹建到竣工交付使用所需的全部建设费用。

政府投资项目建设投资原则上不得超过经核定的投资概算。因国家政策调整、价格上涨、地质条件发生重大变化等原因确需增加投资概算的，项目单位应当提出调整方案及资金来源，按照规定的程序报原初步设计审批部门或者投资概算核定部门核定。

三级概算之间的相互关系和费用构成，如图 6-1 所示。

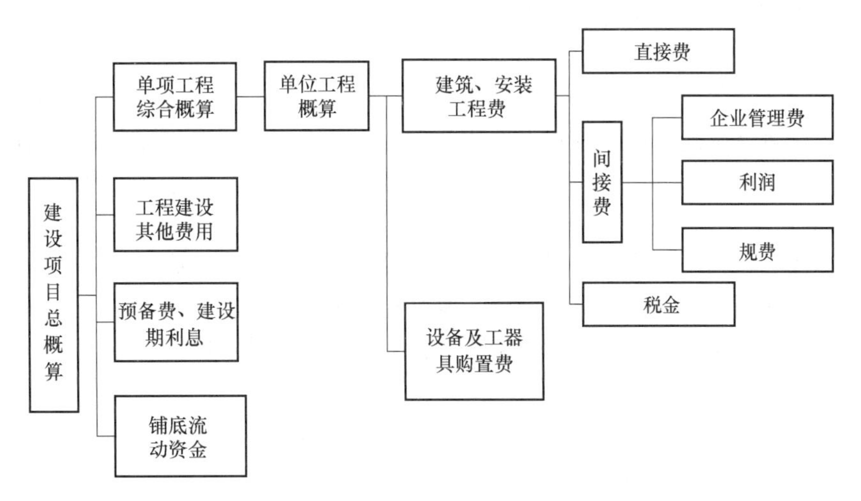

图 6-1　建设项目总概算的组成内容

（1）单位工程概算。单位工程是指具有独立的设计文件，能够独立组织施工，但不能独立发挥生产能力或使用功能的工程项目，是单项工程的组成部分。单位工程概算是以初步设计文件为依据，按照规定的程序、方法和依据，计算单位工程费用的成果文件，是编制单项工程综合概算（或项目总概算）的依据，是单项工程综合概算的组成部分。单位工程概算按其工程性质可分为建筑工程概算和设备及安装工程概算两大类。房屋建筑工程单位工程概算包括一般土建工程概算，给排水、采暖工程概算，通风、空调工程概算，电气、照明工程概算，弱电工程概算，特殊构筑物工程概算等；铁路工程单位工程概算包括路基工程、桥涵工程、隧道工程、轨道工程、通信工程、信号工程、信息工程、电力及电力牵引供电工程、房屋工程、其他运营生产设备及建筑物（给排水工程、机务工程、车辆工程、动车工程、站场工程）、大型临时设施和过渡工程等概算。

设备及安装工程概算包括机械设备及安装工程概算，电气设备及安装工程概算，热力设备及安装工程概算，工具、器具及生产家具购置费概算等。

（2）单项工程综合概算。单项工程是指在一个建设项目中，具有独立的设计文件，建成后能够独立发挥生产能力或使用功能的工程项目。单项工程是建设项目的组成部分，如房屋建筑工程中的生产车间、办公楼、食堂、图书馆、学生宿舍、住宅楼、配水厂等；铁路工程中的一个大中型桥梁、隧道等。单项工程综合概算是以初步设计文件为依据，在单位工程概算的基础上汇总单项工程费用的成果文件，由单项工程中的各单位工程概算汇总编制而成，是建设项目总概算的组成部分。

（3）建设项目总概算。建设项目总概算是以初步设计文件为依据，在单项工程综合概算的基础上计算建设项目概算总投资的成果文件，是由各单项工程综合概算、工程建设其他费用、预备费、建设期利息和铺底流动资金概算汇总编制而成的，如图 6-1 所示。

若干个单位工程概算汇总后成为单项工程综合概算，若干个单项工程综合概算和工程建设其他费用、预备费、建设期利息、铺底流动资金等概算文件汇总后成为建设项目总概算。单项工程综合概算和建设项目总概算仅是一种归纳、汇总性文件，因此，最基本的计算文件是单位工程概算书。若建设项目为一个独立单项工程，则单项工程综合概算书与建设项目总概算书可合并编制，并以总概算书的形式出具。

三、单位工程概算的编制

单位工程概算是确定单位工程建设费用的文件，是编制单项工程综合概算的依据，是单项工程综合概算的组成部分。单位工程概算由直接费、间接费（或企业管理费、规费、利润）和税金组成。

单位工程概算包括单位建筑工程概算和单位设备及安装工程概算两类。其中，单位建筑工程概算常用的编制方法有：概算定额法、概算指标法、类似工程预算法等；单位设备及安装工程概算常用的编制方法有：预算单价法、扩大单价法、设备价值百分比法和综合吨位指标法等。

我国不同行业工程概算的编制均有具体的规定，但基本原理和方法较为接近。

（一）单位建筑工程概算

1. 概算定额法

概算定额法又称扩大单价法或扩大结构定额法，是采用概算定额编制建筑工程概算的方法，类似于采用预算定额编制工程预算。它是根据初步设计图纸资料和概算定额的项目划分计算出工程量，然后套用概算定额单价（基价），计算汇总后，再根据工程费用定额计取有关费用，便可得出单位工程概算造价。房屋建筑工程和铁路工程通常采用该方法。该方法和施工图预算的编制方法基本一致，在此不详细介绍。具体方法可参见第七章施工图预算的编制。

概算定额法编制设计概算的步骤如下：

1）收集基础资料、熟悉设计图和了解有关施工条件和施工方法。

2）按概算定额子目列出单位工程中分项工程或扩大分项工程的项目名称，并计算工程量。工程量的计算，应根据定额中规定的各个分项或扩大分项工程的工程内容，遵守定额中规定的计量单位、工程量计算规则及方法来进行。

3）用算出的扩大分项工程的工程量，乘以套用的概算定额单价，计算出材料费、人工费、施工机械使用费之和（单位工程直接工程费）。概算定额单价计算公式如下：

概算定额单价=概算定额单位材料费+概算定额单位人工费+概算定额单位施工机械使用费=Σ(概算定额中材料消耗量×材料预算价格)+Σ(概算定额中人工消耗量×人工工资单价)+Σ(概算定额中施工机械台班消耗量×机械台班单价)

4）根据省、自治区、直辖市颁发的工程费用定额或行业的工程费用定额计算措施费、间接费和税金等。

5）将上述各项费用汇总计算，得到建筑工程概算造价。

6）编写概算编制说明。

2. 概算指标法

概算指标法是指采用拟建建筑物（如厂房、住宅）的建筑面积（或体积）乘以技术条件相同或基本相同工程的概算指标（直接工程费指标）得出直接工程费，然后按规定计算出措施费、间接费和税金，编制出单位工程概算的方法。

当初步设计深度不够，不能准确地计算工程量，但工程采用的技术比较成熟而又有类似概算指标可以利用或者设计方案急需造价概算而又有类似工程概算指标可以利用的情况，可采用概算指标法来编制概算。

（1）拟建工程结构特征与概算指标相同时的计算。当设计对象在建设地点、结构特征、地质及自然条件、建筑面积等方面与概算指标相同和相近，如基础埋深及形式、层高、墙体、楼板等主要承重构件相同，就可直接套用概算指标编制概算。

概算指标计算公式如下：

1000m^3 建筑物体积的人工费=指标规定的人工工日数×相应地区日工资单价

1000m^3 建筑物体积的主要材料费=∑（指标规定的主要材料数量×相应地区材料预算价格）

1000m^3 建筑物体积的其他材料费=∑（主要材料费×其他材料费占主要材料费的百分比）

1000m^3 建筑物体积的机械使用费=∑（人工费+主要材料费+其他材料费）×机械使用费百分比

每立方米建筑体积的直接工程费=（人工费+主要材料费+其他材料费+机械使用费）÷1000

每立方米建筑体积的概算单价=直接工程费+措施费+间接费+税金

单位工程概算造价=设计对象的建筑体积×每立方米建筑体积的概算单价

（2）拟建工程结构特征与概算指标有局部差异时的调整。在实际工作中，经常会遇到拟建对象的结构特征与概算指标中规定的结构特征有局部不同的情况，因此，必须对概算指标进行调整后方可套用。

1）调整概算指标中的每平方米（每立方米）综合单价。这种调整方法是将原概算指标中的综合单价进行调整，扣除每平方米（每立方米）原概算指标中与拟建工程结构不同部分的造价，增加每平方米（每立方米）拟建工程与概算指标结构不同部分的造价，使其成为与拟建工程结构相同的单价。其计算公式如下：

结构变化修正概算指标=原概算指标+换入结构的工程量×换入结构的单价-换出结构的工程量×换出结构单价

2）调整概算指标中的人材机数量。这种方法是将原概算指标中每100m^2（1000m^3）建筑面积（体积）中的人材机数量进行调整，扣除原概算指标中与拟建工程结构不同部分的人材机消耗量，增加拟建工程与概算指标结构不同部分的人材机消耗量，使其成为与拟建工程结构相同的每100m^2（1000m^3）建筑面积（体积）人材机数量。其计算公式如下：

结构变化修正概算指标的人材机数量=原概算指标人材机数量+换入结构工程量×相应定额人材机数量-换出结构工程量×相应定额人材机数量

【例6-1】 某市一栋普通办公楼为框架结构3000m^2，建筑工程直接工程费为400元/m^2，其中：毛石基础为40元/m^2。现在拟建一栋办公楼5000m^2，基础为钢筋混凝土条形基础，55元/m^2，其他结构相同。求该拟建新办公楼直接工程费造价。

解：调整后的概算指标=400元/m^2-40元/m^2+55元/m^2=415元/m^2

$$拟建新办公楼直接工程费 = 5000m^2 \times 415 元/m^2 = 2075000 元$$

然后在直接工程费的基础上，计算措施费、间接费及税金，汇总便可得出新建办公楼的建筑工程造价。

3. 类似工程预算法

类似工程预算法是指利用技术条件与设计对象相类似的已完工程或在建工程的工程预算资料求出单位工程的概算指标，再按概算指标法编制拟建工程设计概算的方法。当工程设计对象与已建或在建工程相类似，结构特征基本相同，或者概算定额和概算指标不全，可以采用这种方法，但是必须对建筑结构差异和价差进行调整。建筑结构差异调整的方法与概算指标法的调整方法相同。类似工程造价的价差调整常用的两种方法介绍如下：

一是类似工程造价资料有具体的人工、材料、机械台班的用量时，可按类似工程预算资料中的主要材料用量、工日数量、机械台班用量乘以拟建工程所在地的主要材料预算价格、人工单价、机械台班单价，计算出直接工程费，再按当地取费标准计取其他各项费用，即可得出所需的造价指标。

【例 6-2】 某拟建砖混结构住宅工程，建筑面积为 3420m²，若类似工程预算中，每平方米建筑面积主要资源消耗为：人工消耗 4.88 工日，钢材 23.8kg，水泥 205kg，原木 0.05m³，铝合金门窗 0.24m²，其他材料费为主材费的 45%，机械费占直接工程费的 8%。已知主要资源的现行市场价为：人工 40 元/工日，钢材 3.8 元/kg，水泥 0.22 元/kg，原木 1800 元/m³，铝合金门窗平均 330 元/m²。拟建工程建筑结构变化引起的直接工程费差异额为 41.36 元/m²。拟建工程除直接工程费以外的综合取费为 20%。试应用类似工程预算法，确定拟建工程的单位工程概算造价。

解：(1) 计算拟建工程每平方米建筑面积的人工费、材料费和机械费。

$$人工费 = (4.88 \times 40) 元 = 195.20 元$$

$$材料费 = (23.8 \times 3.8 + 205 \times 0.22 + 0.05 \times 1800 + 0.24 \times 330) 元 \times (1 + 45\%) = 441.87 元$$

$$机械费 = 概算直接工程费 \times 8\%$$

$$概算直接工程费 = 195.20 元/m^2 + 441.87 元/m^2 + 概算直接工程费 \times 8\%$$

可推导出：

$$概算直接工程费 = (195.20 + 441.87) 元/m^2 \div (1 - 8\%) = 692.47 元/m^2$$

(2) 计算拟建工程概算指标、修正概算指标和概算造价。

$$概算指标 = 692.47 元/m^2 \times (1 + 20\%) = 830.96 元/m^2$$

$$修正概算指标 = 830.96 元/m^2 + 41.36 元/m^2 \times (1 + 20\%) = 880.59 元/m^2$$

$$拟建工程概算造价 = 3420m^2 \times 880.59 元/m^2 = 3011617.80 元 = 301.16 万元$$

二是类似工程预算资料只有人工、材料、机械台班费用和措施费、间接费及其他费用时，须编制修正系数。计算修正系数时，先求类似预算的人工费、材料费、机械使用费、措施费、间接费及其他费用在全部价值中所占比例，然后分别求其修正系数，最后求出总的修正系数。用总修正系数乘以类似预算的价值，就可以得到概算价值。修正调整公式如下：

$$D = AK$$

$$K = aK_1 + bK_2 + cK_3 + dK_4 + eK_5$$

式中　D——拟建工程单方概算造价；

A——类似工程单方预算造价；

K——综合调整系数；

a、b、c、d、e——类似工程预算的人工费、材料费、机械台班费、措施费、间接费及其他费用占预算造价的比例；

K_1、K_2、K_3、K_4、K_5——拟建工程地区与类似工程预算造价在人工费、材料费、机械台班费、措施费和间接费及其他费用之间的差异系数。

【例 6-3】　某拟建砖混结构住宅工程，建筑面积为 3420m²，结构形式与已建成的某工程相同，只有外墙保温贴面不同，其他部分较为接近，结构差异引起的直接工程费差异额为 41.36 元/m²。若已知类似工程单方造价为 698.28 元/m²，其中，人工费、材料费、机械费、措施费、间接费及其他费用占单方造价比例分别为：11%、62%、6%、9%和 12%。拟建工程与类似工程预算造价在这几方面的差异系数分别为：2.01、1.06、1.92、1.02 和 0.87，拟建工程除直接工程费以外费用的综合取费为 20%。试应用类似工程预算法确定拟建工程的单位工程概算造价。

解：

综合差异系数 K = 11%×2.01+62%×1.06+6%×1.92+9%×1.02+12%×0.87 = 1.19

拟建工程概算指标 = 类似工程单方造价×K = 698.28 元/m²×1.19 = 830.95 元/m²

修正概算指标 = 830.95 元/m²+41.36 元/m²×(1+20%) = 880.58 元/m²

拟建工程概算造价 = 拟建工程建筑面积×修正概算指标

= 3420m²×880.58 元/m² = 3011583.6 元 = 301.16 万元

（二）单位设备及安装工程概算

设备及安装工程概算费用由设备购置费和安装工程费组成。其中设备购置费由设备原价和运杂费组成，其概算的编制方法主要是估价指标法；安装工程概算的编制方法有预算单价法、扩大单价法、设备价值百分比法和综合吨位指标法等。

1. 设备购置费概算

设备购置费是根据初步设计的设备清单计算出设备原价，并汇总求出设备总原价，然后按有关规定的设备运杂费费率乘以设备总原价，两项相加即为设备购置费概算，其公式如下：

设备购置费概算 = Σ(设备清单中的设备数量×设备原价)×(1+运杂费费率)

或

设备购置费概算 = Σ(设备清单中的设备数量×设备预算价格)

国产标准设备原价可根据设备型号、规格、性能、材质、数量及附带的配件，向制造厂家询价或向设备、材料信息部门查询或按主管部门规定的现行价格逐项计算。非主要标准设备和工器具、生产家具的原价可按主要标准设备原价的百分比计算，百分比指标按主管部门或地区有关规定执行。

国产非标准设备原价在设计概算时可按下列两种方法确定。

（1）非标准设备台（件）估价指标法。根据非标准设备的类别、质量、性能、材质等情况，以每台设备规定的估价指标计算，即

非标准设备原价=设备台数×每台设备估价指标

（2）非标准设备吨重估价指标法。根据非标准设备的类别、性能、质量、材质等情况，以某类设备所规定吨重估价指标计算，即

非标准设备原价=设备吨重×每吨重设备估价指标

设备运杂费可按有关规定的运杂费费率计算，即

设备运杂费=设备原价×运杂费费率

2. 设备安装工程概算的编制

（1）预算单价法。当初步设计较深，有详细的设备清单时，可直接按安装工程预算定额单价编制设备安装工程概算，概算程序基本与安装工程施工图预算相同。

（2）扩大单价法。当初步设计深度不够，设备清单不完备，只有主体设备或仅有成套设备质量时，可采用主体设备、成套设备的综合扩大安装单价编制概算。

（3）设备价值百分比法，又称安装设备百分比法。当初步设计深度不够，只有设备出厂价而无详细规格、质量时，安装费可按占设备费的百分比计算，即设备安装费=设备原价×安装费费率，其百分比值（即安装费费率）由主管部门制定或由设计单位根据已完类似工程确定。该方法常用于价格波动不大的定型产品和通用设备产品。

（4）综合吨位指标法。当初步设计提供的设备清单有规格和设备质量时，可采用综合吨位指标法编制概算，即设备安装费=设备吨重×每吨设备安装费指标，其综合吨位指标由主管部门制定或由设计单位根据已完类似工程资料确定。该方法常用于设备价格波动较大的非标准设备和引进设备的安装工程概算。

四、单项工程综合概算的编制

单项工程综合概算是确定单项工程建设费用的综合性文件，是由该单项工程所属的各专业单位工程概算汇总而成的，是建设项目总概算的组成部分。单项工程综合概算是以各个单位工程概算为基础，采用规定的统一综合概算表进行编制。

五、建设项目总概算的编制

建设项目总概算是设计文件的重要组成部分，是确定整个建设项目从筹建到竣工交付使用所预计花费的全部费用的文件。它是由各单项工程综合概算、工程建设其他费用、建设期利息、预备费和经营性项目的铺底流动资金概算所组成，按照主管部门规定的统一表格进行编制而成。

练 习 题

1. 建筑工程设计概算文件的编制采用（　　）、单项工程综合概算、（　　）三个层次编制。
2. 铁路工程设计概算文件的编制采用（　　）、（　　）、总预算三个层次编制。
3. 单位建筑工程概算常用的编制方法有（　　）、概算指标法、（　　）等。

思　考　题

1. 简述设计概算的作用。
2. 简述概算定额法编制设计概算的步骤。
3. 什么是概算指标法?
4. 什么是类似工程预算法?

7

第七章

施工图预算

第一节　施工图预算概述

一、施工图预算的概念

施工图预算是指在施工图设计完成后，工程施工前，根据施工图设计文件、预算定额（或企业定额）、单位估价表、费用标准以及地区设备、材料、人工、施工机械台班等资源价格编制和确定的工程造价的技术经济文件。施工图预算的成果文件称为施工图预算书，简称施工图预算。

施工图预算既可以是工程招标投标前或招标投标时，基于施工图，按照预算定额、取费标准、各类工程计价信息等计算得到的计划或预期价格，也可以是工程中标后施工企业根据自身的企业定额、资源市场价格以及市场供求及竞争状况计算得到的实际预算价格。

二、施工图预算的作用

1. 施工图预算对投资方的作用

1）施工图预算是设计阶段控制工程造价的重要环节，是控制施工图设计不突破设计概算的重要措施。

2）施工图预算是控制造价及资金合理使用的依据。施工图预算确定的预算造价是工程的计划成本，投资方按施工图预算造价筹集建设资金，合理安排建设资金计划，确保建设资金的有效使用，保证项目建设顺利进行。

3）施工图预算是确定工程最高投标限价的依据。在设置最高投标限价的情况下，最高投标限价通常是在施工图预算的基础上考虑工程的特殊施工措施、工程质量要求、目标工期、招标工程范围以及自然条件等因素进行编制的。

4）施工图预算可以作为确定合同价款、拨付工程进度款及办理工程结算的基础。

2. 施工图预算对施工单位的作用

1）施工图预算是建筑施工单位投标报价的基础。在激烈的建筑市场竞争中，建筑施工单位在施工图预算的基础上，结合企业定额和采取的投标策略，确定投标报价。

2）施工图预算是建筑工程预算包干的依据和签订施工合同的主要内容。在采用总价合同的情况下，施工单位通过与建设单位协商，可在施工图预算的基础上，考虑设计或施工变更后可能发生的费用与其他风险因素，增加一定系数作为工程造价一次性包干价。同样，施工单位与建设单位签订施工合同时，其中工程价款的相关条款也以施工图预算为依据。

3）施工图预算是施工单位安排调配施工力量、组织材料供应的依据。施工单位在施工前，可以根据施工图预算的工料机分析，编制资源计划，组织材料、机具、设备和劳动力供应，并编制进度计划，统计完成的工作量，进行经济核算并考核经营成果。

4）施工图预算是施工单位控制工程成本的依据。根据施工图预算确定的中标价格是施工单位收取工程款的依据，企业只有合理利用各项资源，采取先进技术和管理方法，将成本控制在施工图预算价格以内，才能获得良好的经济效益。

3. 施工图预算对其他方面的作用

1）对于工程咨询单位而言，客观、准确地为委托方做出施工图预算，不仅体现出其水平、素质和信誉，而且强化了投资方对工程造价的控制，有利于节省投资，提高建设项目的投资效益。

2）对于工程造价管理部门而言，施工图预算是编制工程造价指标指数、构建建设工程造价数据库的数据资源，也是合理确定工程造价、审定工程最高投标限价的依据。

3）在履行合同的过程中发生经济纠纷时，施工图预算还是有关仲裁、管理、司法机关按照法律程序处理、解决问题的依据。

第二节　施工图预算的编制

一、施工图预算的编制依据

施工图预算的编制一般采用以下编制依据：

1）国家、行业和地方有关规定。

2）预算定额或企业定额、单位估价表等。

3）施工图设计文件及相关标准图集和规范。

4）项目相关文件、合同、协议等。

5）工程所在地的人工、材料、设备、施工机具单价、工程造价指标指数等。

6）施工组织设计和施工方案。

7）项目的管理模式、发包模式及施工条件。

8）其他应提供的资料。

二、施工图预算的编制原则

1）施工图预算的编制应保证编制依据的适用性和时效性。

2）完整、准确地反映设计内容的原则。编制施工图预算时，要认真了解设计意图，根据设计文件、图纸准确计算工程量，避免重复和漏算。

3）坚持结合拟建工程的实际，反映工程所在地当时价格水平的原则。编制施工图预算时，要求实事求是地对工程所在地的建设条件、可能影响造价的各种因素进行认真的调查研究。按照现行工程造价的构成，考虑建设期的价格变化因素，使施工图预算尽可能地反映设计内容、实际施工条件和实际价格。

三、施工图预算的编制内容

1. 施工图预算文件的组成

施工图预算由建设项目总预算、单项工程综合预算和单位工程预算组成（铁路工程建设项目施工图预算由总预算、综合预算和单项预算组成，分别对应建设项目总预算、单项工程综合预算和单位工程预算，下同）。建设项目总预算由单项工程综合预算汇总而成，单项工程综合预算由组成本单项工程的各单位工程预算汇总而成，单位工程预算包括建筑工程预算和设备及安装工程预算。

施工图预算根据建设项目实际情况可采用三级预算编制形式或二级预算编制形式。当建设项目有多个单项工程时，应采用三级预算编制形式，三级预算编制形式由建设项目总预算、单项工程综合预算、单位工程预算组成。当建设项目只有一个单项工程时，应采用二级预算编制形式，二级预算编制形式由建设项目总预算和单位工程预算组成。

2. 施工图预算的内容

按照预算文件的不同，施工图预算的内容有所不同。

建设项目总预算（或总预算）是反映施工图设计阶段建设项目投资总额的造价文件，是施工图预算文件的主要组成部分。建设项目总预算由组成该建设项目的各个单项工程综合预算和相关费用组成。具体包括：建筑安装工程费、设备及工器具购置费、工程建设其他费用、预备费、建设期利息及铺底流动资金等。施工图总预算应控制在已批准的设计总概算投资范围以内。一般建设项目总预算应按整个建设项目的范围进行编制。若遇有特殊情况，可分别编制总预算，并汇编该建设项目的汇总总预算。

单项工程综合预算（或综合预算）是反映施工图设计阶段一个单项工程（设计单元）造价的文件，是总预算的组成部分，由构成该单项工程的各个单位工程预算组成。其编制的费用项目是各单项工程的建筑安装工程费和设备及工器具购置费总和。

单位工程预算（单项预算）是依据单位工程施工图设计文件、现行预算定额以及人工、材料和施工机具台班价格等，按照规定的计价方法编制的工程造价文件。

房屋建筑工程单位工程预算包括单位建筑工程预算和单位设备及安装工程预算。单位建筑工程预算是建筑工程各专业单位工程施工图预算的总称，按其工程性质分为一般土建工程预算，给排水工程预算，采暖通风工程预算，煤气工程预算，电气照明工程预算，弱电工程预算，特殊构筑物（如烟窗、水塔等）工程预算以及工业管道工程预算等。设备及安装工程预算是设备及安装工程各专业单位工程预算的总称，安装工程预算按其工程性质分为机械设备安装工程预算、电气设备安装工程预算、工业管道安装工程预算和热力设备安装工程预算等。

铁路工程单项预算根据工程类别一般分为路基工程、桥涵工程、隧道工程、轨道工程、通信工程、信号工程、信息工程、电力及电力牵引供电工程、房屋工程、其他运营生产设备及建筑物（给排水工程、机务工程、车辆工程、动车工程、站场工程）、大型临时设施和过渡工程等单项预算。其中重大、特殊工点应按工点分别编制单项预算。

重大、特殊工点是指技术复杂的特大、大、中桥（指最大基础水深在 10m 以上的桥梁或有 100m 以上大跨度梁的桥梁或有正交异型板钢梁等特殊结构的桥梁）及高桥（最大墩高 50m 及以上），4000m 以上或有辅助坑道的单、双线隧道，多线隧道及Ⅰ级风险隧道，机车库、县级及以上旅客站房（含站房综合楼）等大型房屋以及投资较大、工程复杂的新技术工点。

四、施工图预算价格的形成过程

施工图预算价格的形成过程，就是依据预算定额所确定的消耗量乘以定额单价或市场价，经过不同层次的计算形成相应造价的过程。工程预算编制公式如下：

单位建筑安装工程直接费=∑(假定建筑安装产品工程量×工料单价)或∑(各资源的消耗量×市场价)

单位建筑安装工程预算造价=单位建筑安装工程直接费+间接费+材料价差+税金

单项工程预算造价=∑单位建筑安装工程预算造价+∑单位工程设备及工器具购置费

建设项目预算造价=∑单项工程预算造价+预备费+工程建设其他费用+建设期利息+铺底流动资金

五、单位工程预算的编制

单位工程预算包括建筑工程费、安装工程费和设备及工器具购置费。建筑安装工程费用常用编制方法有单价法和实物量法，其中单价法分为工料单价法和综合单价法。

工料单价法是基于定额基础上的计价方法，它是采用单位估价表中的各分项工程单价（定额基价）为工料单价，将各分项工程量乘以对应分项工程单价后的合计值汇总后为直接工程费，另加措施费，再计取间接费（或企业管理费、利润、规费）和税金，汇总各项费用得到单位工程建筑安装工程费用的方法。工料单价法是定额计价模式下，确定建筑安装工程费用最常用的一种计价方法。

综合单价法是指分项工程单价综合了除人工费、材料费、施工机械使用费以外的多项费用内容。按照单价综合内容的不同，综合单价可分为全费用综合单价和部分费用综合单价。

全费用综合单价即单价中综合了人工费、材料费、施工机械使用费、管理费、规费、利润和税金等费用内容；全费用综合单价法是将各分项工程量乘以全费用综合单价的费用合计汇总，从而得到建筑安装工程费用的计价方法。

部分费用综合单价即单价中综合了人工费、材料费、施工机械使用费和企业管理费与利润，以及一定范围内的风险费用。部分费用综合单价法是将各分项工程量乘以部分费用综合单价合计后，再加计规费和税金确定建筑安装工程费用的计价方法。

综合单价法是工程量清单计价模式下所采用的计价方法。铁路工程工程量清单计价采用全费用综合单价法计价。房屋建筑工程工程量清单计价目前采用部分费用综合单价法计价。

实物量法是指将依据施工图和预算定额的项目划分及工程量计算规则计算的各分项工程量，分别乘以预算定额（或企业定额）中人工、材料、施工机具台班的定额消耗量，分类汇总得出该单位工程所需的全部人工、材料、施工机具台班消耗数量，然后再乘以当时当地人工工日单价、各种材料单价、施工机械台班单价、施工仪器仪表台班单价，求出相应的直接费，在此基础上，通过取费的方式计算间接费（或企业管理费、利润、规费）和税金等费用，汇总各项费用得到单位工程的施工图预算的方法。

不同行业对施工图预算编制均有具体的规定。目前，我国以政府投资为主的工程项目，例如电力、铁路、公路等工程，仍主要采用定额计价的工料单价法编制施工图预算。在房屋建筑工程施工预算编制方面，各地方的差别较大，通常采用定额计价的工料单价法和仿工程量清单计价的综合单价法编制。

仿工程量清单计价的综合单价法编制施工图预算的方法与工程量清单计价的方法基本相似，主要不同的地方：工程量清单计价下，分部分项工程、单价措施项目名称及工程量是按照国家建设工程工程量清单计价计量规范规定进行项目划分及其工程量计算；仿工程量清单计价的综合单价法下，分部分项工程、单价措施项目的名称和其工程量是按照各地方有关专业工程消耗量定额（或预算定额）及其有关规定进行项目划分及其工程量计算。仿工程量清单计价的综合单价法编制施工图预算方法可参照第九章内容，这里不再赘述。

本节主要介绍工料单价法和实物量法这两种编制单位工程预算的定额计价方法。

（一）工料单价法编制建筑安装工程施工图预算

工料单价法编制建筑安装工程施工图预算的步骤：

1. 准备资料、熟悉施工图

（1）收集编制施工图预算的编制依据。包括预算定额或企业定额，单位估价表（定额中已含有定额基价的则无须单位估价表），取费标准，当时当地人工、材料、施工机具市场价格等。

（2）熟悉施工图等基础资料。熟悉施工图、有关的通用标准图、图纸会审记录、设计变更通知等资料，并检查施工图是否齐全、尺寸是否清楚，了解设计意图，掌握工程全貌。

（3）了解施工组织设计和施工现场情况。全面分析各分项工程，充分了解施工组织设计和施工方案，如工程进度、施工方法、人员使用、材料消耗、施工机械、技术措施等内容，注意影响费用的关键因素；核实施工现场情况，包括工程所在地地质、地形、地貌等情况，工程实地情况、当地气象资料、当地材料供应地点及运距等情况；了解工程布置、地形条件、施工条件、料场开采条件、场内外交通运输条件等。

2. 列项并计算工程量

（1）按照预算定额（或企业定额）子目将单位工程划分为若干分项工程。在熟悉图纸的基础上，可根据预算定额（或单位估价表）上所列的工程项目，列出需编制的预算工程项目，如果定额上没有列出图纸上表示的项目，则往往需要补充该项目。

在确定预算项目时，要弄清每个工程是由哪些项目组成的，注意预算项目不仅包括设计图和资料中反映的永久工程内容，还包括因施工方法不同、自然因素影响以及施工组织等原因引起的辅助工作项目和临时工程。

（2）计算各个预算项目的预算工程量。按照施工图尺寸和定额规定的工程量计算规则进行工程量计算。计量单位应与定额中相应项的计量单位保持一致；注意分项子目不能重复列项计算，也不能漏项少算。

各专业工程的预算定额中，规定了定额中的各分项子目的工程量计算规则。在计算各分项子目的工程量时，应按定额中规定的工程量计算规则计算。

永久工程的预算工程量除设计图中明确的工程数量外，还需考虑预算定额没包括，但因施工工艺、方法的要求和现场施工条件的影响而增加的工程量。辅助工作项目和临时工程的工程量应根据施工组织设计文件中的内容和相关指标进行计算确定，并按预算定额子目划分口径和计量单位，列算预算工程量。

3. 套用定额单价，计算直接费

核对工程量计算结果后，套用单位估价表中的工料单价（或定额基价），用工料单价乘以工程量得出合价，汇总合价得到单位工程直接费。

每一计量单位建筑产品的基本构造单元(假定建筑安装产品)的工料单价=人工费+材料费+施工机具使用费

式中：

人工费=∑(人工工日数量×人工单价)

材料费=∑(材料消耗量×材料单价)+工程设备费

施工机具使用费=∑(施工机械台班消耗量×施工机械台班单价)+∑(仪器仪表台班消耗量×仪器仪表台班单价)

套用工料单价时，若分项工程的主要材料品种与单位估价表（或定额）中所列材料不一致，需要按实际使用材料价格换算工料单价后再套用，分项工程施工工艺条件与单位估价表（或定额）不一致而造成人工、机具的数量增减时，需要调整用量后再套用。方法参照第四章第五节的内容。

4. 编制工料分析表（见表7-1）

依据单位估价表（或定额），将各分项工程对应的定额项目表中每项材料和人工的定额消耗量分别乘以该分项工程工程量，得到该分项工程工料消耗量，将各分项工程工料消耗量按类别加以汇总，得出单位工程人工、材料的消耗数量。

计算工料机数量，其作用就是为分析平均运杂费，提供各种材料所占运量的比例；为计算各种材料、机械台班备用数量、编制施工计划提供实物量依据。

表7-1 分项工程工料分析表

项目名称： 编号：

序号	定额编号	分项工程名称	单位	工程量	人工（工日）	主要材料			其他材料费（元）
						材料1	材料2	……	

编制人： 审核人：

5. 计算价差

许多定额项目基价为不完全价格，即未包括主材费用在内。因此还应单独计算出主材费，计算完成后将主材费的价差并入人材机费用合计。主材费按当时当地的市场价格计取。由于工料单价法采用的是事先编制好的单位估价表（定额基价），其价格水平不能代表预算编制时的价格水平，将价差并入直接费费用合计。

单位工程(单项)直接费=(∑分项工程量×分项工程工料单价)+价差

6. 按计价程序计算其他各项费用，汇总造价

根据规定的税率、费率和相应的计取基础，分别计算间接费（或企业管理费、利润、规费）和税金。将上述所有费用汇总即可得到单项（或单位工程）预算造价。

单位工程预算造价=单位工程直接费+企业管理费+利润+规费+税金

某地方建筑工程建筑安装工程单位工程预算采用的计算程序见表7-2。

表 7-2 单位工程预算计算程序

序号	费用项目	计算方法
1	直接费（直接工程费+措施费）	—
1.1	直接费中人工费	—
1.2	直接费中材料费	
1.3	直接费中机械费	
2	企业管理费	(1.1+1.3)×费率
3	规费	(1.1+1.3)×费率
4	利润	(1.1+1.3)×费率
5	价款调整	按合同约定的方式、方法计算
6	安全生产、文明施工费	(1+2+3+4+5)×费率
7	税金	(1+2+3+4+5+6)×费率
8	工程造价	1+2+3+4+5+6+7

注：本计价程序中直接费不含安全生产、文明施工费。

铁路工程建筑安装工程单项预算的编制内容应包括人工费、材料费、施工机具使用费、价外运杂费、价差、填料费、施工措施费、特殊施工增加费、间接费和税金。铁路工程建筑安装工程单项预算计算程序见表 7-3。

表 7-3 铁路工程建筑安装工程单项预算计算程序

序号	费用名称		计算式
1	基期人工费		按设计工程量和采用的基期价格计算
2	基期材料费		
3	基期施工机具使用费		
4	定额直接工程费		1+2+3
5	价外运杂费		指需要单独计列的价外运杂费，按施工组织设计的材料供应方案及《铁路基本建设工程设计概（预）算编制办法》（TZJ 1001—2017）的有关内容计算
6	价差	人工费价差	基期至编制期价差按《铁路基本建设工程设计概（预）算编制办法》（TZJ 1001—2017）的有关内容计算
7		材料费价差	
8		施工机具使用费价差	
9		价差合计	6+7+8
10	填料费		按设计数量和采用的购买价计算
11	直接工程费		4+5+9+10
12	施工措施费		(1+3)×费率
13	特殊施工增加费		以相应的编制期人工费、编制期施工机具使用费为基数计算
14	直接费		11+12+13
15	间接费		(1+3)×费率
16	税金		(14+15)×税率
17	单项预算价值		14+15+16

7. 复核、填写封面、编制说明

检查人工、材料、机具台班的消耗量计算是否准确，有无漏算、重算或多算；检查采用的人工、材料、机具台班实际价格是否合理。封面应写明工程编号、工程名称、预算总造价和单方造价等，撰写编制说明，将封面、编制说明、预算费用汇总表、人材机实物量汇总表、工程预算分析表等按顺序编排并装订成册，便完成了单位工程预算的编制工作。

【例 7-1】　某房屋建筑单位工程基础部分中两个分部分项工程：C20-40 独立基础 48.96m^3，C15-40 混凝土垫层 16.85m^3，基础垫层模板接触面积为 22.32m^2，独立基础模板接触面积为 195.09m^2。以“直接费中人工费+机械费”为计费基数，企业管理费率为 17%，利润率为 8%，规费费率为 16.6%；税金计算以不含税造价为基数，综合税率取 3.45%。根据造价管理部门公布材料价格信息，碎石单价为 38.78 元/t，其他人材机价格与定额取定相同；措施费只计算模板费用。试用工料单价法编制该单位工程施工图预算造价。

解：1）计算直接工程费。C20-40 独立基础，查表 7-4 定额项目表的 A4-5 项，基价为 1965.28 元/10m^3，其中人工费为 412.80 元，材料费为 1399.63 元，机械费为 152.85 元。

表 7-4　钢筋混凝土定额项目表

工作内容：混凝土搅拌、场内水平运输、浇捣、养护　　　　（计量单位：10m^3）

定额编码				A4-3	A4-5	A4-14	A4-16
项目名称				带形基础	独立基础	矩形柱	构造柱
基价（元）				1924.74	1965.28	2339.33	2489.88
其中	人工费（元）			374.40	412.80	848.40	999.60
	材料费（元）			1397.49	1399.63	1401.58	1400.93
	机械费（元）			152.85	152.85	89.35	89.35
名称		单位	单价（元）	数量			
人工	综合用工二类	工日	40.00	9.360	10.320	21.210	24.990
材料	现浇混凝土（中砂碎石）C20-40	m^3	—	(10.100)	(10.100)	(9.800)	(9.800)
	水泥砂浆 1∶2（中砂）	m^3	—	—	—	(0.310)	(0.310)
	水泥 32.5 级	t	220.00	3.283	3.283	3.356	3.356
	中砂	t	25.16	6.757	6.757	7.008	7.008
	碎石	t	33.78	13.797	13.797	13.387	13.387
	塑料薄膜	m^2	0.60	10.080	13.040	4.000	3.360
	水	m^3	3.03	10.930	11.050	10.670	10.580
机械	滚筒式混凝土搅拌机 500L 以内	台班	120.35	0.380	0.380	0.600	0.600
	灰浆搅拌机 200 以内	台班	75.03	—	—	0.040	0.040
	混凝土振捣器（插入式）	台班	11.40	0.770	0.770	1.240	1.240
	机动翻斗车 1t	台班	129.39	0.760	0.760	—	—

注：表中带形基础也称为条形基础。

C15-40 混凝土垫层，查表 7-5 定额项目表的 B1-24 项，基价为 1692.85 元/10m^3，其中人工费为 386.40 元，材料费为 1249.55 元，机械费为 56.90 元。按照定额规定进行“人工、机械乘以系数 1.2”进行换算，换算后基价 = (386.40×1.2+1249.55+56.90×1.2) 元/$10m^3$ = 1781.51 元/$10m^3$。

表 7-5 装饰装修定额项目表

工程内容：垫层，拌和、铺设垫层、夯实，灰土垫层包括焖灰、筛灰、筛土；找平层，清理基层、调运砂浆、刷素水泥浆、混凝土搅拌、捣平、压实

计量单位				$10m^3$	$10m^3$	$100m^2$	$100m^2$
定额编号				B1-2	B1-24	B1-31	B1-32
项目名称				垫层		硬基层上细石混凝土找平层	
				3∶7 灰土	混凝土	30mm	每增减 5mm
基价（元）				451.39	1692.85	820.09	134.69
其中	人工费（元）			222.00	386.40	318.80	55.20
	材料费（元）			219.05	1249.55	475.19	75.34
	机械费（元）			10.34	56.90	26.10	4.15
名称		单位	单价（元）	数量			
人工	综合用工三类	工日	30.00	7.400	12.880	—	—
	综合用工二类	工日	40.00	—	—	7.970	1.380
材料	灰土 3∶7	m^3	—	(10.100)	—	—	—
	现浇混凝土（中砂碎石）C15-40	m^3	—	—	(10.100)	—	—
	细石混凝土 C20-10	m^3	—	—	—	(3.030)	(0.510)
	素水泥浆	m^3	—	—	—	(0.100)	—
	黏土	m^3	—	(11.817)	—	—	—
	生石灰	t	85.00	2.505	—	—	—
	水泥 32.5 级	t	220.00	—	2.626	1.326	0.198
	中砂	t	25.16	—	7.615	2.163	0.364
	碎石	t	33.78	—	13.605	3.703	0.623
	水	m^3	3.03	2.020	6.820	1.306	0.520
机械	电动夯实机 20~62N·m	台班	23.50	0.440	—	—	—
	滚筒式混凝土搅拌机 500L 以内	台班	120.35	—	0.390	0.190	0.030
	混凝土振捣器（平板式）	台班	13.46	—	0.740	0.240	0.040

列表计算直接工程费，见表 7-6。

表 7-6 直接工程费计算表

定额编号	计量单位	工程量	单价（元）			合价（元）		
			基价	其中		基价	其中	
				人工费	机械费		人工费	机械费
A4-5	10^3	4.896	1965.28	412.80	152.85	9622.01	2021.07	748.35
B1-24 换	10^3	1.685	1781.51	463.68	68.28	3001.84	781.30	115.05
直接工程费合计						12623.85	2802.37	863.40

2）实体部分两个分项工程工料分析过程见表 7-7。

表 7-7　工料分析表（例 7-1）

项目			A4-5 独立基础			B1-24 换混凝土垫层			
名称		单位	定额消耗量	数量（$10m^3$）	小计	定额消耗量	数量（$10m^3$）	小计	合计
人工	综合用工三类	工日	—	—	—	15.456	1.685	26.04	26.04
	综合用工二类	工日	10.320	4.896	50.53	—	—	—	50.53
材料	水泥 32.5 级	t	3.283	4.896	16.07	2.626	1.685	4.42	20.50
	中砂	t	6.757	4.896	33.08	7.615	1.685	12.83	45.91
	碎石	t	13.797	4.896	67.55	13.605	1.685	22.92	90.47
	塑料薄膜	m^2	13.040	4.896	63.84	—	—	—	63.84
	水	m^3	11.050	4.896	54.10	6.820	1.685	11.49	65.59
机械	滚筒式混凝土搅拌机 500L 以内	台班	0.380	4.896	1.86	0.468	1.685	0.79	2.65
	混凝土振捣器（插入式）	台班	0.770	4.896	3.77	—	—	—	3.77
	机动翻斗车 1t	台班	0.760	4.896	3.72	—	—	—	3.72
	混凝土振捣器（平板式）	台班	—	—	—	0.888	1.685	1.50	1.50

注：表中混凝土垫层的人工、机械消耗量已经乘 1.2 的系数。

3）根据价格信息，计算价格差异，见表 7-8。

表 7-8　价差调整计算表（例 7-1）

名称		单位	消耗量合计	定额价（元）	市场价（元）	价差（元）
人工	综合用工三类	工日	26.04	30.00	30.00	
	综合用工二类	工日	50.53	40.00	40.00	
材料	水泥 32.5	t	20.50	220.00	220.00	
	中砂	t	45.91	25.16	25.16	
	碎石	t	90.47	33.78	38.78	452.35
	塑料薄膜	m^2	63.84	0.60	0.60	
	水	m^3	65.59	3.03	3.03	
机械	滚筒式混凝土搅拌机 500L 以内	台班	2.65	120.35	120.35	
	插入式混凝土振捣器	台班	3.77	11.40	11.40	
	机动翻斗车 1t	台班	3.72	129.39	129.39	
	平板式混凝土振捣器	台班	1.50	13.46	13.46	
价差合计（元）						452.35

4）根据独立基础模板和基础垫层模板定额项目表（见表 7-9），措施费计算过程见

表 7-10。

表 7-9　模板定额项目表

工程内容：1. 组合式钢模板包括开箱、解捆、选配、安装、拆除、清理、堆放、刷隔离剂；木模板包括制作、安装、拆除。2. 模板包括场内外水平运输　　　　（计量单位：100m²）

定额编号				A12-6	A12-10
项目名称				独立基础模板	混凝土基础垫层
基价（元）				3443.73	2846.14
其中	人工费（元）			894.40	434.40
	材料费（元）			2394.71	2362.44
	机械费（元）			154.62	49.30
名称		单位	单价（元）	数量	数量
人工	综合用工二类	工日	40.00	22.360	10.860
材料	水泥砂浆 1 : 2（中砂）	m³	—	(0.012)	(0.012)
	水泥 32.5 级	t	220.00	0.007	0.007
	中砂	t	25.16	0.017	0.017
	水	m³	3.03	0.004	0.004
	组合钢模板	kg	4.60	69.660	—
	木模板	m³	1539.15	0.095	1.445
	支撑方木	m³	2174.39	0.645	—
	零星卡具	kg	5.13	25.890	—
	铁钉	kg	6.50	12.720	19.730
	镀锌铁丝 8#	kg	5.25	51.990	—
	草板纸 80#	张	0.90	30.000	—
	隔离剂	kg	0.70	10.000	10.000
	镀锌铁丝 22#	kg	6.38	0.180	0.180
机械	载货汽车（综合）	台班	414.90	0.280	0.110
	汽车式起重机 5t	台班	460.58	0.080	—
	木工圆锯机 ϕ500	台班	22.87	0.070	0.160

表 7-10　措施费计算表

定额编号	计量单位	工程量	单价（元）			合价（元）		
			基价	其中		基价	其中	
				人工费	机械费		人工费	机械费
A12-6	100m²	1.9509	3443.73	894.40	154.62	6718.37	1744.88	301.65
A12-10	100m²	0.2232	2846.14	434.40	49.3	635.26	96.96	11.00
措施费合计（元）						7353.63	1841.84	312.65

5）计算单位工程预算造价，见表 7-11。

表 7-11　工料单价法单位工程预算造价计算表　　（单位：元）

序号	费用项目		计算式	金额
1	直接工程费			12623.85
1.1	其中	人工费		2802.37
1.2		机械费		863.40
2	措施费			7353.63
2.1	其中	人工费		1841.84
2.2		机械费		312.65
3	直接费		1+2	19977.48
3.1	其中	人工费	1.1+2.1	4644.21
3.2		机械费	1.2+2.2	1176.05
4	企业管理费		(3.1+3.2)×17%	989.44
5	利润		(3.1+3.2)×8%	465.62
6	规费		(3.1+3.2)×16.6%	966.16
7	价款调整			452.35
8	税金		(3+4+5+6+7)×3.45%	788.36
9	单位工程预算造价		3+4+5+6+7+8	23639.41

【例 7-2】　某铁路路基工程在风沙地区施工，已知主动防护网爆破体覆盖的工程量为 150m^2。风沙地区施工增加费以“直接工程费中人工费+机械费”为计费基数，风沙地区施工增加费费率为 2.6%，施工措施费费率为 8.2%，间接费费率为 47.4%，税率为 10%。

根据造价管理部门公布价格信息，编制期人工费单价为 80.00 元/工日，带肋钢筋（HRB500）Φ18~Φ25 单价为 4000 元/t，根据编制期人工费单价对气腿式凿岩机、电动空气压缩机的台班单价调整后，其编制期单价分别为 10.00 元/台班、140.00 元/台班。试用工料单价法编制该单项工程预算造价。

解：1）计算直接工程费。主动防护网爆破体覆盖，查表 7-12 定额项目表的 BLY-2 项，基价为 1458.09 元/100m^2，其中人工费为 166.39 元，材料费为 1283.72 元，机械费为 7.98 元。

表 7-12　定额项目表

工作内容：坡面危石清理、钻孔、灌浆、安装锚杆、安装主动防护网、放炮后拆除主动防护网、修补损坏的覆盖物　　（计量单位：100m^2）

电算代号	定额编号		BLY-2
	项目	单位	主动防护网爆破体覆盖
基价（元）		元	1458.09
其中	人工费（元）	元	166.39
	材料费（元）		1283.72
	机具使用费（元）		7.98

（续）

电算代号	定额编号			BLY-2
	项目	单位		主动防护网爆破体覆盖
质量		t		0.248
名称		单位	单价（元）	数量
1	人工	工日	66.00	2.521
1010009	双快水泥	kg	0.94	36.664
1910105	带肋钢筋（HRB500）Φ18~Φ25	kg	2.79	131.072
2548100	主动防护网	m^2	39.67	22.273
9100611	气腿式凿岩机	台班	8.29	0.057
9101004	电动空气压缩机≤$3m^3$/min	台班	131.64	0.057

进行定额直接工程费计算，见表7-13。

表7-13　定额直接工程费计算表

定额编号	计量单位	工程量	单价（元）			合价（元）		
			基价	其中		基价	其中	
				人工费	机械费		人工费	机械费
BLY-2	$100m^2$	1.50	1458.09	166.39	7.98	2187.135	249.585	11.97
定额直接工程费合计						2187.135	249.585	11.97

2）工料分析过程见表7-14。

表7-14　工料分析表（例7-2）

项目			主动防护网爆破体覆盖		
名称		单位	定额消耗量	数量（单位$100m^2$）	消耗量小计
人工	人工	工日	2.521	1.5	3.78
材料	双快水泥	kg	36.664	1.5	55.00
	带肋钢筋（HRB500）Φ18~Φ25	kg	131.072	1.5	196.61
	主动防护网	m^2	22.273	1.5	33.41
机械	气腿式凿岩机	台班	0.057	1.5	0.09
	电动空气压缩机≤$3m^3$/min	台班	0.057	1.5	0.09

3）根据价格信息，计算价差，见表7-15。

表7-15　价差调整计算表（例7-2）

名称		单位	消耗量合计	基期单价	编制期单价	价差小计
人工	人工	工日	3.78	66.00	80.00	52.92
	人工费价差合计					52.92

（续）

名称		单位	消耗量合计	基期单价	编制期单价	价差小计
材料	双快水泥	kg	55.00	0.94	0.94	0.00
	带肋钢筋（HRB500）Φ18~Φ25	kg	196.61	2.79	4.00	237.90
	主动防护网	m^2	33.41	39.67	39.67	0.00
	材料费价差合计					237.90
机械	气腿式凿岩机	台班	0.09	8.29	10.00	0.15
	电动空气压缩机≤$3m^3$/min	台班	0.09	131.64	140.00	0.75
	机械费价差合计					0.90

4）计算单项工程预算造价。见表7-16。

表7-16 单项工程预算造价

序号	费用名称		计算式	金额（元）
1	基期人工费			249.59
2	基期材料费			1925.58
3	基期施工机具使用费			11.97
4	定额直接工程费		1+2+3	2187.14
5	价外运杂费			0
6	价差	人工费价差		52.92
7		材料费价差		237.90
8		施工机具使用费价差		0.90
9		价差合计	6+7+8	291.72
10	填料费			0
11	直接工程费		4+5+9+10	2478.86
12	施工措施费		(1+3)×8.2%	21.45
13	特殊施工增加费		只有风沙地区施工增加费，为（1+3)×2.6%	6.80
14	直接费		11+12+13	2507.11
15	间接费		(1+3)×47.4%	123.98
16	税金		(14+15)×10%	263.11
17	单项预算价格		14+15+16	2894.20

（二）实物量法编制建筑安装工程施工图预算

实物量法编制建筑安装工程施工图预算的步骤：

1. 准备资料、熟悉施工图

本步骤与工料单价法基本相同，不同之处是不需要收集适用的单位估价表。

2. 列项并计算工程量

本步骤与工料单价法相同。

3. 套用预算定额（或企业定额），计算人工、材料、机具台班消耗量

根据预算定额（或企业定额）所列单位分项工程（子目）人工工日、材料、施工机具台班的消耗数量，分别乘以各分项工程（子目）的工程量，得出各分项工程所需消耗的各类人工工日、各类材料和各类施工机具台班数量。

在套用定额时，要注意定额分项（子目）的工作内容与设计工程内容是否一致，材料类型及施工工艺是否一致，如一致则直接套用定额；如设计工作内容与定额工作内容有差异，依据定额相关说明确定是组合定额、抽换定额，还是补充定额。方法参照第四章预算定额的相关内容。

4. 计算并汇总直接费

调用当时当地人工工资单价、材料预算单价、施工机械台班单价、施工仪器仪表台班单价，分别乘以人工、材料、机具台班消耗量，汇总即得到单位工程直接费。

单位工程直接费＝综合工日消耗量×综合工日单价＋Σ（各种材料消耗量×相应材料单价）＋Σ（各种施工机械消耗量×相应施工机械台班单价）＋Σ（各施工仪器仪表消耗量×相应施工仪器仪表台班单价）

5. 按计价程序计算其他各项费用，汇总造价

根据规定的税率、费率和相应的计取基础，分别计算间接费（或企业管理费、利润、规费）和税金。将上述所有费用汇总即可得到单项（或单位工程）预算造价。与此同时，计算工程的技术经济指标，如单方造价等。

单位工程预算造价＝单位工程直接费＋企业管理费＋利润＋规费＋税金

6. 复核、填写封面、编制说明

检查人工、材料、机具台班的消耗量计算是否准确，有无漏算、重算或多算；检查采用的人工、材料、机具台班实际价格是否合理。封面应写明工程编号、工程名称、预算总造价和单方造价等，撰写编制说明，将封面、编制说明、预算费用汇总表、人材机实物量汇总表、工程预算分析表等按顺序编排并装订成册，便完成了单位施工图预算的编制工作。

工料单价法与实物量法首尾部分的步骤基本相同，所不同的主要是中间两个步骤，即

1）实物量法套用的是预算定额（或企业定额）人工工日、材料、施工机具台班消耗量，工料单价法套用的是单位估价表工料单价或定额基价。

2）实物量法采用的是当时当地的各类人工工日、材料、施工机具台班的实际单价，工料单价法采用的是单位估价表或定额编制时期的各类人工工日、材料、施工机具台班单价。

（三）设备及工器具购置费计算

设备购置费由设备原价和设备运杂费构成；未达到固定资产标准的工器具购置费一般以设备购置费为计算基数，按照规定的费率计算。设备及工器具购置费编制方法及内容可参照设计概算相关内容。

（四）单位工程预算书编制

单位工程预算由建筑安装工程费和设备及工器具购置费组成，将计算好的建筑安装工程

费和设备及工器具购置费相加，即得到单位工程预算，即

单位工程预算=建筑安装工程费+设备及工器具购置费

单位工程预算书由单位建筑工程预算书和单位设备及安装工程预算书组成。建筑工程单位建筑工程预算书主要由建筑工程预算表（见表7-17）和建筑工程取费表（见表7-18）构成，单位设备及安装工程预算书则主要由设备及安装工程预算表和设备及安装工程取费表构成，表格形式和建筑工程预算表和取费表的形式类似。

表7-17　建筑工程预算表

工程名称（单位工程）：　　　　共　页　第　页

序号	定额编号	子目名称	工程量		价值（元）		其中（元）	
			单位	工程量	单价	合价	人工费	机械费
一		土石方工程						
1	A1-42	平整场地	$100m^2$	7.79	91.2	710.45	710.45	0
2	A1-44	回填土夯填	$100m^3$	3.91	1038.03	4058.7	3325.46	733.24
3	A1-114	机械运土方、挖掘机挖土方二类土	$100m^3$	2	2763.19	5526.38	2260.8	3265.58
……	……	……	……	……	……	……	……	……
二		砌筑工程						
6	A3-2	砖砌墙一砖以内	$10m^3$	0.01	2083.57	20.84	7.39	0.25
7	A3-17	加气混凝土砌块	$10m^3$	37.29	2071	77227.59	14662.43	363.58
……	……	……	……	……	……	……	……	……

表7-18　建筑工程取费表

单位工程预算编号：　　　　工程名称（单位工程）　　　　共　页　第　页

序号	工程项目或费用名称	表达式	费率（%）	合价（元）
1	定额人材机费			
2	其中：人工费			
3	其中：材料费			
4	其中：机械费			
5	企业管理费			
6	利润			
7	规费			
8	税金			
9	单位建筑工程费用			

铁路工程单项预算表见表7-19。

表 7-19　铁路工程单项预算表　　　　第　页　共　页

建设名称	某新建铁路		编号		
工程名称	特大桥		工程总量		
工程地点			预算价值		
所属章节	3 章 05 节		预算指标		
单价编号	工作项目或费用名称	单位	数量或费率	费用（元）	
				单价	合价
	特大桥（1 座）	延长米			
	一、复杂特大桥	延长米			
	（一）×××特大桥	延长米			
	Ⅰ. 建筑工程费	延长米			
	1. 下部工程	延长米			
	（1）基础	圬工方	12966. 9	1575. 8	20433186
	① 明挖	圬工方	261. 4	1229. 04	321270
	A. 混凝土	圬工方	261. 4	1120. 81	292981
明挖基础混凝土的合价计算过程同明挖基础钢筋的合价计算过程					
	B. 钢筋	t	6. 374	4438. 19	28289
QY-342 参	陆上墩台身钢筋	t	6. 374	3615. 07	23043
	人工费	元			1022
	材料费	元			21675
	施工机具使用费	元			346
	一、定额直接工程费	元			23043
	运杂费（按材料质量计算）	t	6. 57	14. 014	92
	二、价外运杂费	元			92
	人工费价差	元	42. 58	21	894
	材料费价差	元			2904
	施工机具使用费价差	元			211
	三、价差合计	元			4009
	直接工程费	元			27144
	五、施工措施费	%	4. 74	1368	65
	六、直接费	元			27209
	七、间接费	%	11. 9	1368	163
	八、税金	%	3. 35	27372	917
	九、单项预算价格	元			28289
	② 承台	圬工方	6382. 7	751. 53	4796779
	A. 混凝土	圬工方	6382. 7	587. 19	3747844
承台基础混凝土的合价计算过程同明挖基础钢筋合价的计算过程					
	B. 钢筋	t	235. 777	4438. 05	1046389
	⑤ 钻孔桩	m	2580. 11	5835. 85	15315137
	A. 陆上	m	2580. 11	5835. 85	15315137
	（2）墩台	圬工方			
	① 混凝土	圬工方			
其他内容计算过程省略					

六、单项工程综合预算的编制

单项工程综合预算造价由组成该单项工程的各个单位工程预算造价汇总而成。对于铁路工程项目就是将各单项预算编制单元的单项预算价值和指标，根据其在综合概预算章节中所属的章节细目填写入综合预算表相应的栏目，逐级计算汇总后形成。铁路工程综合预算表见表 7-20。

表 7-20　综合预算表

建设名称			工程总量		编号	
编制范围			预算总额		技术经济指标	
章别	节号	工程及费用名称	单位	数量	预算价值（万元）	指标（元）

七、建设项目总预算的编制

建设项目总预算由组成该建设项目的各个单项工程综合预算，以及经计算的工程建设其他费用、预备费、建设期利息和铺底流动资金等汇总而成。三级预算编制中总预算由综合预算和工程建设其他费用、预备费、建设期利息及铺底流动资金汇总而成。铁路工程总预算表见表 7-21。

表 7-21　铁路工程总预算表

建设名称				编号				
编制范围				预算总额				
工程总量				技术经济指标				
章别	费用类别	预算价值（万元）					技术经济指标（万元）	费用比例（%）
		Ⅰ建筑工程费	Ⅱ安装工程费	Ⅲ设备购置费	Ⅳ其他费	合计		
	第一部分：工程造价							
一	拆迁及征地费用							
二	路基							
三	桥涵							
四	隧道及明洞							
五	轨道							
六	通信、信号、信息及灾害监测							
七	电力及电力牵引供电							
八	房屋							
九	其他运营生产设备及建筑物							
十	大型临时设施和过渡工程							

（续）

<table>
<tr><td>建设名称</td><td colspan="4"></td><td colspan="3">编号</td><td></td></tr>
<tr><td>编制范围</td><td colspan="4"></td><td colspan="3">预算总额</td><td></td></tr>
<tr><td>工程总量</td><td colspan="4"></td><td colspan="3">技术经济指标</td><td></td></tr>
<tr><td rowspan="2">章别</td><td rowspan="2">费用类别</td><td colspan="5">预算价值（万元）</td><td rowspan="2">技术经济指标（万元）</td><td rowspan="2">费用比例（%）</td></tr>
<tr><td>Ⅰ建筑工程费</td><td>Ⅱ安装工程费</td><td>Ⅲ设备购置费</td><td>Ⅳ其他费</td><td>合计</td></tr>
<tr><td>十一</td><td>其他费用</td><td></td><td></td><td></td><td></td><td></td><td></td><td></td></tr>
<tr><td colspan="2">以上各章合计</td><td></td><td></td><td></td><td></td><td></td><td></td><td></td></tr>
<tr><td>十二</td><td>基本预备费</td><td></td><td></td><td></td><td></td><td></td><td></td><td></td></tr>
<tr><td colspan="2">第二部分：动态投资</td><td></td><td></td><td></td><td></td><td></td><td></td><td></td></tr>
<tr><td>十三</td><td>价差预备费</td><td></td><td></td><td></td><td></td><td></td><td></td><td></td></tr>
<tr><td>十四</td><td>建设期利息</td><td></td><td></td><td></td><td></td><td></td><td></td><td></td></tr>
<tr><td colspan="2">第三部分：机车车辆（动车组）购置费</td><td></td><td></td><td></td><td></td><td></td><td></td><td></td></tr>
<tr><td>十五</td><td>机车车辆（动车组）购置费</td><td></td><td></td><td></td><td></td><td></td><td></td><td></td></tr>
<tr><td colspan="2">第四部分：铺底流动资金</td><td></td><td></td><td></td><td></td><td></td><td></td><td></td></tr>
<tr><td>十六</td><td>铺底流动资金</td><td></td><td></td><td></td><td></td><td></td><td></td><td></td></tr>
<tr><td colspan="2">预算总额</td><td></td><td></td><td></td><td></td><td></td><td></td><td></td></tr>
</table>

设备及工器具购置费、工程建设其他费用、预备费、建设期利息及铺底流动资金具体编制方法可参照第二章、第三章相关内容。

练 习 题

1. 单位工程施工图预算的编制方法有（　　）和（　　）两种。

2. 全费用综合单价即单价中综合了人工费、（　　）、施工机械使用费、（　　）、规费、（　　）和（　　）等费用内容。

3. 部分费用综合单价即单价中综合了人工费、材料费、（　　）和（　　）与（　　），以及一定范围内的风险费用。

思 考 题

1. 什么是施工图预算？
2. 简述施工图预算的作用。
3. 简述施工图预算的编制原则。
4. 什么是工料单价法？
5. 简述工料单价法编制施工图预算的步骤。
6. 简述实物量法编制施工图预算的步骤。
7. 工料单价法与实物量法编制施工图预算的主要区别有哪些？

第八章

建设工程工程量清单

第一节　工程量清单概述

一、工程量清单的概念

建设工程工程量清单是在建设工程招标投标阶段，具有编制能力的招标人或受其委托具有相应资质的工程造价机构，依据国家标准、行业标准、招标文件、设计文件以及施工现场实际情况，编制的载明了项目名称、项目特征、工程数量等内容的明细清单。工程项目工程量清单是招标文件的重要组成部分。招标人对工程量清单的准确性和完整性负责。

二、工程量清单的编制依据

工程量清单的编制依据如下：

1）清单规范以及各专业工程量计算规范等。

2）国家或省级、行业建设主管部门颁发的计价依据、标准和办法。

3）建设工程设计文件及相关资料。

4）与建设工程有关的标准、规范、技术资料。

5）招标文件及其补充通知、答疑纪要。

6）施工现场情况、地勘水文资料、工程特点及常规施工方案。

7）其他相关资料。

三、工程量清单的作用

工程量清单是工程量清单计价的基础，贯穿于建设工程的招标投标阶段和施工阶段，是编制招标控制价、投标报价、计算工程量、支付工程款、确定合同价款、办理竣工结算以及工程索赔等的依据。工程量清单的主要作用如下：

1. 工程量清单为投标人的投标竞争提供了一个平等和共同的基础

工程量清单是由招标人负责编制，将要求投标人完成的工程项目及其相应工程实体数量全部列出，为投标人提供拟建工程的基本内容、实体数量和质量要求等的基础信息。这样，在建设工程的招标投标中，投标人的竞争活动就有了一个共同基础投标人机会均等，受到的待遇是公正和公平的。

2. 工程量清单是建设工程计价的依据

在招标投标过程中，招标人根据工程量清单编制招标工程的招标控制价；投标人按照工程量清单所表述的内容，依据企业定额计算投标价格，自主填报工程量清单所列项目的单价与合价。

3. 工程量清单是工程付款和结算的依据

在施工阶段，发包人根据承包人完成的工程量清单中规定的内容以及合同单价支付工程款。工程结算时，承发包双方按照工程量清单计价表中的序号对已实施的分部分项工程或计价项目，按合同单价和相关合同条款核算结算价款。

4. 工程量清单是调整工程价款、处理工程索赔的依据

发生工程变更和工程索赔时，可以选用或者参照工程量清单中的分部分项工程或计价项目及合同单价确定变更价款和索赔费用。

第二节　建筑工程工程量清单的组成及编制方法

一、建筑工程工程量清单的组成

建筑工程工程量清单由分部分项工程项目清单、措施项目清单、其他项目清单、规费项目清单和税金项目清单组成。

1. 分部分项工程项目清单

分部分项工程项目清单所反映的是拟建工程分部分项工程项目名称和相应数量的明细清单。它为不可调整清单，投标人对招标文件提供的分部分项工程项目清单必须逐一计价，对清单所列内容不允许做任何更改。投标人如果认为清单内容有不妥或遗漏，只能通过质疑的方式由清单编制人做统一的修改更正，并将修正后的工程量清单发给所有投标人。

2. 措施项目清单

措施项目清单是指为完成工程项目施工，发生于该工程施工准备和施工过程中技术、生活、安全、环境保护等方面的非工程实体项目清单。措施项目分单价措施项目和总价措施项目。措施项目清单为可调整清单，投标人对招标文件中所列项目，可根据企业自身特点做适当的调整。

3. 其他项目清单

其他项目清单是指除分部分项工程项目清单、措施项目清单所包含的内容以外，因招标人的特殊要求而发生的与拟建工程有关的其他费用项目和相应数量的清单。其他项目清单主要体现招标人提出的一些与拟建工程有关的特殊要求（这些特殊要求所需费用计入工程报价中）。其他项目清单包括暂列金额、暂估价、计日工、总承包服务费。

4. 规费项目清单

规费项目清单包括社会保险费（包括养老保险费、失业保险费、医疗保险费、工伤保险费、生育保险费）、住房公积金等内容。

5. 税金项目清单

税金项目清单主要指增值税。出现计价规范未列的项目，应根据税务部门的规定列项。

二、建筑工程工程量清单的编制方法

工程量清单应由招标人填写，采用计价规范规定的统一格式。工程量清单格式由封面、

扉页、总说明、分部分项工程项目清单、措施项目清单、其他项目清单、规费项目清单、税金项目清单组成。

（一）封面（见图 8-1）

工程造价文件是工程造价管理活动中体现国家规章、规定的主要载体，工程造价文件封面须有招标人、造价咨询人盖章方能生效。

××工程

招标工程量清单

招标人：　　（单位盖章）

造价咨询人：　　（单位盖章）

图 8-1　招标工程量清单封面

（二）扉页（见图 8-2）

招标人自行编制工程量清单时，编制人员必须是在招标人单位注册的造价人员。由招标人盖单位公章，法定代表人或其授权人签字或盖章；当编制人是注册造价工程师时，由其签字盖执业专用章；当编制人是造价员时，由其在编制人栏签字盖专用章，并应由注册造价工程师复核，在复核人栏签字盖执业专用章。

招标人委托工程造价咨询人编制工程量清单时，编制人员必须是在工程造价咨询人单位注册的造价人员。工程造价咨询人盖单位资质专用章，法定代表人或其授权人签字或盖章；当编制人是注册造价工程师时，由其签字盖执业专用章；当编制人是造价员时，由其在编制人栏签字盖专用章，并应由注册造价工程师复核，在复核人栏签字盖执业专用章。

××工程

招标工程量清单

招标人：（单位盖章）	造价咨询人：（单位资质专用章）
法定代表人或其授权人：（签字或盖章）	法定代表人或其授权人：（签字或盖章）
编制人：（造价人员签字盖专用章）	复核人：（造价工程师签字盖专用章）
编制时间：　年　月　日	复核时间：　年　月　日

图 8-2　扉页

（三）工程量清单总说明编制

工程量清单总说明应按下列内容编制：

1）工程概况：建设规模、工程特征、计划工期、施工现场实际情况、自然地理条件、环境保护要求等。

2）工程招标和分包范围。

3）工程量清单编制依据。

4）工程质量、材料、施工等的特殊要求。

5）其他需要说明的问题。

（四）分部分项工程项目清单编制

分部分项工程项目清单为完成分部分项工程量所需的实体项目。分部分项工程项目清单必须载明项目编码、项目名称、项目特征、计量单位和工程量。分部分项工程项目清单必须根据各专业工程工程量计算规范规定的项目编码、项目名称、项目特征、计量单位和工程量计算规则进行编制。其格式见表8-1，在分部分项工程项目清单的编制过程中，由招标人负责前六项内容填列，金额部分在编制最高投标限价或投标报价时填列。

表8-1　分部分项工程和单价措施项目清单与计价表

工程名称：　　　　　　　　标段：　　　　　　　　第　页　共　页

序号	项目编码	项目名称	项目特征	计量单位	工程量	金额		
						综合单价	合价	其中
								暂估价

1. 项目编码

分部分项工程项目清单的项目编码，应根据拟建工程的工程项目清单项目名称设置，同一招标工程的项目编码不得有重码。项目编码是分部分项工程和措施项目清单名称的阿拉伯数字标识。清单项目编码以五级编码设置，用十二位阿拉伯数字表示。一、二、三、四级编码为全国统一，即一至九位应按工程量计算规范的规定设置；第五级即十至十二位为清单项目编码，这三位清单项目编码由招标人根据招标工程的工程量清单项目名称设置，并应自001起顺序编制。

项目编码的十二位数字的含义是：第一级（一、二位）表示专业工程代码；第二级（三、四位）表示附录分类顺序码；第三级（五、六位）表示分部工程顺序码；第四级（七、八、九位）表示分项工程项目名称顺序码；第五级（十至十二位）表示工程量清单项目名称顺序码。

例如，010101001001表示房屋建筑与装饰工程（01）土石方工程（01）土方工程（01）平整场地（001）清单项目名称顺序码（001）。

当一个标段（或合同段）的工程量清单含有多个单项或单位工程，且工程量清单是以单项或单位工程为编制对象时，在编制工程量清单时对项目编码十到十二位的设置不得有重码。例如一个标段含有两个单位工程，每一个单位工程中都有项目特征相同的实心砖墙砌体，在工程量清单中需要反映两个不同单位工程的实心砖墙工程量，此时工程量清单应以单位工程为编制对象，第一个单位工程的实心砖墙的项目编码为010401003001，第二个单位工程的实心砖墙的项目编码为010401003002。

2. 项目名称

分部分项工程项目清单的项目名称应按各专业工程量计算规范附录的项目名称结合拟建工程的实际情况确定。清单编制时，应以附录的项目名称为主体，考虑该项目的规格、型号、材质等特征要求，结合拟建工程的实际情况，使其工程量清单项目名称具体化、细化，尽量能反映影响工程造价的主要因素。例如，对于独立基础的土方开挖，项目名称可以具体化为挖独立基础土方。

在分部分项工程项目清单中所列出的项目，应是在单位工程的施工过程中以其本身构成该单位工程实体的分项工程，但应注意：

1）当在拟建工程的施工图中有体现，并且在专业工程量计算规范附录中也有相对应的项目时，则根据附录中的规定直接列项，计算工程量，确定其项目编码。

2）当在拟建工程的施工图中有体现，但在专业工程量计算规范附录中没有相对应的项目，并且在附录项目的“项目特征”或“工程内容”中也没有提示时，则必须编制针对这些分项工程的补充项目，在清单中单独列项并在清单的编制说明中注明。

3. 项目特征

项目特征是指构成分部分项工程项目、措施项目自身价值的本质特征。项目特征是区分清单项目和确定一个清单项目综合单价的重要依据，是履行合同义务的基础。

分部分项工程项目清单的项目特征应按各专业工程量计算规范附录中规定的项目特征，结合技术规范、标准图集、施工图，按照工程结构、使用材质及规格或安装位置等，予以详细、准确的表述和说明。凡项目特征中未描述到的其他独有特征，由清单编制人视项目具体情况确定，以准确描述清单项目为准。总之，描述清单项目特征时，体现项目本质区别的特征和对确定项目综合单价有实质性影响的内容必须描述。

为达到规范、简洁、准确、全面描述项目特征的要求，应按以下原则进行：

1）项目特征描述的内容应按附录中的规定，结合拟建工程的实际，满足确定综合单价的需要。

2）若采用标准图集或施工图能够全部或部分满足项目特征描述的要求，项目特征描述可直接采用“详见××图集”或“××图号”的方式。对不能满足项目特征描述要求的部分，仍应用文字描述。

清单编制人应该重视分部分项工程项目清单中项目特征的描述，任何不描述或描述不清，均会在施工合同履约过程中产生分歧，导致纠纷、索赔。

在各专业工程量计算规范附录中还有关于各清单项目“工程内容”的描述。工程内容是指完成清单项目可能发生的具体工作和操作程序，但应注意的是，在编制分部分项工程项目清单时，工程内容通常无须描述，因为在工程量计算规范中，工程量清单项目与工程量计算规则、工程内容有一一对应的关系，当采用工程量计算规范这一标准时，工程内容均有规定。

4. 计量单位

分部分项工程项目清单的计量单位应按各专业工程量计算规范附录中规定的计量单位确定。当计量单位有两个或两个以上时，应根据所编工程量清单项目的特征要求，选择最适宜表现该项目特征并方便计量的单位。

计量单位应采用基本单位，除各专业另有特殊规定外均按以下单位计量：以质量计算的项目——t或kg；以体积计算的项目——m^3；以面积计算的项目——m^2；以长度计算的项目——m；以自然计量单位计算的项目——个、套、块、樘、组、台等；没有具体数量的项目以宗、项；各专业有特殊计量单位的再加以说明。

5. 工程量的计算

工程量主要通过工程量计算规则计算得到。工程量计算规则是指对清单项目工程量的计算规定。分部分项工程项目清单中所列工程量应按各专业工程量计算规范规定的工程量计算规则计算。除另有说明外，所有清单项目的工程量应以实体工程量为准，以完成以后的净值计算，投标人在报价时，应在单价中考虑施工中的各种损耗和需要增加的工程量。

工程数量的有效位数应遵守下列规定：以“t”为单位的，应保留三位小数，第四位小数四舍五入；以“m^3”“m^2”“m”“kg”为单位的，应保留两位小数，第三位小数四舍五入；以“个”“项”等为单位的，应取整数。

为了工程量计算的快速准确并尽量避免漏算或重算，必须依据一定的计算原则及方法：

(1) 计算口径一致。根据施工图列出的工程量清单项目，必须与各专业工程工程量计算规范中相应清单项目的口径相一致。

(2) 按工程量计算规则计算。工程量计算规则是综合确定各项消耗指标的基本依据，也是具体工程测算和分析资料的基准。

(3) 按图纸计算。工程量按每一分项工程，根据设计图进行计算，计算时采用的原始数据必须以施工图所表示的尺寸或施工图能读出的尺寸为准进行计算，不得任意增减。

(4) 按一定顺序计算。计算分部分项工程量时，可以按照清单分部分项编目顺序或按照施工图专业顺序依次进行计算。对于计算同一张图纸的分项工程量时，一般可采用以下几种顺序：按顺时针或逆时针顺序计算；按先横后纵顺序计算；按轴线编号顺序计算；按施工先后顺序计算。

6. 补充项目

在编制工程量清单时，当出现工程量计算规范附录中未包括的清单项目时，编制人应做补充，并将编制的补充项目报省级或行业工程造价管理机构备案。

补充项目的编码由工程量计算规范的代码与B和三位阿拉伯数字组成，并应从×B001起顺序编制。例如房屋建筑与装饰工程如需补充项目，则其编码应从01B001开始起顺序编制，同一招标工程的项目不得重码。工程量清单中需附有补充项目的名称、项目特征、计量单位、工程量计算规则、工程内容。

（五）措施项目清单编制

措施项目清单是指为完成工程项目施工，发生于该工程施工准备和施工过程中的技术、生活、安全、环境保护等方面的项目清单。措施项目中，有些措施项目则是可以精确计算工程量的项目，如脚手架工程，混凝土模板及支架（撑），垂直运输，超高施工增加，大型机械设备进出场及安拆，施工排水、降水等，这类措施项目按照分部分项工程项目清单的方式，更有利于措施费的确定和调整。这些可以计算工程量的项目（单价措施项目）宜采用与分部分项工程项目清单相同的方式编制（参见表8-1）；而有些措施项目费用的发生与使用时间、施工方法或者两个以上的工序相关，与实际完成的实体工程量的大小关系不大，如安全文明施工，夜间施工，非夜间施工照明，二次搬运，冬雨季施工，地上、地下设施和建筑物的临时保护设施，已完工程及设备保护等。这些不能计算工程量的项目（总价措施项目），以“项”为计量单位进行编制（参见表8-2）。

措施项目清单应根据拟建工程的实际情况列项。编制措施项目清单时，工程量计算规范中提供的措施项目仅作为列项的参考，对于规范未列的措施项目，可根据工程实际情况补充。

表 8-2　总价措施项目清单与计价表

工程名称：　　　　　　　　　　　　　标段：　　　　　　　　　　　　第　页　共　页

序号	项目编码	项目名称	计算基础	费率（%）	金额（元）	调整费率（%）	调整后金额（元）	备注
		安全文明施工费						
		夜间施工增加费						
		二次搬运费						
		冬雨季施工增加费						
		已完工程及设备保护						
合计								

（六）其他项目清单编制

其他项目清单是指应招标人的特殊要求而发生的与拟建工程有关的其他费用项目和相应数量的清单。工程建设标准的高低、工程的复杂程度、工程的工期长短、工程的组成内容、发包人对工程管理的要求等都直接影响其他项目清单的具体内容。其他项目清单包括暂列金额，暂估价（包括材料暂估单价、工程设备暂估单价、专业工程暂估价），计日工，总承包服务费。其他项目清单需根据拟建工程的具体情况宜按照表 8-3 的格式编制。编制其他项目清单时，出现未包含在表格中内容的项目，可根据工程实际情况补充。

表 8-3　其他项目清单与计价汇总表

工程名称：　　　　　　　　　　　　　标段：　　　　　　　　　　　　第　页　共　页

序号	项目名称	金额（元）	结算金额（元）	备注
1	暂列金额			
2	暂估价			
2.1	材料（工程设备）暂估价/结算价			
2.2	专业工程暂估价/结算价			
3	计日工			
4	总承包服务费			
合计				

1. 暂列金额

暂列金额是指招标人在工程量清单中暂定并包括在合同价款中的一笔款项，用于施工合同签订时尚未确定或者不可预见的所需材料、工程设备、服务的采购，施工中可能发生的工程变更、合同约定调整因素出现时的工程价款调整以及发生的索赔、现场签证确认等的费用。暂列金额应根据工程特点，按有关计价规定估算。暂列金额可按照表 8-4 的格式列示。在暂列金额明细表中，由招标人填写其项目名称、计量单位、暂定金额等。招标人如不能详细列明项目名称时，可只列出暂定金额总额。

表 8-4 暂列金额明细表

工程名称： 标段： 第 页 共 页

序号	项目名称	计量单位	暂定金额（元）	备注
1				
2				
3				
合计				

2. 暂估价

暂估价是指招标人在工程量清单中提供的用于支付必然发生但暂时不能确定价格的材料、工程设备的单价以及专业工程的金额，包括材料暂估价、工程设备暂估价和专业工程暂估价。暂估价项目在招标阶段预见肯定要发生，只是因为标准不明确或者需要由专业的承包人完成，暂时无法确定其价格或金额。

为方便合同管理，需要纳入分部分项工程项目清单综合单价中的暂估价应只是材料、工程设备暂估单价，以方便投标人组价。专业工程的暂估价一般应是综合暂估价，包括人工费、材料费、施工机具使用费、企业管理费和利润，不包括规费和税金。

暂估价中的材料、工程设备暂估单价应根据工程造价信息或参照市场价格估算，列出明细表，并在备注栏说明暂估价的材料、工程设备拟用在哪些清单项目上。专业工程暂估价应分不同专业，按有关计价规定估算，列出明细表。暂估价可按照表 8-5、表 8-6 的格式列示。

表 8-5 材料（工程设备）暂估单价及调整表

工程名称： 标段： 第 页 共 页

序号	材料（工程设备）名称、规格、型号	计量单位	数量		暂估（元）		确认（元）		差额±（元）		备注
			暂估	确认	单价	合价	单价	合价	单价	合价	

表 8-6 专业工程暂估价及结算价表

工程名称： 标段： 第 页 共 页

序号	工程名称	工程内容	暂估金额（元）	结算金额（元）	差额±（元）	备注

3. 计日工

计日工是为了解决承包人完成发包人提出的工程合同范围以外的零星项目或工作的计价而设立的。这里所说的零星工作一般是指合同约定之外的或者因变更而产生的、工程量清单中没有相应项目的额外工作，尤其是那些难以事先商定价格的额外工作。

在施工过程中，对承包人完成发包人提出的工程合同范围以外的零星项目或工作所消耗的人工工日、材料数量、施工机具台班进行计量，并按照计日工表中填报的适用项目的单价进行计价支付。

编制工程量清单时，计日工表中的人工应按工种，材料和施工机具应按规格、型号详细列项。计日工应列出项目名称、计量单位和暂估数量。计日工可按照表 8-7 的格式列示。

表 8-7　计日工表

工程名称：　　　　　　　　　　　　　　标段：　　　　　　　　　　　　第　页　共　页

编号	项目名称	单位	暂定数量	综合单价（元）	合价（元）
一	人工				
1					
……					
人工小计					
二	材料				
1					
……					
材料小计					
三	施工机具				
1					
……					
施工机具小计					
四	企业管理费和利润				
总计					

4. 总承包服务费

总承包服务费是指总承包人为配合协调发包人进行的专业工程发包，对发包人自行采购的材料、工程设备等进行保管以及施工现场管理、竣工资料汇总整理等服务所需的费用。招标人应当预计该项费用并按投标人投标报价向投标人支付该项费用。

总承包服务费应列出服务项目及其内容等。总承包服务费按照表 8-8 的格式列示。

表 8-8　总承包服务费计价表

工程名称：　　　　　　　　　　　　　　标段：　　　　　　　　　　　　第　页　共　页

序号	工程名称	项目价值（元）	服务内容	计算基础	费率（%）	金额（元）
1	发包人发包专业工程					
2	发包人提供材料					
……						
合计						

（七）规费、税金项目清单编制

规费项目清单应按照下列内容列项：社会保险费，包括养老保险费、失业保险费、医疗保险费、工伤保险费、生育保险费；住房公积金；出现计价规范中未列的项目，应根据省级政府或省级有关权力部门的规定列项。

税金项目主要是指增值税。出现计价规范未列的项目，应根据税务部门的规定列项。

规费、税金项目计价表见表8-9。

表8-9 规费、税金项目计价表

工程名称： 标段： 第 页 共 页

序号	项目名称	计算基础	计算基数	计算费率（%）	金额（元）
1	规费	定额人工费			
1.1	社会保险费	定额人工费			
(1)	养老保险费	定额人工费			
(2)	失业保险费	定额人工费			
(3)	医疗保险费	定额人工费			
(4)	工伤保险费	定额人工费			
(5)	生育保险费	定额人工费			
1.2	住房公积金	定额人工费			
2	税金（增值税）	分部分项工程费+措施项目费+其他项目费+规费			
合计					

（八）工程量清单汇总

在分部分项工程项目清单、措施项目清单、其他项目清单、规费和税金项目清单编制完成以后，经审查复核，与工程量清单封面及总说明汇总并装订，由相关责任人签字和盖章，形成完整的招标工程量清单文件。

第三节 建筑工程工程量清单项目的计算规则

本节介绍房屋建筑与装饰工程工程量的计算规则与方法，以《房屋建筑与装饰工程工程量计算规范》（GB 50854—2013）附录中清单项目设置和工程量计算规则为主。

一、土石方工程（编码：0101）

土石方工程包括土方工程、石方工程及回填。

（一）土方工程（编码：010101）

土方工程包括平整场地、挖一般土方、挖沟槽土方、挖基坑土方、冻土开挖、挖淤泥（流砂）、管沟土方等项目。挖土方如需截桩头时，应按桩基工程相关项目列项。

工程量计算规则：

（1）平整场地。按设计图示尺寸以建筑物首层建筑面积“m^2”计算。项目特征描述：土壤类别、弃土运距、取土运距。

（2）挖一般土方。按设计图示尺寸以体积“m^3”计算。挖土方平均厚度应按自然地面测量标高至设计地坪标高间的平均厚度确定。项目特征描述：土壤类别、挖土深度、弃土运距。

（3）挖沟槽土方、挖基坑土方。按设计图示尺寸以基础垫层底面积乘以挖土深度按体积“m^3”计算。基础土方开挖深度应按基础垫层底表面标高至交付施工场地标高确定，无交付施工场地标高时，应按自然地面标高确定。项目特征描述：土壤类别、挖土深度、弃土运距。

（4）冻土开挖。按设计图示尺寸开挖面积乘以厚度以体积“m^3”计算。

（5）挖淤泥、流砂。按设计图示位置、界限以体积“m^3”计算。挖方出现流砂、淤泥时，如设计未明确，在编制工程量清单时，其工程数量可为暂估量，结算时应根据实际情况由发包人与承包人双方现场签证确认工程量。

（6）管沟土方。以“m”计量，按设计图示以管道中心线长度计算；以“m^3”计量，按设计图示管底垫层面积乘以挖土深度计算。无管底垫层按管外径的水平投影面积乘以挖土深度计算。不扣除各类井的长度，井的土方并入。管沟土方项目适用于管道（给排水、工业、电力、通信）、光（电）缆沟［包括人（手）孔、接口坑］及连接井（检查井）等。有管沟设计时，平均深度以沟垫层底面标高至交付施工场地标高计算；无管沟设计时，直埋管深度应按管底外表面标高至交付施工场地标高的平均高度计算。

（二）石方工程（编码：010102）

石方工程包括挖一般石方、挖沟槽石方、挖基坑石方、挖管沟石方。

工程量计算规则：

（1）挖一般石方。按设计图示尺寸以体积“m^3”计算。

（2）挖沟槽（基坑）石方。按设计图示尺寸沟槽（基坑）底面积乘以挖石深度以体积“m^3”计算。

（3）挖管沟石方。以“m”计量，按设计图示以管道中心线长度计算；以“m^3”计量，按设计图示截面积乘以长度以体积计算。有管沟设计时，平均深度以沟垫层底面标高至交付施工场地标高计算；无管沟设计时，直埋管深度应按管底外表面标高至交付施工场地标高的平均高度计算。管沟石方项目适用于管道（给排水、工业、电力、通信）、光（电）缆沟［包括人（手）孔、接口坑］及连接井（检查井）等。

（三）回填（编码：010103）

回填包括回填方、余方弃置等项目。

工程量计算规则：

（1）回填方。按设计图示尺寸以体积“m^3”计算。

1）场地回填：回填面积乘以平均回填厚度。

2）室内回填：主墙间净面积乘以回填厚度，不扣除间隔墙。

3）基础回填：挖方清单项目工程量减去自然地坪以下埋设的基础体积（包括基础垫层及其他构筑物）。

回填方项目特征描述：密实度要求、填方材料品种、填方粒径要求、填方来源及运距。

（2）余方弃置。按挖方清单项目工程量减利用回填方体积（正数）以“m^3”计算。项目特征描述：废弃料品种、运距（由余方点装料运输至弃置点的距离）。

二、地基处理与边坡支护工程（编码：0102）

地基处理与边坡支护工程包括地基处理、基坑与边坡支护。

（一）地基处理（编码：010201）

地基处理包括换填垫层、铺设土工合成材料、预压地基、强夯地基、振冲密实（不填料）、振冲桩（填料）、砂石桩、水泥粉煤灰碎石桩、深层搅拌桩、粉喷桩、夯实水泥土桩、高压喷射注浆桩、石灰桩、灰土（土）挤密桩、柱锤冲扩桩、注浆地基、褥垫层等项目。

工程量计算规则：

（1）换填垫层。按设计图示尺寸以体积"m^3"计算。换填垫层是指挖去浅层软弱土层和不均匀土层，回填坚硬、较粗粒径的材料，并夯压密实形成的垫层。根据换填材料不同可分为土、石垫层和土工合成材料加筋垫层，可根据换填材料不同，区分土（灰土）垫层、石（砂石）垫层等分别编码列项。项目特征描述：材料种类及配合比、压实系数、掺加剂品种。

（2）铺设土工合成材料。按设计图示尺寸以面积"m^2"计算。土工合成材料是以聚合物为原料的材料名词的总称，主要起反滤、排水、加筋、隔离等作用，可分为土工织物、土工膜、特种土工合成材料和复合型土工合成材料。

（3）预压地基、强夯地基、振冲密实（不填料）。按设计图示处理范围以面积"m^2"计算。

（4）振冲桩（填料）。以"m"计量，按设计图示尺寸以桩长计算；以"m^3"计量，按设计桩截面乘以桩长以体积计算。项目特征应描述：地层情况，空桩长度、桩长，桩径，填充材料种类。

（5）砂石桩。以"m"计量，按设计图示尺寸以桩长（包括桩尖）计算；以"m^3"计量，按设计桩截面乘以桩长（包括桩尖）以体积计算。砂石桩是将碎石、砂或砂石混合料挤压入已成的孔中，形成密实砂石竖向增强桩体，与桩间土形成复合地基。

（6）水泥粉煤灰碎石桩、夯实水泥土桩、石灰桩、灰土（土）挤密桩。按设计图示尺寸以桩长（包括桩尖）"m"计算。

（7）深层搅拌桩、粉喷桩、柱锤冲扩桩、高压喷射注浆桩。按设计图示尺寸以桩长"m"计算。

（8）注浆地基。以"m"计量，按设计图示尺寸以钻孔深度计算；以"m^3"计量，按设计图示尺寸以加固体积计算。

（9）褥垫层。以"m^2"计量，按设计图示尺寸以铺设面积计算；以"m^3"计量，按设计图示尺寸以体积计算。

（二）基坑与边坡支护（编码：010202）

基坑与边坡支护包括地下连续墙、咬合灌注桩、圆木桩、预制钢筋混凝土板桩、型钢桩、钢板桩、锚杆（锚索）、土钉、喷射混凝土（水泥砂浆）、钢筋混凝土支撑、钢支撑等项目。

工程量计算规则：

（1）地下连续墙。按设计图示墙中心线长乘以厚度乘以槽深以体积"m^3"计算。

（2）咬合灌注桩。以"m"计量，按设计图示尺寸以桩长计算；以"根"计量，按设计图示数量计算。

（3）圆木桩、预制钢筋混凝土板桩。以"m"计量，按设计图示尺寸以桩长（包括桩尖）计算；以"根"计量，按设计图示数量计算。

（4）型钢桩。以“t”计量，按设计图示尺寸以质量计算；以“根”计量，按设计图示数量计算。

（5）钢板桩。以“t”计量，按设计图示尺寸以质量计算；以“m^2”计量，按设计图示墙中心线长乘以桩长以面积计算。

（6）锚杆（锚索）、土钉。以“m”计量，按设计图示尺寸以钻孔深度计算；以“根”计量，按设计图示数量计算。

（7）喷射混凝土、水泥砂浆。按设计图示尺寸以面积“m^2”计算。

（8）钢筋混凝土支撑。按设计图示尺寸以体积“m^3”计算。

（9）钢支撑。按设计图示尺寸以质量“t”计算，不扣除孔眼质量，焊条、铆钉、螺栓等不另增加质量。

三、桩基础工程（编码：0103）

桩基础工程包括打桩、灌注桩。

（一）打桩（编码：010301）

打桩包括预制钢筋混凝土方桩、预制钢筋混凝土管桩、钢管桩、截（凿）桩头等项目。

工程量计算规则：

（1）预制钢筋混凝土方桩、预制钢筋混凝土管桩。以“m”计量，按设计图示尺寸以桩长（包括桩尖）计算；以“m^3”计量，按设计图示截面积乘以桩长（包括桩尖）以体积计算；以“根”计量，按设计图示数量计算。

（2）钢管桩。以“t”计量，按设计图示尺寸以质量计算；以“根”计量，按设计图示数量计算。

（3）截（凿）桩头。以“m^3”计量，按设计桩截面乘以桩头长度以体积计算；以“根”计量，按设计图示数量计算。截（凿）桩头项目适用于“地基处理与边坡支护工程、桩基础工程”所列桩的桩头截（凿）。

（二）灌注桩（编码：010302）

灌注桩包括泥浆护壁成孔灌注桩、沉管灌注桩、干作业成孔灌注桩、挖孔桩土（石）方、人工挖孔灌注桩、钻孔压浆桩、灌注桩后压浆。混凝土灌注桩的钢筋笼制作、安装，按“混凝土与钢筋混凝土工程”中相关项目编码列项。

工程量计算规则：

（1）泥浆护壁成孔灌注桩、沉管灌注桩、干作业成孔灌注桩。以“m”计量，按设计图示尺寸以桩长（包括桩尖）计算；以“m^3”计量，按不同截面在桩上范围内以体积计算；以“根”计量，按设计图示数量计算。

（2）挖孔桩土（石）方。按设计图示尺寸（含护壁）截面积乘以挖孔深度以体积“m^3”计算。

（3）人工挖孔灌注桩。以“m^3”计量，按桩芯混凝土体积计算；以“根”计量，按设计图示数量计算。工作内容中包括了护壁的制作，护壁的工程量不需要单独编码列项，应在综合单价中考虑。

（4）钻孔压浆桩。以“m”计量，按设计图示尺寸以桩长计算；以“根”计量，按设计图示数量计算。

（5）灌注桩后压浆。按设计图示以注浆孔数“孔”计算。

四、砌筑工程（编码：0104）

砌筑工程包括砖砌体、砌块砌体、石砌体、垫层。

（一）砖砌体（编码：010401）

砖砌体包括砖基础、砖砌挖孔桩护壁、实心砖墙、多孔砖墙、空心砖墙、空斗墙、空花墙、填充墙、实心砖柱、多孔砖柱、砖检查井、零星砌砖、砖散水（地坪）、砖地沟（明沟）。

工程量计算规则：

（1）砖基础。按设计图示尺寸以体积“m^3”计算。包括附墙垛基础宽出部分体积，扣除地梁（圈梁）、构造柱所占体积，不扣除基础大放脚T形接头处的重叠部分及嵌入基础内的钢筋、铁件、管道、基础砂浆防潮层和单个面积≤0.3m^2的孔洞所占体积，靠墙暖气沟的挑檐不增加。砖基础的项目特征描述：砖品种、规格、强度等级，基础类型，砂浆强度等级，防潮层材料种类。防潮层在清单项目综合单价中考虑，不单独列项计算工程量。

基础长度：外墙按外墙中心线，内墙按内墙净长线计算。砖基础项目适用于各种类型砖基础，如柱基础、墙基础、管道基础等。

（2）实心砖墙、多孔砖墙、空心砖墙。按设计图示尺寸以体积“m^3”计算。扣除门窗、洞口、嵌入墙内的钢筋混凝土柱、梁、圈梁、挑梁、过梁及凹进墙内的壁龛、管槽、暖气槽、消火栓箱所占体积，不扣除梁头、板头、檩头、垫木、木楞头、沿椽木、木砖、门窗走头、砖墙内加固钢筋、木筋、铁件、钢管及单个面积≤0.3m^2的孔洞所占的体积。凸出墙面的腰线、挑檐、压顶、窗台线、虎头砖、门窗套的体积也不增加。凸出墙面的砖垛并入墙体体积内计算。

1）框架间墙工程量计算不分内外墙按墙体净尺寸以体积计算。围墙的高度算至压顶上表面（如有混凝土压顶时算至压顶下表面），围墙柱并入围墙体积内计算。

2）墙长度的确定。外墙按中心线，内墙按净长线计算。

3）墙高度的确定。

① 外墙：斜（坡）屋面无檐口天棚者算至屋面板底；有屋架且室内外均有天棚者算至屋架下弦底另加200mm，无天棚者算至屋架下弦底另加300mm，出檐宽度超过600mm时按实砌高度计算；有钢筋混凝土楼板隔层者算至板顶。平屋顶算至钢筋混凝土板底。

② 内墙：位于屋架下弦者，算至屋架下弦底；无屋架者算至天棚底另加100mm；有钢筋、混凝土楼板隔层者算至楼板顶；有框架梁时算至梁底。

③ 女儿墙：从屋面板上表面算至女儿墙顶面（如有混凝土压顶时算至压顶下表面）。

④ 内、外山墙：按其平均高度计算。

（3）空斗墙。按设计图示尺寸以空斗墙外形体积“m^3”计算。墙角、内外墙交接处、门窗洞口立边、窗台砖、屋檐处的实砌部分体积并入空斗墙体积内。

（4）空花墙。按设计图示尺寸以空花部分外形体积“m^3”计算，不扣除空洞部分体积。空花墙项目适用于各种类型的空花墙，使用混凝土花格砌筑的空花墙，实砌墙体与混凝土花格应分别计算，混凝土花格按“混凝土及钢筋混凝土”中预制构件相关项目编码列项。

（5）填充墙。按设计图示尺寸以填充墙外形体积“m^3”计算。项目特征需要描述填充材料种类及厚度。

（6）实心砖柱、多孔砖柱。按设计图示尺寸以体积“m^3”计算。扣除混凝土及钢筋混凝土梁垫、梁头、板头所占体积。

（7）砖检查井，砖散水、地坪，砖地沟、明沟，砖砌挖孔桩护壁。砖检查井。按设计图示数量“座”计算；砖散水、地坪按设计图示尺寸以面积“m^2”计算；砖地沟、明沟按设计图示以中心线长度“m”计算；砖砌挖孔桩护壁按设计图示尺寸以体积“m^3”计算。

（8）零星砌砖。以“m^3”计量，按设计图示尺寸截面积乘以长度计算；以“m^2”计量，按设计图示尺寸水平投影面积计算；以“m”计量，按设计图示尺寸长度计算；以“个”计量，按设计图示数量计算。

框架外表面的镶贴砖部分，按零星项目编码列项。空斗墙的窗间墙、窗台下、楼板下、梁头下等的实砌部分，按零星砌砖项目编码列项。台阶、台阶挡墙、梯带、锅台、炉灶、蹲台、池槽、池槽腿、砖胎模、花台、花池、楼梯栏板、阳台栏板、地垄墙、$\leq 0.3m^2$ 的孔洞填塞等，应按零星砌砖项目编码列项。砖砌锅台与炉灶可按外形尺寸以“个”计算，砖砌台阶可按水平投影面积以“m^2”计算，小便槽、地垄墙可按长度计算，其他工程以“m^3”计算。

（二）砌块砌体（编码：010402）

砌块砌体包括砌块墙、砌块柱等项目。

工程量计算规则：

（1）砌块墙。同实心砖墙的工程量计算规则。项目特征描述：砌块品种、规格、强度等级，墙体类型，砂浆强度等级。

（2）砌块柱。按设计图示尺寸以体积“m^3”计算。扣除混凝土及钢筋混凝土梁垫、梁头、板头所占体积。

（三）石砌体（编码：010403）

石砌体包括石基础、石勒脚、石墙、石挡土墙、石柱、石栏杆、石护坡、石台阶、石坡道、石地沟（明沟）等项目。

工程量计算规则：

（1）石基础。按设计图示尺寸以体积“m^3”计算，包括附墙垛基础宽出部分体积，不扣除基础砂浆防潮层及单个面积$\leq 0.3m^2$ 的孔洞所占体积，靠墙暖气沟的挑檐不增加体积。

基础长度：外墙按中心线，内墙按净长线计算。石基础项目适用于各种规格（粗料石、细料石等）、各种材质（砂石、青石等）和各种类型（柱基、墙基、直形、弧形等）基础。

（2）石勒脚。按设计图示尺寸以体积“m^3”计算，扣除单个面积$>0.3m^2$ 的孔洞所占体积。石勒脚项目适用于各种规格（粗料石、细料石等）、各种材质（砂石、青石、大理石、花岗石等）和各种类型（直形、弧形等）勒脚。

（3）石墙。同实心墙的工程量计算规则。

（4）石挡土墙、石柱。按设计图示尺寸以体积“m^3”计算。石挡土墙项目适用于各种规格（粗料石、细料石、块石、毛石、卵石等）、各种材质（砂石、青石、石灰石等）和各种类型（直形、弧形、台阶形等）挡土墙。石梯膀应按石挡土墙项目编码列项。

（5）石栏杆。按设计图示以长度“m”计算。石栏杆项目适用于无雕饰的一般石栏杆。

（6）石护坡。按设计图示尺寸以体积“m^3”计算。石护坡项目适用于各种石质和各种石料（粗料石、细料石、片石、块石、毛石、卵石等）。

（7）石台阶。按设计图示尺寸以体积“m^3”计算。石台阶项目包括石梯带（垂带），不包括石梯膀。

（8）石坡道。按设计图示尺寸以水平投影面积“m^2”计算。

（9）石地沟、明沟。设计图示以中心线长度“m”计算。

（四）垫层（编码：010404）

垫层工程量按设计图示尺寸以体积“m^3”计算。

五、混凝土及钢筋混凝土工程（编码：0105）

混凝土及钢筋混凝土工程包括现浇混凝土、后浇带、预制混凝土、钢筋工程、螺栓和铁件等项目。现浇混凝土包括基础、柱、梁、墙、板、楼梯及其他构件等。预制混凝土包括柱、梁、屋架、板、楼梯及其他构件等。

在计算现浇或预制混凝土和钢筋混凝土构件工程量时，不扣除构件内钢筋、螺栓、预埋铁件、张拉孔道所占体积，但应扣除劲性骨架的型钢所占体积。

（一）现浇混凝土基础（编码：010501）

现浇混凝土基础包括垫层、带形基础（也称为条形基础）、独立基础、满堂基础、桩承台基础、设备基础等项目。工程量均按设计图示尺寸以体积“m^3”计算。不扣除构件内钢筋、预埋铁件（也称为预埋件）和伸入承台基础的桩头所占体积。项目特征描述：混凝土种类、混凝土强度等级，设备基础还需说明灌浆材料及其强度等级。其中混凝土的种类指清水混凝土、彩色混凝土等，如在同一地区既使用预拌（商品）混凝土，又允许现场搅拌混凝土时，也应注明（下同）。

（二）现浇混凝土柱（编码：010502）

现浇混凝土柱包括矩形柱、构造柱、异形柱等项目。工程量均按设计图示尺寸以体积“m^3”计算。构造柱嵌接墙体部分并入柱身体积。依附柱上的牛腿和升板的柱帽，并入柱身体积计算。项目特征描述：混凝土种类、混凝土强度等级；异形柱还需说明柱形状。

（三）现浇混凝土梁（编码：010503）

工程量计算规则：

现浇混凝土梁包括基础梁、矩形梁、异形梁、圈梁、过梁、弧形梁（拱形梁）等项目。按设计图示尺寸以体积“m^3”计算，不扣除构件内钢筋、预埋铁件所占体积，伸入墙内的梁头、梁垫并入梁体积内。

（四）现浇混凝土墙（编码：010504）

现浇混凝土墙包括直形墙、弧形墙、短肢剪力墙、挡土墙。工程量按设计图示尺寸以体积“m^3”计算。不扣除构件内钢筋、预埋铁件所占体积，扣除门窗洞口及单个面积>$0.3m^2$的孔洞所占体积，墙垛及凸出墙面部分并入墙体体积内计算。

（五）现浇混凝土板（编码：010505）

现浇混凝土板包括有梁板、无梁板、平板、拱板、薄壳板、栏板、天沟（檐沟）及挑檐板、雨篷、悬挑板及阳台板、空心板、其他板等项目。

工程量计算规则：

（1）有梁板、无梁板、平板、拱板、薄壳板、栏板。按设计图示尺寸以体积“m^3”计算。不扣除构件内钢筋、预埋铁件及单个面积≤0.3m^2 的柱、垛以及孔洞所占体积，压形钢板混凝土楼板扣除构件内压形钢板所占体积。

有梁板（包括主、次梁与板）按梁、板体积之和计算；无梁板按板和柱帽体积之和计算；各类板伸入墙内的板头并入板体积内计算；薄壳板的肋、基梁并入薄壳体积内计算。

（2）天沟（檐沟）、挑檐板。按设计图示尺寸以体积“m^3”计算。

（3）雨篷、悬挑板、阳台板。按设计图示尺寸以墙外部分体积“m^3”计算。包括伸出墙外的牛腿和雨篷反挑檐的体积。

（4）空心板、其他板。按设计图示尺寸以体积“m^3”计算。空心板（GBF 高强薄壁蜂巢芯板等）应扣除空心部分体积。

（六）现浇混凝土楼梯（编码：010506）

现浇混凝土楼梯包括直形楼梯、弧形楼梯。工程量计算规则：以“m^2”计量，按设计图示尺寸以水平投影面积计算，不扣除宽度≤500mm 的楼梯井，伸入墙内部分不计算；以“m^3”计量，按设计图示尺寸以体积计算。

（七）现浇混凝土其他构件（编码：010507）

现浇混凝土其他构件包括散水与坡道、室外地坪、电缆沟与地沟、台阶、扶手和压顶、化粪池和检查井、其他构件。

工程量计算规则：

（1）散水、坡道、室外地坪。按设计图示尺寸以水平投影面积“m^2”计算。不扣除单个面积≤0.3m^2 的孔洞所占面积。

（2）电缆沟、地沟。按设计图示以中心线长度“m”计算。

（3）台阶。以“m^2”计量，按设计图示尺寸水平投影面积计算；以“m^3”计量，按设计图示尺寸以体积计算。

（4）扶手、压顶。以“m”计量，按设计图示的中心线延长米计算；以“m^3”计量，按设计图示尺寸以体积计算。

（5）化粪池、检查井及其他构件。以“m^3”计量，按设计图示尺寸以体积计算；以“座”计量，按设计图示数量计算。

（八）后浇带（编码：010508）

后浇带工程量按设计图示尺寸以体积“m^3”计算。后浇带项目适用于梁、墙、板的后浇带。

（九）预制混凝土

工程量计算规则：

（1）预制混凝土柱（编码：010509）。以“m^3”计量，按设计图示尺寸以体积计算；以“根”计量，按设计图示尺寸以数量计算。预制混凝土柱包括矩形柱、异形柱。项目特征描述：图代号、单件体积、安装高度、混凝土强度等级、砂浆（细石混凝土）强度等级及配合比。

（2）预制混凝土梁（编码：010510）。以“m^3”计量，按设计图示尺寸以体积计算；以“根”计量，按设计图示尺寸以数量计算。预制混凝土梁包括矩形梁、异形梁、过梁、拱形梁、鱼腹式吊车梁和其他梁。项目特征描述要求与预制混凝土柱相同。

（3）预制混凝土屋架（编码：010511）。以“m^3”计量，按设计图示尺寸以体积计算；

以“榀”计量，按设计图示尺寸以数量计算。预制混凝土屋架包括折线型屋架、组合屋架、薄腹屋架、门式刚架屋架、天窗架屋架。三角形屋架按折线型屋架项目编码列项。

（4）预制混凝土板（编码：010512）。包括平板、空心板、槽形板、网架板、折线板、带肋板、大型板、沟盖板、井盖板和井圈。

1）平板、空心板、槽形板、网架板、折线板、带肋板、大型板，以“m^3”计量，按设计图示尺寸以体积计算，不扣除单个面积≤300mm×300mm的孔洞所占体积，扣除空心板空洞体积；以“块”计量，按设计图示尺寸以数量计算。

2）沟盖板、井盖板、井圈，以“m^3”计量，按设计图示尺寸以体积计算；以“块”计量，按设计图示尺寸以数量计算。

（5）预制混凝土楼梯（编码：010513）。以“m^3”计量，按设计图示尺寸以体积计算，扣除空心踏步板空洞体积；以“段”计量，按设计图示数量计算。

（6）其他预制构件（编码：010514）。包括烟道、垃圾道、通风道及其他构件。预制钢筋混凝土小型池槽、压项、扶手、垫块、隔热板、花格等，按其他构件项目编码列项。工程量计算以“m^3”计量，按设计图示尺寸以体积计算，不扣除单个面积≤300mm×300mm的孔洞所占体积，扣除烟道、垃圾道、通风道的孔洞所占体积；以“m^2”计量，按设计图示尺寸以面积计算，不扣除单个面积≤300mm×300mm的孔洞所占面积；以“根”计量，按设计图示尺寸以数量计算。

（十）钢筋工程（编码：010515）

钢筋工程包括现浇构件钢筋、预制构件钢筋、钢筋网片、钢筋笼、先张法预应力钢筋、后张法预应力钢筋、预应力钢丝、预应力钢绞线、支撑钢筋（铁马）、声测管。

工程量计算规则：

（1）现浇构件钢筋、预制构件钢筋、钢筋网片、钢筋笼。按设计图示钢筋（网）长度（面积）乘单位理论质量以“t”计算。项目特征描述：钢筋种类、规格。钢筋的工作内容中包括了焊接（或绑扎）连接，不需要计量，在综合单价中考虑，但机械连接需要单独列项计算工程量。

（2）先张法预应力钢筋。按设计图示钢筋长度乘以单位理论质量以“t”计算。

（3）后张法预应力钢筋、预应力钢丝、预应力钢绞线。按设计图示钢筋（丝束、绞线）长度乘以单位理论质量以“t”计算。其长度应按以下规定计算：

1）低合金钢筋两端均采用螺杆锚具时，钢筋长度按孔道长度减0.35m计算，螺杆另行计算。

2）低合金钢筋一端采用镦头插片，另一端采用螺杆锚具时，钢筋长度按孔道长度计算，螺杆另行计算。

3）低合金钢筋一端采用镦头插片，另一端采用帮条锚具时，钢筋按增加0.15m计算；两端均采用帮条锚具时，钢筋长度按孔道长度增加0.3m计算。

4）低合金钢筋采用后张混凝土自锚时，钢筋长度按孔道长度增加0.35m计算。

5）低合金钢筋（钢绞线）采用JM、XM、QM型锚具，孔道长度≤20m时，钢筋长度按增加1m计算，孔道长度>20m时，钢筋长度按增加1.8m计算。

6）碳素钢丝采用锥形锚具，孔道长度≤20m时，钢丝束长度按孔道长度增加1m计算，孔道长度>20m时，钢丝束长度按孔道长度增加1.8m计算。

7）碳素钢丝采用镦头锚具时，钢丝束长度按孔道长度增加0.35m计算。

（4）支撑钢筋（铁马）。按钢筋长度乘以单位理论质量以“t”计算。在编制工程量清单时，如果设计未明确，其工程数量可为暂估量，结算时按现场签证数量计算。

（5）声测管。按设计图示尺寸以质量“t”计算。

（十一）螺栓、铁件（编号：010516）

螺栓、铁件包括螺栓、预埋铁件和机械连接。

工程量计算规则：

（1）螺栓、预埋铁件。按设计图示尺寸以质量“t”计算。

（2）机械连接。按数量“个”计算。

六、金属结构工程（编码：0106）

金属结构工程包括钢网架、钢屋架、钢托架、钢桁架、钢架桥、钢柱、钢梁、钢板楼板、墙板、钢构件、金属制品。金属构件的切边，不规则及多边形钢板发生的损耗在综合单价中考虑；工作内容中综合了补刷油漆，但不包括刷防火涂料，金属构件刷防火涂料单独列项计算工程量。

（一）钢网架（编码：010601）

工程量计算规则：

钢网架工程量按设计图示尺寸以质量“t”计算，不扣除孔眼的质量，焊条、铆钉等不另增加质量。项目特征描述：钢材品种、规格，网架节点形式、连接方式，网架跨度、安装高度，探伤要求，防火要求等。其中防火要求指耐火极限。

（二）钢屋架、钢托架、钢桁架、钢架桥（编码：010602）

钢屋架、钢托架、钢桁架、钢架桥包括钢屋架、钢托架、钢桁架、钢架桥等项目。

工程量计算规则：

（1）钢屋架。以“榀”计量，按设计图示数量计算；以“t”计量，按设计图示尺寸以质量计算。不扣除孔眼的质量，焊条、铆钉、螺栓等不另增加质量。

（2）钢托架、钢桁架、钢架桥。按设计图示尺寸以质量“t”计算。不扣除孔眼的质量，焊条、铆钉、螺栓等不另增加质量。

（三）钢柱（编码：010603）

钢柱包括实腹钢柱、空腹钢柱、钢管柱等项目。

工程量计算规则：

（1）实腹柱、空腹柱。按设计图示尺寸以质量“t”计算。不扣除孔眼的质量，焊条、铆钉、螺栓等不另增加质量，依附在钢柱上的牛腿及悬臂梁等并入钢柱工程量内。

（2）钢管柱。按设计图示尺寸以质量“t”计算。不扣除孔眼的质量，焊条、铆钉、螺栓等不另增加质量，钢管柱上的节点板、加强环、内衬管、牛腿等并入钢管柱工程量内。

（四）钢梁（编码：010604）

钢梁包括钢梁、钢吊车梁等项目。

工程量计算规则：

钢梁、钢吊车梁，按设计图示尺寸以质量“t”计算。不扣除孔眼的质量，焊条、铆钉、螺栓等不另增加质量，制动梁、制动板、制动桁架、车挡并入钢吊车梁工程量内。

（五）钢板楼板、墙板（编码：010605）

钢板楼板、墙板包括钢板楼板、钢板墙板等项目

工程量计算规则：

（1）钢板楼板。按设计图示尺寸以铺设水平投影面积“m^2”计算。不扣除单个面积≤0.3m^2的柱、垛及孔洞所占面积。

（2）钢板墙板。按设计图示尺寸以铺挂展开面积“m^2”计算。不扣除单个面积≤0.3m^2的梁、孔洞所占面积，包角、包边、窗台泛水等不另加面积。

（六）钢构件（编码：010606）

钢构件包括钢支撑、钢拉条、钢檩条、钢天窗架、钢挡风架、钢墙架、钢平台、钢走道、钢梯、钢护栏、钢漏斗、钢板天沟、钢支架、零星钢构件。

工程量计算规则：

（1）钢支撑、钢拉条、钢檩条、钢天窗架、钢挡风架、钢墙架、钢平台、钢走道、钢梯、钢护栏、钢支架、零星钢构件。按设计图示尺寸以质量“t”计算。不扣除孔眼的质量，焊条、铆钉、螺栓等不另增加质量。

（2）钢漏斗、钢板天沟。按设计图示尺寸以质量“t”计算。不扣除孔眼的质量，焊条、铆钉、螺栓等不另增加质量，依附漏斗或天沟的型钢并入漏斗或天沟工程量内。

（七）金属制品（编码：010607）

金属制品包括成品空调金属百页护栏、成品栅栏、成品雨篷、金属网栏、砌块墙钢丝网加固、后浇带金属网。

工程量计算规则：

（1）成品空调金属百页护栏、成品栅栏、金属网栏。按设计图示尺寸以框外围展开面积“m^2”计算。

（2）成品雨篷。以“m”计量，按设计图示接触边以长度计算；以“m^2”计量，按设计图示尺寸以展开面积计算。

（3）砌块墙钢丝网加固、后浇带金属网。按设计图示尺寸以面积“m^2”计算。

七、木结构工程（编码：0107）

木结构工程包括木屋架、木构件、屋面木基层。

（一）木屋架（编码：010701）

木屋架包括木屋架和钢木屋架。

工程量计算规则：

（1）木屋架。以“榀”计量，按设计图示数量计算；以“m^3”计量，按设计图示的规格尺寸以体积计算。

（2）钢木屋架。以“榀”计量，按设计图示数量计算。

（二）木构件（编码：010702）

木构件包括木柱、木梁、木檩、木楼梯及其他木构件。

工程量计算规则：

（1）木柱、木梁。按设计图示尺寸以体积“m^3”计算。

（2）木檩。以“m^3”计量，按设计图示尺寸以体积计算；以“m”计量，按设计图示

尺寸以长度计算。

（3）木楼梯。按设计图示尺寸以水平投影面积“m^2”计算。不扣除宽度≤300mm 的楼梯井，伸入墙内部分不计算。

（4）其他木构件。以“m^3”计量，按设计图示尺寸以体积计算；以“m”计量，按设计图示尺寸以长度计算。

（三）屋面木基层（编码：010703）

屋面木基层工程量按设计图示尺寸以斜面积计算。不扣除房上烟囱、风帽底座、风道、小气窗、斜沟等所占面积，小气窗的出檐部分不增加面积。

八、门窗工程（编码：0108）

门窗工程包括木门、金属门、金属卷帘（闸）门、厂库房大门及特种门、其他门、木窗、金属窗、门窗套、窗台板、窗帘、窗帘盒（轨）等。

（一）木门（编码：010801）

木门包括木质门、木质门带套、木质连窗门、木质防火门、木门框、门锁安装。

工程量计算规则：

（1）木质门、木质门带套、木质连窗门、木质防火门。以“樘”计量，按设计图示数量计算；以“m^2”计量，按设计图示洞口尺寸以面积计算。项目特征描述：门代号及洞口尺寸，镶嵌玻璃品种、厚度。

（2）木门框。以“樘”计量，按设计图示数量计算；以“m”计量，按设计图示框的中心线以延长米计算。单独制作安装木门框按木门框项目编码列项。木门框项目特征除了描述门代号及洞口尺寸、防护材料的种类外，还需描述框截面尺寸。

（3）门锁安装。按设计图示数量以“个（套）”计算。

（二）金属门（编码：010802）

金属门包括金属（塑钢）门、彩板门、钢质防火门、防盗门。工程量计算规则：金属（塑钢）门、彩板门、钢质防火门、防盗门，以“樘”计量，按设计图示数量计算；以“m^2”计量，按设计图示洞口尺寸以面积计算。

（三）金属卷帘（闸）门（编码：010803）

金属卷帘（闸）门包括金属卷帘（闸）门、防火卷帘（闸）门。工程量规则：金属卷帘（闸）门、防火卷帘（闸）门，以“樘”计量，按设计图示数量计算；以“m^2”计量，按设计图示洞口尺寸以面积计算。

以“樘”计量，项目特征必须描述洞口尺寸；以“m^2”计量，项目特征可不描述洞口尺寸。

（四）厂库房大门、特种门（编码：010804）

厂库房大门、特种门包括木板大门、钢木大门、全钢板大门、防护铁丝门、金属格栅门、钢质花饰大门、特种门。

工程量计算规则：

（1）木板大门、钢木大门、全钢板大门、金属格栅门、特种门。以“樘”计量，按设计图示数量计算；以“m^2”计量，按设计图示洞口尺寸以面积计算。项目特征描述：门代号及洞口尺寸，门框或扇外围尺寸，门框、扇材质，五金种类、规格，防护材料种类等；刷防护涂料应包括在综合单价中。

（2）防护铁丝门、钢质花饰大门。以“樘”计量，按设计图示数量计算；以“m^2”计量，按设计图示门框或扇以面积计算。

（五）其他门（编码：010805）

其他门包括电子感应门、旋转门、电子对讲门、电动伸缩门、全玻自由门、镜面不锈钢饰面门、复合材料门。

工程量以“樘”计量，按设计图示数量计算；以“m^2”计量，按设计图示洞口尺寸以面积计算。

（六）木窗（编码：010806）

木窗包括木质窗、木飘（凸）窗、木橱窗、木纱窗。

工程量计算规则：

（1）木质窗。以“樘”计量，按设计图示数量计算；以“m^2”计量，按设计图示洞口尺寸以面积计算。

（2）木飘（凸）窗、木橱窗。以“樘”计量，按设计图示数量计算；以“m^2”计量，按设计图示尺寸以框外围展开面积计算。木橱窗、木飘（凸）窗以“樘”计量，项目特征必须描述框截面及外围展开面积。

（3）木纱窗。以“樘”计量，按设计图示数量计算；以“m^2”计量，按框的外围尺寸以面积计算。

（七）金属窗（编码：010807）

金属窗包括金属（塑钢、断桥）窗、金属防火窗、金属百叶窗、金属纱窗、金属格栅窗、金属（塑钢、断桥）橱窗、金属（塑钢、断桥）飘（凸）窗、彩板窗、复合材料窗。

工程量计算规则：

（1）金属（塑钢、断桥）窗、金属防火窗、金属百叶窗、金属格栅窗。以“樘”计量，按设计图示数量计算：以“m^2”计量，按设计图示洞口尺寸以面积计算。

（2）金属纱窗。以“樘”计量，按设计图示数量计算；以“m^2”计量，按框的外围尺寸以面积计算。

（3）金属（塑钢、断桥）橱窗、金属（塑钢、断桥）飘（凸）窗。以“樘”计量，按设计图示数量计算；以“m^2”计量，按设计图示尺寸以框外围展开面积计算。

（4）彩板窗、复合材料窗。以“樘”计量，按设计图示数量计算；以“m^2”计量，按设计图示洞口尺寸或框外围以面积计算。

（八）门窗套（编码：010808）

门窗套包括木门窗套、木筒子板、饰面夹板筒子板、金属门窗套、石材门窗套、门窗木贴脸、成品木门窗套。

工程量计算规则：

（1）木门窗套、木筒子板、饰面夹板筒子板、金属门窗套、石材门窗套、成品木门窗套。以“樘”计量，按设计图示数量计算；以“m^2”计量，按设计图示尺寸以展开面积计算；以“m”计量，按设计图示中心以延长米计算。

（2）门窗木贴脸。以“樘”计量，按设计图示数量计算；以“m”计量，按设计图示尺寸以延长米计算。

（九）窗台板（编码：010809）

窗台板包括木窗台板、铝塑窗台板、金属窗台板、石材窗台板。工程量按设计图示尺寸以展开面积“m^2”计算。

（十）窗帘、窗帘盒、轨（编码：010810）

窗帘、窗帘盒、轨包括窗帘、木窗帘盒、饰面夹板、塑料窗帘盒、铝合金窗帘盒、窗帘轨。

工程量计算规则：

（1）窗帘。以“m”计量，按设计图示尺寸以成活后长度计算；以“m^2”计量，按设计图示尺寸以成活后展开面积计算。

（2）木窗帘盒、饰面夹板、塑料窗帘盒、铝合金窗帘盒、窗帘轨。按设计图示尺寸以长度“m”计算。

九、屋面及防水工程（编码：0109）

屋面及防水工程包括瓦、型材及其他屋面、屋面防水及其他，墙面防水及防潮、楼（地）面防水及防潮。

（一）瓦、型材及其他屋面（编码：010901）

瓦、型材及其他屋面包括瓦屋面、型材屋面、阳光板屋面、玻璃钢屋面、膜结构屋面。

工程量计算规则：

（1）瓦屋面、型材屋面。按设计图示尺寸以斜面积“m^2”计算。不扣除房上烟囱、风帽底座、风道、小气窗、斜沟等所占面积，小气窗的出檐部分不增加面积。

（2）阳光板屋面、玻璃钢屋面。按设计图示尺寸以斜面积“m^2”计算。不扣除屋面面积$\leq 0.3m^2$的孔洞所占面积。

（3）膜结构屋面。按设计图示尺寸以需要覆盖的水平投影面积“m^2”计算。

（二）屋面防水及其他（编码：010902）

屋面防水及其他包括屋面卷材防水、屋面涂膜防水、屋面刚性层、屋面排水管、屋面排（透）气管、屋面（廊、阳台）泄（吐）水管、屋面天沟及檐沟、屋面变形缝。

工程量计算规则：

（1）屋面卷材防水、屋面涂膜防水。按设计图示尺寸以面积“m^2”计算。斜屋顶（不包括平屋顶找坡）按斜面积计算，平屋顶按水平投影面积计算。不扣除房上烟囱、风帽底座、风道、屋面小气窗和斜沟所占面积。屋面的女儿墙、伸缩缝和天窗等处的弯起部分，并入屋面工程量内。

（2）屋面刚性层。按设计图示尺寸以面积“m^2”计算。不扣除房上烟囱、风帽底座、风道等所占面积。项目特征描述：刚性层厚度、混凝土种类、混凝土强度等级、嵌缝材料种类、钢筋规格及型号，当无钢筋时，其钢筋项目特征不必描述。同时还应注意，当有钢筋时，其工作内容中包含了钢筋制作安装，即钢筋计入综合单价，不另编码列项。

（3）屋面排水管。按设计图示尺寸以长度“m”计算。如设计未标注尺寸，以檐口至设计室外散水上表面垂直距离计算。

（4）屋面排（透）气管。按设计图示尺寸以长度“m”计算。

（5）屋面（廊、阳台）泄（吐）水管。按设计图示数量以“根（个）”计算。

(6) 屋面天沟、檐沟。按设计图示尺寸以展开面积“m^2”计算。

(7) 屋面变形缝。按设计图示尺寸以长度“m”计算。

(三) 墙面防水、防潮(编码:010903)

墙面防水、防潮包括墙面卷材防水、墙面涂膜防水、墙面砂浆防水(防潮)、墙面变形缝。

工程量计算规则:

(1) 墙面卷材防水、墙面涂膜防水、墙面砂浆防水(防潮)。按设计图示尺寸以面积“m^2”计算。

(2) 墙面变形缝。按设计图示尺寸以长度“m”计算。墙面变形缝,若做双面,工程量乘以系数2。

(四) 楼(地)**面防水、防潮**(编码:010904)

楼(地)面防水、防潮包括楼(地)面卷材防水、楼(地)面涂膜防水、楼(地)面砂浆防水(防潮)、楼(地)面变形缝。

工程量计算规则:

(1) 楼(地)面卷材防水、楼(地)面涂膜防水、楼(地)面砂浆防水(防潮)。按设计图示尺寸以面积“m^2”计算。

1) 楼(地)面防水:按主墙间净空面积计算,扣除凸出地面的构筑物、设备基础等所占面积,不扣除间壁墙及单个面积≤0.3m^2 的柱、垛、烟囱和孔洞所占面积。

2) 楼(地)面防水反边高度≤300mm 算作地面防水,反边高度>300mm 算作墙面防水计算。

(2) 楼(地)面变形缝。按设计图示尺寸以长度“m”计算。

十、保温、隔热、防腐工程(编码:0110)

保温、隔热、防腐工程包括保温及隔热、防腐面层、其他防腐。

(一) 保温、隔热(编码:011001)

保温、隔热包括保温隔热屋面、保温隔热天棚、保温隔热墙面、保温柱及梁、隔热楼地面、其他保温隔热。

工程量计算规则:

(1) 保温隔热屋面。按设计图示尺寸以面积“m^2”计算。扣除面积>0.3m^2 的孔洞及占位面积。

(2) 保温隔热天棚。按设计图示尺寸以面积“m^2”计算。扣除面积>0.3m^2 的柱、垛、孔洞所占面积,与天棚相连的梁按展开面积计算,并入天棚工程量内。柱帽保温隔热应并入天棚保温隔热工程量内。

(3) 保温隔热墙面。按设计图示尺寸以面积“m^2”计算。扣除门窗洞口以及面积>0.3m^2 的梁、孔洞所占面积;门窗洞口侧壁以及与墙相连的柱,并入保温墙体工程量。

(4) 保温柱、梁。按设计图示尺寸以面积“m^2”计算。柱按设计图示柱断面保温层中心线展开长度乘以保温层高度以面积计算,扣除面积>0.3m^2 梁所占面积;梁按设计图示梁断面保温层中心线展开长度乘以保温层长度以面积计算。

(5) 保温隔热楼地面。按设计图示尺寸以面积“m^2”计算。扣除面积>0.3m^2 的柱、垛、孔洞所占面积，门洞、空圈、暖气包槽、壁龛的开口部分不增加面积。

（6）其他保温隔热。按设计图示尺寸以展开面积“m^2”计算。扣除面积>0.3m^2的孔洞及占位面积。

（二）防腐面层（编码：011002）

防腐面层包括防腐混凝土面层、防腐砂浆面层、防腐胶泥面层、玻璃钢防腐面层、聚氯乙烯板面层、块料防腐面层、池及槽块料防腐面层。

工程量计算规则：

（1）防腐混凝土面层、防腐砂浆面层、防腐胶泥面层、玻璃钢防腐面层、聚氯乙烯板面层、块料防腐面层。按设计图示尺寸以面积“m^2”计算。

1）平面防腐：扣除凸出地面的构筑物、设备基础等以及面积>0.3m^2的孔洞、柱、垛所占面积，门洞、空圈、暖气包槽、壁龛的开口部分不增加面积。

2）立面防腐：扣除门、窗、洞口以及面积>0.3m^2的孔洞、梁所占面积，门、窗、洞口侧壁、垛凸出部分按展开面积并入墙面积内。

（2）池、槽块料防腐面层。按设计图示尺寸以展开面积“m^2”计算。

（三）其他防腐（编码：011003）

其他防腐包括隔离层、砌筑沥青浸渍砖、防腐涂料。

工程量计算规则：

（1）隔离层。按设计图示尺寸以面积“m^2”计算。

1）平面防腐：扣除凸出地面的构筑物、设备基础等以及面积>0.3m^2的孔洞、柱、垛所占面积，门洞、空圈、暖气包槽、壁龛的开口部分不增加面积。

2）立面防腐：扣除门、窗、洞口以及面积>0.3m^2的孔洞、梁所占面积，门、窗、洞口侧壁、垛凸出部分按展开面积并入墙面积内。

（2）砌筑沥青浸渍砖。按设计图示尺寸以体积“m^3”计算。

（3）防腐涂料。按设计图示尺寸以面积“m^2”计算。

1）平面防腐：扣除凸出地面的构筑物、设备基础等以及面积>0.3m^2的孔洞、柱、垛所占面积，门洞、空圈、暖气包槽、壁龛的开口部分不增加面积。

2）立面防腐：扣除门、窗、洞口以及面积>0.3m^2的孔洞、梁所占面积，门、窗、洞口侧壁、垛凸出部分按展开面积并入墙面积内。

十一、楼地面装饰工程（编码：0111）

楼地面装饰工程包括整体面层及找平层、块料面层、橡塑面层、其他材料面层、踢脚线、楼梯面层、台阶装饰、零星装饰项目。楼梯、台阶侧面装饰，≤0.5m^2少量分散的楼地面装修，应按零星装饰项目编码列项。

（一）整体面层及找平层（编码：011101）

整体面层及找平层包括水泥砂浆楼地面、现浇水磨石楼地面、细石混凝土楼地面、菱苦土楼地面、自流坪楼地面、平面砂浆找平层。

工程量计算规则：

（1）水泥砂浆楼地面、现浇水磨石楼地面、细石混凝土楼地面、菱苦土楼地面、自流坪楼地面。按设计图示尺寸以面积“m^2”计算。扣除凸出地面构筑物、设备基础、室内铁道、地沟等所占面积，不扣除间壁墙及≤0.3m² 的柱、垛、附墙烟囱及孔洞所占面积。门洞、空圈、暖气包槽、壁龛的开口部分不增加面积。

（2）平面砂浆找平层。按设计图示尺寸以面积“m²”计算。平面砂浆找平层适用于仅做找平层的平面抹灰。

（二）块料面层（编码：011102）

块料面层包括石材楼地面、碎石材楼地面、块料楼地面。

工程量计算规则：石材楼地面、碎石材楼地面、块料楼地面，按设计图示尺寸以面积计算。门洞、空圈、暖气包槽、壁龛的开口部分并入相应的工程量内。

（三）橡塑面层（编码：011103）

橡塑面层包括橡胶板楼地面、橡胶板卷材楼地面、塑料板楼地面、塑料卷材楼地面。

工程量计算规则：橡胶板楼地面、橡胶板卷材楼地面、塑料板楼地面、塑料卷材楼地面，按设计图示尺寸以面积“m²”计算。门洞、空圈、暖气包槽、壁龛的开口部分并入相应的工程量内。

（四）其他材料面层（编码：011104）

其他材料面层包括地毯楼地面，竹、木（复合）地板，金属复合地板，防静电活动地板。工程量计算规则：地毯楼地面、竹及木（复合）地板、金属复合地板、防静电活动地板，按设计图示尺寸以面积“m²”计算。门洞、空圈、暖气包槽、壁龛的开口部分并入相应的工程量内。

（五）踢脚线（编码：011105）

踢脚线包括水泥砂浆踢脚线、石材踢脚线、块料踢脚线、塑料板踢脚线、木质踢脚线、金属踢脚线、防静电踢脚线。工程量以“m²”计量，按设计图示长度乘以高度以面积计算；以“m”计量，按延长米计算。

（六）楼梯面层（编码：011106）

楼梯面层包括石材楼梯面层、块料楼梯面层、拼碎块料面层、水泥砂浆楼梯面层、现浇水磨石楼梯面层、地毯楼梯面层、木板楼梯面层、橡胶板楼梯面层、塑料板楼梯面层。

工程量计算规则：石材楼梯面层、块料楼梯面层、拼碎块料面层、水泥砂浆楼梯面层、现浇水磨石楼梯面层、地毯楼梯面层、木板楼梯面层、橡胶板楼梯面层、塑料板楼梯面层，按设计图示尺寸以楼梯（包括踏步、休息平台及≤500mm 的楼梯井）水平投影面积“m²”计算。楼梯与楼地面相连时，算至梯口梁内侧边沿；无梯口梁者，算至最上一层踏步边沿加 300mm。

（七）台阶装饰（编码：011107）

台阶装饰包括石材台阶面、块料台阶面、拼碎块料台阶面、水泥砂浆台阶面、现浇水磨石台阶面、剁假石台阶面。

工程量计算规则：石材台阶面、块料台阶面、拼碎块料台阶面、水泥砂浆台阶面、现浇水磨石台阶面、剁假石台阶面，按设计图示尺寸以台阶（包括最上层踏步边沿加 300mm）水平投影面积“m²”计算。

（八）零星装饰项目（编码：011108）

零星装饰项目包括石材零星项目、拼碎石材零星项目、块料零星项目、水泥砂浆零星项目。

工程量计算规则：石材零星项目、拼碎石材零星项目、块料零星项目、水泥砂浆零星项目，按设计图示尺寸以面积“m^2”计算。

十二、墙、柱面装饰与隔断、幕墙工程（编码：0112）

墙、柱面装饰与隔断、幕墙工程包括墙面抹灰、柱（梁）面抹灰、零星抹灰、墙面块料面层、柱（梁）面镶贴块料、镶贴零星块料、墙饰面、柱（梁）饰面、幕墙工程、隔断。

（一）墙面抹灰（编码：011201）

墙面抹灰包括墙面一般抹灰、墙面装饰抹灰、墙面勾缝、立面砂浆找平层。

工程量计算规则：墙面一般抹灰、墙面装饰抹灰、墙面勾缝、立面砂浆找平层，按设计图示尺寸以面积“m^2”计算。扣除墙裙、门窗洞口及单个>0.3m^2的孔洞面积，不扣除踢脚线、挂镜线和墙与构件交接处的面积，门窗洞口和孔洞的侧壁及顶面不增加面积。附墙柱、梁、垛、烟囱侧壁并入相应的墙面面积内。飘窗凸出外墙面增加的抹灰并入外墙工程量内。

1）外墙抹灰面积按外墙垂直投影面积计算。

2）外墙裙抹灰面积按其长度乘以高度计算。

3）内墙抹灰面积按主墙间的净长乘以高度计算。无墙裙的内墙高度按室内楼地面至天棚底面计算；有墙裙的内墙高度按墙裙顶至天棚底面计算。但有吊顶天棚的内墙面抹灰，抹至吊顶以上部分在综合单价中考虑，不另计算。

4）内墙裙抹灰面积按内墙净长乘以高度计算。

（二）柱（梁）面抹灰（编码：011202）

柱（梁）面抹灰包括柱（梁）面一般抹灰、柱（梁）面装饰抹灰、柱（梁）面砂浆找平、柱面勾缝。

工程量计算规则：

（1）柱面一般抹灰、柱面装饰抹灰、柱面砂浆找平。按设计图示柱断面周长乘以高度以面积“m^2”计算。

（2）梁面一般抹灰、梁面装饰抹灰、梁面砂浆找平。按设计图示梁断面周长乘以长度以面积“m^2”计算。

（3）柱面勾缝。按设计图示柱断面周长乘以高度以面积“m^2”计算。

（三）零星抹灰（编码：011203）

零星抹灰包括零星项目一般抹灰、零星项目装饰抹灰、零星砂浆找平。工程量均按设计图示尺寸以面积“m^2”计算。

（四）墙面块料面层（编码：011204）

墙面块料面层包括石材墙面、拼碎石材墙面、块料墙面、干挂石材钢骨架。

工程量计算规则：

（1）石材墙面、拼碎石材墙面、块料墙面。按镶贴表面积“m^2”计算。项目特征描述：墙体类型，安装方式，面层材料品种、规格、颜色，缝宽、嵌缝材料种类，防护材料种类，磨光、酸洗、打蜡要求。

（2）干挂石材钢骨架。按设计图示尺寸以质量“t”计算。

（五）柱（梁）面镶贴块料（编码：011205）

柱（梁）面镶贴块料包括石材柱面、块料柱面、拼碎块柱面、石材梁面、块料梁面。

工程量均按设计图示尺寸以镶贴表面积“m^2”计算。

(六) 镶贴零星块料（编码：011206）

镶贴零星块料包括石材零星项目、块料零星项目、拼碎块零星项目。工程量均按镶贴表面积“m^2”计算。

(七) 墙饰面（编码：011207）

墙饰面包括墙面装饰板、墙面装饰浮雕。

工程量计算规则：

(1) 墙面装饰板，按设计图示墙净长乘以净高以面积“m^2”计算。扣除门窗洞口及单个>0.3m^2 的孔洞所占面积。

(2) 墙面装饰浮雕。按设计图示尺寸以面积“m^2”计算。

(八) 柱（梁）饰面（编码：011208）

柱（梁）饰面包括柱（梁）面装饰、成品装饰柱。

工程量计算规则：

(1) 柱（梁）面装饰。按设计图示饰面外围尺寸以面积“m^2”计算。柱帽、柱墩并入相应柱饰面工程量内。

(2) 成品装饰柱。工程量以“根”计量，按设计数量计算；以“m”计量，按设计长度计算。

(九) 幕墙工程（编码：011209）

幕墙工程包括带骨架幕墙、全玻（无框玻璃）幕墙。

工程量计算规则：

(1) 带骨架幕墙。按设计图示框外围尺寸以面积“m^2”计算。与幕墙同种材质的窗所占面积不扣除。

(2) 全玻（无框玻璃）幕墙。按设计图示尺寸以面积“m^2”计算。带肋全玻幕墙按展开面积计算。

(十) 隔断（编码：011210）

隔断包括木隔断、金属隔断、玻璃隔断、塑料隔断、成品隔断、其他隔断。

工程量计算规则：

(1) 木隔断、金属隔断。按设计图示框外围尺寸以面积“m^2”计算。不扣除单个≤0.3m^2 的孔洞所占面积；浴厕门的材质与隔断相同时，门的面积并入隔断面积内。

(2) 玻璃隔断、塑料隔断、其他隔断。按设计图示框外围尺寸以面积“m^2”计算。不扣除单个≤0.3m^2 的孔洞所占面积。

(3) 成品隔断。以“m^2”计量，按设计图示框外围尺寸以面积“m^2”计算；以“间”计量，按设计间的数量计算。

十三、天棚工程（编码：0113）

天棚工程包括天棚抹灰、天棚吊顶、采光天棚、天棚其他装饰。

(一) 天棚抹灰（编码：011301）

天棚抹灰工程量按设计图示尺寸以水平投影面积“m^2”计算。不扣除间壁墙、垛、柱、附墙烟囱、检查口和管道所占的面积，带梁天棚的梁两侧抹灰面积并入天棚面积内，板式楼梯底面抹灰按斜面积计算，锯齿形楼梯底板抹灰按展开面积计算。

（二）天棚吊顶（编码：011302）

天棚吊顶包括吊顶天棚、格栅吊顶、吊筒吊顶、藤条造型悬挂吊顶、织物软雕吊顶、装饰网架吊顶。

工程量计算规则：

（1）吊顶天棚。按设计图示尺寸以水平投影面积“m^2”计算。天棚面中的灯槽及跌级、锯齿形、吊挂式、藻井式天棚面积不展开计算。不扣除间壁墙、检查口、附墙烟囱、柱垛和管道所占面积，扣除单个>0.3m^2 的孔洞、独立柱及与天棚相连的窗帘盒所占的面积。

（2）格栅吊顶、吊筒吊顶、藤条造型悬挂吊顶、织物软雕吊顶、装饰网架吊顶。按设计图示尺寸以水平投影面积“m^2”计算。

（三）采光天棚（编码：011303）

采光天棚工程量按框外围展开面积以“m^2”计算。采光天棚骨架应单独按“金属结构”中相关项目编码列项。

（四）天棚其他装饰（编码：011304）

天棚其他装饰包括灯带（槽）、送风口及回风口。

工程量计算规则：

（1）灯带（槽）。按设计图示尺寸以框外围面积“m^2”计算。

（2）送风口、回风口。按设计图示数量以“个”计算。

十四、油漆、涂料、裱糊工程（编码：0114）

油漆、涂料、裱糊工程包括门油漆、窗油漆、木扶手及其他板条（线条）油漆、木材面油漆、金属面油漆、抹灰面油漆、喷刷涂料、裱糊。

（一）门油漆（编码：011401）

门油漆包括木门油漆、金属门油漆。工程量以“樘”计量，按设计图示数量计算；以“m^2”计量，按设计图示洞口尺寸以面积计算。

（二）窗油漆（编码：011402）

窗油漆包括木窗油漆、金属窗油漆。工程量以“樘”计量，按设计图示数量计算；以“m^2”计量，按设计图示洞口尺寸以面积计算。

（三）木扶手及其他板条、线条油漆（编码：011403）

木扶手及其他板条、线条油漆包括木扶手油漆，窗帘盒油漆，封檐板、顺水板油漆，挂衣板、黑板框油漆，挂镜线、窗帘棍、单独木线油漆。工程量均按设计图示尺寸以长度“m”计算。

（四）木材面油漆（编码：011404）

木材面油漆包括木护墙、木墙裙油漆，窗台板、筒子板、盖板、门窗套、踢脚线油漆，清水板条天棚、檐口油漆，木方格吊顶天棚油漆，吸音板墙面、天棚面油漆，暖气罩油漆，其他木材面，木间壁、木隔断油漆，玻璃间壁露明墙筋油漆，木栅栏、木栏杆（带扶手）油漆，衣柜、壁柜油漆，梁柱饰面油漆，零星木装修油漆，木地板油漆，木地板烫硬蜡面。

工程量计算规则：

（1）木护墙、木墙裙油漆，窗台板、筒子板、盖板、门窗套、踢脚线油漆，清水板条天棚、檐口油漆，木方格吊顶天棚油漆，吸音板墙面、天棚面油漆，暖气罩油漆及其他木材面。按设计图示尺寸以面积“m^2”计算。

（2）木间壁、木隔断油漆，玻璃间壁露明墙筋油漆，木栅栏、木栏杆（带扶手）油漆。按设计图示尺寸以单面外围面积“m^2”计算。

（3）衣柜、壁柜油漆，梁柱饰面油漆，零星木装修油漆。按设计图示尺寸以油漆部分展开面积“m^2”计算。

（4）木地板油漆、木地板烫硬蜡面。按设计图示尺寸以面积“m^2”计算。空洞、空圈、暖气包槽、壁龛的开口部分并入相应的工程量内。

（五）金属面油漆（编码：011405）

金属面油漆工程量以“t”计量，按设计图示尺寸以质量计算；以“m^2”计量，按设计图示尺寸以展开面积计算。

（六）抹灰面油漆（编码：011406）

抹灰面油漆包括抹灰面油漆、抹灰线条油漆、满刮腻子。

工程量计算规则：

（1）抹灰面油漆。按设计图示尺寸以面积“m^2”计算。

（2）抹灰线条油漆。按设计图示尺寸以长度“m”计算。

（3）满刮腻子。按设计图示尺寸以面积“m^2”计算。

（七）喷刷涂料（编码：011407）

喷刷涂料包括墙面喷刷涂料、天棚喷刷涂料、空花格、栏杆刷涂料、线条刷涂料、金属构件刷防火涂料、木材构件喷刷防火涂料。喷刷墙面涂料部位要注明内墙或外墙。

工程量计算规则：

（1）墙面喷刷涂料、天棚喷刷涂料。按设计图示尺寸以面积“m^2”计算。

（2）空花格、栏杆刷涂料。按设计图示尺寸以单面外围面积“m^2”计算。

（3）线条刷涂料。按设计图示尺寸以长度“m”计算。

（4）金属构件刷防火涂料。以“t”计量，按设计图示尺寸以质量计算；以“m^2”计量，按设计图示尺寸以展开面积计算。

（5）木材构件喷刷防火涂料。按设计图示尺寸以面积“m^2”计算。

（八）裱糊（编码：011408）

裱糊包括墙纸裱糊、织锦缎裱糊。工程量均按设计图示尺寸以面积计算。

十五、其他装饰工程（编码：0115）

其他装饰工程包括柜类、货架，压条、装饰线，扶手、栏杆、栏板装饰，暖气罩，浴厕配件，雨篷、旗杆，招牌、灯箱和美术字。项目工作内容中包括“刷油漆”的，不得单独将油漆分离而单列油漆清单项目；工作内容中没有包括“刷油漆”的，可单独按油漆项目列项。

（一）柜类、货架（编码：011501）

柜类、货架包括柜台、酒柜、衣柜、存包柜、鞋柜、书柜、厨房壁柜、木壁柜、厨房低柜、厨房吊柜、矮柜、吧台背柜、酒吧吊柜、酒吧台、展台、收银台、试衣间、货架、书架、服务台。

工程量以“个”计量，按设计图示数量计算；以“m”计量，按设计图示尺寸以延长米计算；以“m^3”计量，按设计图示尺寸以体积计算。

（二）压条、装饰线（编码：011502）

压条、装饰线包括金属装饰线、木质装饰线、石材装饰线、石膏装饰线、镜面玻璃线、铝塑装饰线、塑料装饰线、GRC 装饰线条。工程量均按设计图示尺寸以长度“m”计算。

（三）扶手、栏杆、栏板装饰（编码：011503）

扶手、栏杆、栏板装饰包括金属扶手、栏杆、栏板，硬木扶手、栏杆、栏板，塑料扶手、栏杆、栏板，GRC 栏杆、扶手，金属靠墙扶手，硬木靠墙扶手，塑料靠墙扶手，玻璃栏板。工程量均按设计图示尺寸以扶手中心线以长度（包括弯头长度）“m”计算。

（四）暖气罩（编码：011504）

暖气罩包括饰面板暖气罩、塑料板暖气罩、金属暖气罩、工程量均按设计图示尺寸以垂直投影面积（不展开）“m^2”计算。

（五）浴厕配件（编码：011505）

浴厕配件包括洗漱台、晒衣架、帘子杆、浴缸拉手、卫生间扶手、毛巾杆（架）、毛巾环、卫生纸盒、肥皂盒、镜面玻璃、镜箱。

工程量计算规则：

（1）洗漱台。以“m^2”计量，按设计图示尺寸以台面外接矩形面积计算，不扣除孔洞、挖弯、削角所占面积，挡板、吊沿板面积并入台面面积内；以“个”计量，按设计图示数量计算。

（2）晒衣架、帘子杆、浴缸拉手、卫生间扶手、卫生纸盒、肥皂盒、镜箱。按设计图示数量以“个”计算。

（3）毛巾杆（架）。按设计图示数量以“套”计算。

（4）毛巾环。按设计图示数量以“副”计算。

（5）镜面玻璃。按设计图示尺寸以边框外围面积“m^2”计算。

（六）雨篷、旗杆（编码：011506）

雨篷、旗杆包括雨篷吊挂饰面、金属旗杆、玻璃雨篷。

工程量计算规则：

（1）雨篷吊挂饰面、玻璃雨篷。按设计图示尺寸以水平投影面积“m^2”计算。

（2）金属旗杆。按设计图示数量以“根”计算。

（七）招牌、灯箱（编码：011507）

招牌、灯箱包括平面、箱式招牌，竖式标箱，灯箱，信报箱。

工程量计算规则：

（1）平面、箱式招牌。按设计图示尺寸以正立面边框外围面积“m^2”计算。复杂形的凸凹造型部分不增加面积。

（2）竖式标箱、灯箱、信报箱。按设计图示数量以“个”计算。

（八）美术字（编码：011508）

美术字包括泡沫塑料字、有机玻璃字、木质字、金属字、吸塑字。工程量均按设计图示数量以“个”计算。

十六、拆除工程（编码：0116）

拆除工程包括砖砌体拆除，混凝土及钢筋混凝土构件拆除，木构件拆除，抹灰层拆除，块料面层拆除，龙骨及饰面拆除，屋面拆除，铲除油漆涂料裱糊面，栏杆栏板、轻质隔断隔墙拆除，门窗拆除，金属构件拆除，管道及卫生洁具拆除，灯具、玻璃拆除，其他构件拆除，开孔（打洞）。适用于房屋工程的维修、加固、二次装修前的拆除，不适用于房屋的整体拆除。

（一）砖砌体拆除（编码：011601）

砖砌体拆除工程量以“m^3”计量，按拆除的体积计算；以“m”计量，按拆除的延长米计算。

（二）混凝土及钢筋混凝土构件拆除（编码：011602）

混凝土及钢筋混凝土构件拆除包括混凝土构件拆除、钢筋混凝土构件拆除。工程量以“m^3”计量，按拆除构件的混凝土体积计算；以“m^2”计量，按拆除部位的面积计算；以“m”计量，按拆除部位的延长米计算。

（三）木构件拆除（编码：011603）

木构件拆除工程量以“m^3”计量，按拆除构件的体积计算；以“m^2”计量，按拆除面积计算；以“m”计量，按拆除延长米计算。

（四）抹灰层拆除（编码：011604）

抹灰层拆除包括平面抹灰层拆除、立面抹灰层拆除、天棚抹灰面拆除。工程量均按拆除部位的面积以“m^2”计算。

（五）块料面层拆除（编码：011605）

块料面层拆除包括平面块料拆除、立面块料拆除。工程量均按拆除面积以“m^2”计算。项目特征描述：拆除的基层类型、饰面材料种类。

（六）龙骨及饰面拆除（编码：011606）

龙骨及饰面拆除包括楼地面龙骨及饰面拆除、墙柱面龙骨及饰面拆除、天棚面龙骨及饰面拆除。工程量均按拆除面积以“m^2”计算。

（七）屋面拆除（编码：011607）

屋面拆除包括刚性层拆除、防水层拆除。工程量均按铲除部位的面积以“m^2”计算。

（八）铲除油漆涂料裱糊面（编码：011608）

铲除油漆涂料裱糊面包括铲除油漆面、铲除涂料面、铲除裱糊面。工程量以“m^2”计量，按铲除部位的面积计算；以“m”计量，按铲除部位的延长米计算。

（九）栏杆栏板、轻质隔断隔墙拆除（编码：011609）

栏杆栏板、轻质隔断隔墙拆除包括栏杆、栏板拆除，隔断隔墙拆除。

工程量计算规则：

（1）栏杆、栏板拆除。以“m^2”计量，按拆除部位的面积计算；以“m”计量，按拆除的延长米计算。

（2）隔断隔墙拆除。按拆除部位的面积以“m^2”计算。

（十）门窗拆除（编码：011610）

门窗拆除包括木门窗拆除、金属门窗拆除。工程量以“m^2”计量，按拆除面积计算；

以“樘”计量，按拆除樘数计算。项目特征描述：室内高度、门窗洞口尺寸。

（十一）金属构件拆除（编码：011611）

金属构件拆除包括钢梁拆除、钢柱拆除、钢网架拆除、钢支撑及钢墙架拆除、其他金属构件拆除。

工程量计算规则：

（1）钢梁拆除、钢柱拆除。以“t”计量，按拆除构件的质量计算；以“m”计量，按拆除延长米计算。

（2）钢网架拆除。按拆除构件的质量以“t”计算。

（3）钢支撑、钢墙架拆除，其他金属构件拆除。以“t”计量，按拆除构件的质量计算。

以“m”计量，按拆除延长米计算。

（十二）管道及卫生洁具拆除（编码：011612）

管道及卫生洁具拆除包括管道拆除、卫生洁具拆除。

工程量计算规则：

（1）管道拆除。按拆除管道的延长米以“m”计算。

（2）卫生洁具拆除。按拆除的数量以“套或个”计算。

（十三）灯具、玻璃拆除（编码：011613）

灯具、玻璃拆除包括灯具拆除、玻璃拆除。

工程量计算规则：

（1）灯具拆除。按拆除的数量以“套”计算。

（2）玻璃拆除。按拆除的面积以“m^2”计算。

（十四）其他构件拆除（编码：011614）

其他构件拆除包括暖气罩拆除、柜体拆除、窗台板拆除、筒子板拆除、窗帘盒拆除、窗帘轨拆除。

工程量计算规则：

（1）暖气罩拆除、柜体拆除。以“个”计量，按拆除个数计算；以“m”计量，按拆除延长米计算。

（2）窗台板拆除、筒子板拆除。以“块”计量，按拆除数量计算；以“m”计量，按拆除的延长米计算。

（3）窗帘盒拆除、窗帘轨拆除。按拆除的延长米以“m”计算。

（十五）开孔（打洞）（编码：011615）

开孔（打洞）工程量按数量以“个”计算。项目特征描述：部位、打洞部位材质、洞尺寸。

十七、措施项目（编码：0117）

措施项目包括脚手架工程、混凝土模板及支架（撑）、垂直运输、超高施工增加、大型机械设备进出场及安拆、施工降水及排水、安全文明施工及其他措施项目。措施项目可以分为两类：一类是可以计算工程量的措施项目（即单价措施项目），如脚手架、混凝土模板及支架（撑）、垂直运输、超高施工增加、大型机械设备进出场及安拆、施工降水及排水等；另一类是不方便计算工程量的措施项目（即总价措施项目，可采用费率计取的措施项目），如安全文明施工费等。

（一）脚手架工程（编码：011701）

脚手架工程包括综合脚手架、外脚手架、里脚手架、悬空脚手架、挑脚手架、满堂脚手架、整体提升架、外装饰吊篮。

工程量计算规则：

（1）综合脚手架。按建筑面积以“m^2”计算。项目特征描述：建筑结构形式、檐口高度。

（2）外脚手架、里脚手架、整体提升架、外装饰吊篮。按所服务对象的垂直投影面积以“m^2”计算。

（3）悬空脚手架、满堂脚手架。按搭设的水平投影面积以“m^2”计算。

（4）挑脚手架。按搭设长度乘以搭设层数以延长米计算。

（二）混凝土模板及支架（撑）（编码：011702）

混凝土模板及支架（撑）包括基础、矩形柱、构造柱、异形柱、基础梁、矩形梁、异形梁、圈梁、过梁、弧形及拱形梁、直形墙、弧形墙、短肢剪力墙及电梯井壁、有梁板、无梁板、平板、拱板、薄壳板、空心板、其他板、栏板、天沟及檐沟、雨篷、悬挑板、阳台板、楼梯、其他现浇构件、电缆沟及地沟、台阶、扶手、散水、后浇带、化粪池、检查井。

工程量计算规则：

混凝土模板及支架（撑）的工程量计算有两种处理方法：一种是以“m^3”计量的模板及支撑（架），按混凝土及钢筋混凝土项目执行，其综合单价应包含模板及支撑（架）；另一种是以“m^2”计量，按模板与混凝土构件的接触面积计算。按接触面积计算的规则与方法如下：

1）现浇混凝土基础、柱、梁、墙板等主要构件模板及支架工程量按模板与现浇混凝土构件的接触面积以“m^2”计算。

① 现浇钢筋混凝土墙、板单孔面积$\leqslant 0.3m^2$的孔洞不予扣除，洞侧壁模板也不增加；单孔面积$>0.3m^2$时应予扣除，洞侧壁模板面积并入墙、板工程量内计算。

② 现浇框架分别按梁、板、柱有关规定计算，附墙柱、暗梁、暗柱并入墙内工程量内计算。

③ 柱、梁、墙、板相互连接的重叠部分，均不计算模板面积。

④ 构造柱按图示外露部分计算模板面积。

2）天沟、檐沟，电缆沟、地沟，散水、扶手、后浇带、化粪池、检查井，按模板与现浇混凝土构件的接触面积以“m^2”计算。

3）雨篷、悬挑板、阳台板，按图示外挑部分尺寸的水平投影面积以“m^2”计算，挑出墙外的悬臂梁及板边不另计算。

4）楼梯，按楼梯（包括休息平台、平台梁、斜梁和楼层板的连接梁）的水平投影面积以“m^2”计算，不扣除宽度$\leqslant$500mm的楼梯井所占面积，楼梯踏步、踏步板、平台梁等侧面模板不另计算，伸入墙内部分也不增加。

（三）垂直运输（编码：011703）

垂直运输是指施工工程在合理工期内所需的垂直运输机械。

垂直运输工程量以“m^2”计量，按建筑面积计算；以“天”计量，按施工工期日历天数计算。项目特征描述：建筑物建筑类型及结构形式，地下室建筑面积，建筑物檐口高度、层数。

（四）超高施工增加（编码：011704）

单层建筑物檐口高度超过20m，多层建筑物超过6层时（计算层数时，地下室不计入层数），可按超高部分的建筑面积计算超高施工增加。

超高施工增加工程量按建筑物超高部分的建筑面积以“m^2”计算。项目特征描述：建筑物建筑类型及结构形式，建筑物檐口高度、层数，单层建筑物檐口高度超过20m，多层建筑物超过6层部分的建筑面积。

（五）大型机械设备进出场及安拆（编码：011705）

大型机械设备进出场及安拆需要单独编码列项，与一般中小型机械不同。一般中小型机械的进出场、安拆的费用已经计入机械台班单价，不应独立编码列项。

大型机械设备进出场及安拆工程量按使用机械设备的数量以“台次”计算。项目特征描述：机械设备名称、机械设备规格型号。

（六）施工排水、降水（编码：011706）

施工排水、降水包括成井、排水及降水。

工程量计算规则：

（1）成井。按设计图示尺寸以钻孔深度“m”计算。

（2）排水、降水。按排、降水日历天数以“昼夜”计算。

（七）安全文明施工及其他措施项目（编码：011707）

安全文明施工及其他措施项目包括安全文明施工，夜间施工、非夜间施工照明，二次搬运，冬雨季施工，地上、地下设施、建筑物的临时保护设施，已完工程及设备保护等。属于总价措施项目，按项列，不计算工程量。

（1）安全文明施工。安全文明施工包含的工作内容及范围有：环境保护、文明施工、安全施工、临时设施。

（2）夜间施工。夜间施工包含的工作内容及范围有：夜间固定照明灯具和临时可移动照明灯具的设置、拆除；夜间施工时，施工现场交通标志、安全标牌、警示灯等的设置、移动、拆除；夜间照明设备及照明用电、施工人员夜班补助、夜间施工劳动效率降低等。

（3）非夜间施工照明。非夜间施工照明包含的工作内容及范围有：为保证工程施工正常进行，在地下室等特殊施工部位施工时所采用的照明设备的安拆、维护、摊销及照明用电等。

（4）二次搬运。二次搬运包含的工作内容及范围有：由于施工场地条件限制而发生的材料、成品、半成品等一次运输不能到达堆放地点，必须进行的二次或多次搬运。

（5）冬雨季施工。冬雨季施工包含的工作内容及范围有：冬雨（风）季施工时增加的临时设施（防寒保温、防雨、防风设施）的搭设、拆除；冬雨（风）季施工时，对砌体、混凝土等采用的特殊加温、保温和养护措施；冬雨（风）季施工时，施工现场的防滑处理、对影响施工的雨雪的清除；包括冬雨（风）季施工时增加的临时设施、施工人员的劳动保护用品、冬雨（风）季施工劳动效率降低等。

（6）地上、地下设施、建筑物的临时保护设施。地上、地下设施、建筑物的临时保护设施包含的工作内容及范围有：在工程施工过程中，对已建成的地上、地下设施和建筑物进行的遮盖、封闭、隔离等必要保护措施。

（7）已完工程及设备保护。已完工程及设备保护包含的工作内容及范围有：对已完工程及设备采取的覆盖、包裹、封闭、隔离等必要保护措施。

第四节　铁路工程工程量清单的组成及编制方法

一、铁路工程工程量清单的组成

铁路工程工程量清单载明工程项目、甲供材料设备、自购设备的名称和相应数量以及暂列金额项目等内容的明细清单。

二、铁路工程工程量清单的编制方法

工程量清单应由招标人填写，采用规范规定的统一格式。工程量清单格式由封面、填表须知、总说明、工程项目清单、计日工清单、甲供材料设备清单、自购设备清单组成。

（一）封面

招标人自行编制工程量清单时，由招标人单位注册的全国造价工程师编制。招标人盖单位公章，法定代表人或其授权人签字或盖章；编制工程量清单的注册全国造价工程师签字盖执业专用章。工程量清单封面如图 8-3 所示。

招标人委托工程造价咨询人编制工程量清单时，由工程造价咨询人单位注册的全国造价工程师编制。工程造价咨询人法定代表人签字或盖章；编制工程量清单的注册全国造价工程师签字盖执业专用章。

建设项目名称：

标　　段：

工程量清单

招标人：（单位签字盖章）

法定代表人或其授权人：（签字盖章）

中介机构法定代表人：（签字盖章）

造价工程师及注册证号：（签字盖执业专用章）

编制时间：

图 8-3　工程量清单封面

（二）填表须知

填表须知除规范规定的内容外，招标人可根据具体情况补充完善。

例如，填表须知中写明：

1）工程量清单中所有要求签字、盖章的地方，必须由规定的单位和人员签字、盖章。

2）工程量清单中的任何内容不得随意删除或涂改。

3）已标价工程量清单中列明的所有需要填报的单价（由招标人填写的单价除外）和合

价，投标人均应填报（其中计量单位为“元”的子目单价栏填“1”，合价栏与数量栏的数额相同），未填报的单价和合价，视为此项费用已含在工程量清单的其他单价和合价中。

4）金额（价格）均应以货币表示。

（三）总说明

总说明应按下列内容填写：

1）工程概况：建设规模、工程特征、计划工期、施工现场实际情况、交通运输情况、自然地理条件、环境保护和安全施工要求等。

2）工程招标和分包范围。

3）工程量清单编制依据。

4）工程质量、材料、施工等的特殊要求。

5）其他需说明的问题。

（四）工程项目清单编制

工程项目清单必须根据《铁路工程工程量清单规范》（TZJ 1006—2020）规定的子目编码、子目名称、计量单位和工程量计算规则进行编制。其格式见表8-10。当出现《铁路工程工程量清单规范》中工程量清单计量规则表未包括的清单子目时，编制人应按《铁路工程工程量清单规范》中的规定编制补充工程量清单计量规则表。

表 8-10　招标工程量清单表

标段：　　　　　　　　　　　　　　　　　　　　　　　　第　页　共　页

第××章××××			
子目编码	子目名称	计量单位	工程数量

1. 子目编码

子目编码是工程量清单子目名称的数字标识。在编制工程项目清单时，应按《铁路工程工程量清单规范》规定填写各子目编码。清单子目编码采用数字表示，由多级组成。其中，第一级为节号码，由两位数字01～99构成；后续层级为子目码，根据子目所属工程内容按主从属关系顺序编排，各层均由两位数字01～99构成。

建筑工程费、安装工程费、新建、改建层级不编码，其对应的下一级或子级延续编码。旅客站房未编码子目可根据项目所在地具体情况自行编码。

2. 子目名称

工程项目清单的子目名称应按《铁路工程工程量清单规范》的清单项目设置规则，结合拟建工程的实际情况确定。在编制工程量清单时，可根据项目的特点按子目划分特征编列或自行补充清单子目。子目划分特征为“综合”的，即为最低一级的清单子目，是投标报价和合同签订后工程实施中计量的清单子目，其下不再设置细目。

3. 计量单位

工程项目清单的计量单位应按《铁路工程工程量清单规范》规定的计量单位填写。

计量单位一般采用以下基本单位：

1）以体积计算的子目——立方米（m^3）。

2）以面积计算的子目——平方米（m^2）。

3）以长度计算的子目——米或公里（m 或 km）。

4）以质量计算的子目——千克或吨（kg 或 t）。

5）以自然计量单位计算的子目——台、个、处、孔、组、座或其他可以明示的自然计量单位。

6）没有具体数量的子目——元。

4. 工程数量

工程数量应按照《铁路工程工程量清单规范》规定的工程量计算规则计算后填写。

工程数量应按以下规定计量：

1）计量单位为“m^3”“m^2”“m”“kg”的取 2 位。

2）计量单位为“km”的，轨道工程取 5 位，其他工程取 3 位。

3）计量单位为“t”的取 3 位。

4）计量单位为“元”的取整。

5）计量单位为个、处、孔、组、座或其他可以明示的自然计量单位的取整。

（五）计日工清单

计日工是为了解决现场发生的零星工作采取的一种计价方式，计日工以完成零星工作所消耗的人工工时、机具台班、材料数量进行计量，并按照计日工表中填报的适用子目的单价进行计价支付。计日工适用的所谓零星工作一般是指合同约定之外的或者因变更而产生的、工程量清单中没有设立相应子目的额外工作，尤其是那些不允许事先商定价格的额外工作。计日工为额外工作和变更的计价提供了一个方便快捷的途径。

为了获得合理的计日工单价，计日工表应由招标人根据拟建工程的具体情况，详细估列出人工、材料、施工机具的名称、规格型号、计量单位和一个比较贴近实际的相应数量，见表 8-11 ~ 表 8-13。

表 8-11 计日工 人工

标段： 第 页 共 页

序号	名称	计量单位	数量

表 8-12 计日工 材料

标段： 第 页 共 页

序号	名称及规格	计量单位	数量

表 8-13 计日工 施工机具

标段： 第 页 共 页

序号	名称及型号	计量单位	数量

（六）甲供材料数量及价格表（见表 8-14）

甲供材料数量及价格表由招标人根据拟建工程的具体情况，详细列出甲供材料的材料代号、名称及规格、计量单位、交货地点、数量、不含税单价等。

甲供材料的数量也由招标人在招标文件中提供。

在招标文件“甲供材料设备数量及价格表”中载明甲供材料设备交货地点，并明示接货后的一切费用由承包人承担；即发包人提供的材料和工程设备在合同约定的时间和地点交货验收后，由承包人负责接收、运输和保管，并承担相关费用。甲供材料的价格由招标人给定，风险由发包人承担。甲供材料的单价应为交货地点的价格。

表 8-14 甲供材料数量及价格表

标段： 第 页 共 页

序号	材料代号	材料名称及规格	计量单位	交货地点	数量	不含税单价（元）			不含税合价（元）
						出厂价	运杂费	综合单价	
合计（元）									
税金（元）									
甲供材料费合计（元）									

（七）甲供设备数量及价格表（见表 8-15）

甲供设备数量及价格表应由招标人根据拟建工程的具体情况，详细列出甲供设备专业名称、设备代号、设备名称及规格型号、安装子目编码、交货地点、计量单位、数量、不含税单价等。

在招标文件“甲供设备数量及价格表”中载明甲供设备供货地点，并明示接货后的一切费用由承包人承担；即发包人提供的工程设备在合同约定的时间和地点交货验收后，由承包人负责接收、运输和保管，并承担相关费用。甲供设备的价格由招标人给定，风险由发包人承担。甲供设备的单价应为交货地点的价格。

表 8-15 甲供设备数量及价格表

标段： 第 页 共 页

<table>
<tr><th rowspan="2">序号</th><th rowspan="2">专业名称</th><th rowspan="2">设备代号</th><th rowspan="2">设备名称及规格型号</th><th rowspan="2">安装子目编码</th><th rowspan="2">交货地点</th><th rowspan="2">计量单位</th><th rowspan="2">数量</th><th colspan="3">不含税单价（元）</th><th rowspan="2">不含税合价（元）</th></tr>
<tr><th>出厂价</th><th>运杂费</th><th>综合单价</th></tr>
<tr><td></td><td></td><td></td><td></td><td></td><td></td><td></td><td></td><td colspan="3"></td><td></td></tr>
<tr><td></td><td></td><td></td><td></td><td></td><td></td><td></td><td></td><td colspan="3"></td><td></td></tr>
<tr><td colspan="11">合计（元）</td><td></td></tr>
<tr><td colspan="11">税金（元）</td><td></td></tr>
<tr><td colspan="11">甲供设备费合计（元）</td><td></td></tr>
</table>

（八）自购设备数量表（见表 8-16）

自购设备是指投标人自行采购的、属于招标文件和合同中明确列出的工程设备。自购设备数量表由招标人根据拟建工程的具体情况，详细列出自购设备对于清单中专业名称、设备代号、设备名称及规格型号、安装子目编码、计量单位和数量等。

表 8-16 自购设备数量表

标段： 第 页 共 页

序号	专业名称	设备代号	设备名称及规格型号	安装子目编码	计量单位	数量

第五节 铁路工程工程量清单计算规则

本节以《铁路工程工程量清单规范》（TZJ 1006—2020）中规定的桥梁工程、隧道工程的部分工程量计算规则为主，介绍铁路工程工程量清单计算规则与方法。

一、工程量清单计算规则说明

（一）子目划分特征

在编制工程量清单时，可根据项目的特点按子目划分特征编列或自行补充清单子目。子目划分特征为“综合”的，即为最低一级的清单子目，是投标报价和合同签订后工程实施中计量的清单子目，其下不得再设置细目。

（二）工程量计算规则

1）工程量计算规则是在各类工程界面划分明确的基础上对清单子目工程量的计算规定。

① 路基与桥梁工程界面划分：设置桥台过渡段时，桥台后过渡段为路基工程；未设置桥台过渡段时，桥台后缺口填筑为桥梁工程。

② 路基与隧道工程界面划分：设置斜切式洞门时，以洞门的斜切面与设计内轨顶面的交线同线路中线的交点为界，靠隧道一侧计入隧道工程，靠路基一侧计入路基工程。

③ 隧道与桥梁工程界面划分：桥台进洞时桥台基坑开挖、防护、回填等计入桥梁工程，隧道边坡、仰坡防护等计入隧道工程。

④ 室内、室外界面划分。

a. 给水管道：设置入户水表井（或交汇井）时，以井为界，水表井（或交汇井）计入室外给水管道。未设置入户水表井（或交汇井）时，以建筑物外墙皮为界。

b. 排水管道：以出户第一个排水检查井（或化粪池）为界，检查井、化粪池均计入室外。

c. 热网管道、工艺管道：以建筑物外墙皮为界。

d. 电力、照明线路：以入户配电箱为界，入户配电箱计入室内。

⑤ 清单子目的土方和石方，指单独挖填土石方的子目和无须砌筑的各种沟渠等的土石方。砌筑等工程的子目工程（工作）内容已含土石方挖填的清单子目，土石方不单独计量。

2）除另有规定及说明外，清单子目工程量应以设计图示的工程实体净值计算，不含施工中的各种损耗及因施工工艺需要所增加的工程量，相关损耗及工程量所发生费用计入综合单价。

① 非预应力钢筋质量按设计图示长度（应含架立钢筋、定位钢筋）乘以理论单位质量计算，不含搭接和焊接料、绑扎料、接头套筒垫块等材料的质量。

② 预应力钢筋（钢丝、钢绞线）质量按设计下料长度乘以理论单位质量计算，不含锚具、管道、锚板及连接钢板、封锚、捆扎、焊接材料等的质量。

③ 钢结构质量按设计图示尺寸计算，不含搭接和焊接料、下脚料、缠包料和垫衬物、涂装料等材料的质量。

④ 砌体体积按设计图示尺寸以实体体积计算，除另有规定外，不扣除预留孔洞、预埋件的体积。勾缝、抹面按设计砌体表面勾缝、抹面的面积计算。

⑤ 混凝土体积按混凝土设计尺寸以实体体积计算，除另有规定外，不扣除混凝土中钢筋（钢丝、钢绞线）、预埋件和预留压浆孔道等所占的体积。

⑥ 桩基以体积计量时，其高度按设计图示中桩顶至桩底间长度计列，其截面积均按设计桩径断面积计列，不得将扩孔（扩散）因素或护壁圬工计入工程数量，房屋工程除外。如需试桩，按设计文件的要求计入工程数量。桩帽（筏板）混凝土按设计体积计算，桩帽（筏板）钢筋按设计质量计算。

⑦ 工程量以面积计量时，其面积按设计图示尺寸计算，不扣除各类井和在 $1m^2$ 及以下的构筑物所占的面积。另有规定除外。

⑧ 工程量以长度计量时，按设计图示中心线的长度计算，不扣除接头、检查井、人（手）孔坑、接头坑等所占的长度。另有规定除外。

3）在新建铁路工程项目中，与路基、桥梁、隧道等工程同步施工的电缆沟、槽及光（电）缆防护、接触网滑道，应分别在路基、桥梁、隧道等工程的清单子目中计量。对既有线改造项目，应根据工程实际情况计列。

4）所有室内工程的地基处理应在房屋工程相应清单子目中计量。

（三）工程（工作）内容

1）工程（工作）内容是指完成该清单子目的具体工程（工作），除已列明的工程（工作）内容外，还包括场地平整、原地面挖台阶、原地面碾压，工程定位复测，测量、放样，工程点交、场地清理，材料（含成品、半成品、周转性材料）和各种填料的采备保管、运输装卸，小型临时设施，按照规范和施工质量验收标准的要求对建筑安装的设备、材料、构件和建筑物进行检验、试验、检测、观测，防寒、保温设施，防雨、防潮设施，照明设施，文明施工（施工标识、防尘、防噪声等）和环境保护、水土保持、防风防沙、卫生防疫措施，已完工程及设备保护措施、竣工文件编制等内容。

2）对于改建工程的清单子目或距既有线（既有建筑物）较近工程的清单子目，除另有说明或单列清单子目外，还包括既有线（既有建筑物）的拆（凿）除（凿毛）、整修、改移、加固、防护、更换构件和与相关产权单位的协调、联络、封锁线路要点施工或行车干扰降效等内容。

3）对于使用旧料修建的工程，还包括对旧料的整修、选配等内容。

4）施工中引起的过渡费用应计入相应的清单子目，另有说明或单列清单子目除外。

二、桥涵工程工程量清单说明及计算规则

（一）桥涵工程工程量清单说明

1）特大桥指桥长500m以上的桥梁；大桥指桥长10m以上至500m（含）的桥梁；中桥指桥长20m以上至100m（含）的桥梁；小桥指桥长20m及以下的桥梁。

2）桥梁长度，梁式桥指桥台挡砟前墙之间的长度；拱桥指拱上侧墙与桥台侧墙间两伸缩缝外端之间的长度；框架式桥指框架顺跨度方向外侧间的长度。

3）桥梁下部工程有“水上”字样的清单子目是指设计采用船舶等水上专用设备方可施工的子目。河滩水中筑岛施工按“陆上”施工考虑。

4）墩台子目按墩身高度细分为墩高≤30m、30m<墩高≤70m、70m<墩高≤140m。

5）梁的运架清单子目包括运输、架设等工作内容。

6）刚构连续梁与桥墩的分界：桥墩顶部变坡点（0号块底）以上属梁部工程，以下属墩台工程。

7）附属工程包括台后、河床加固及河岸防护、锥体填筑、洞穴处理等，不含由于防洪需要所发生的相关工程。

8）洞穴处理，钻孔、注浆、灌砂等清单子目，适用于通过钻孔进行的注浆、灌砂处理；填土、填袋装土、填石（片石）及填（片石）混凝土等清单子目，适用于对洞穴挖开后的填筑处理；钻孔填筑子目仅适用于对钻孔通过洞穴时，需对洞穴进行的填筑处理。

9）施工辅助设施包括栈桥、缆索吊、施工猫道、基础施工辅助设施和其他设施。基础施工辅助设施包括筑堤、筑岛、围堰，工作平台、防护棚架等。其他设施包括现浇混凝土梁辅助设施、钢梁架设辅助设施、墩身辅助设施等。

（二）桥涵工程工程量清单计算规则

桥涵工程工程量清单计算规则部分内容见表8-17所示。

表8-17 桥涵工程工程量清单计算规则（节选）

子目编码	名称	计量单位	子目划分特征	工程量计算规则	工程（工作）内容
05	特大桥	延长米			
0501	一、复杂特大桥	延长米			

（续）

子目编码	名称	计量单位	子目划分特征	工程量计算规则	工程（工作）内容
050101	（一）×××特大桥	延长米			
	Ⅰ. 建筑工程费	元			
05010101	1. 下部工程	圬工方			
0501010101	（1）基础	圬工方			
050101010101	① 明挖	圬工方			
05010101010101	A. 混凝土	圬工方	综合	按设计图示圬工体积计算（不含回填圬工数量）	1. 基坑挖填；2. 脚手架及支架搭拆；3. 模板制安拆；4. 预埋件（含冷却管）制安；5. 混凝土浇筑（含垫层混凝土）
05010101010102	B. 钢筋	t	综合	按设计图示长度计算质量	钢筋制安
050101010102	② 承台	圬工方			
05010101010201	A. 陆上承台混凝土	圬工方	综合	按设计图示圬工体积计算（不含回填圬工数量）	1. 基坑挖填；2. 脚手架及支架搭拆；3. 模板制安拆；4. 预埋件（含冷却管）制安；5. 混凝土浇筑（含垫层混凝土）
05010101010202	B. 陆上承台钢筋	t	综合	按设计图示长度计算质量	钢筋制安
05010101010203	C. 水上承台混凝土	圬工方	综合	按设计图示圬工体积计算（不含封底圬工数量）	1. 基坑挖填；2. 脚手架及支架搭拆；3. 模板制安拆；4. 预埋件（含冷却管）制安；5. 混凝土浇筑（含封底混凝土）
05010101010204	D. 水上承台钢筋	t	综合	按设计图示长度计算质量	钢筋制安
050101010103	③ 沉井	元			
05010101010301	A. 陆上钢筋混凝土沉井	圬工方	综合	按设计图示圬工体积计算（含封底、井盖和填充的圬工数量）	1. 沉井制作：垫木铺拆，脚手架及支架搭拆，模板制安拆，钢筋及预埋件制安，混凝土浇筑，刃脚钢结构制安；2. 沉井下沉：下沉设备制安拆，土石挖、运、弃，弃方整理，排水，吸泥，井身接高，清基，封底，填充；3. 井盖制安

（续）

子目编码	名称	计量单位	子目划分特征	工程量计算规则	工程（工作）内容
05010101010302	B. 陆上钢沉井	t	综合	按设计图示钢料计算质量	1. 沉井制作：下料、组拼、焊接，下水拼装，刃脚压浆，灌注试验；2. 沉井下沉：下沉设备制安拆，土石挖、运、弃，弃方整理，排水，吸泥，井身接高，清基，封底，填充；3. 井盖制安
05010101010303	C. 水上钢筋混凝土沉井	圬工方	综合	按设计图示圬工体积计算（含封底、井盖和填充的圬工数量）	1. 沉井制作：垫木铺拆，脚手架及支架搭拆，模板制安拆，钢筋及预埋件制安，混凝土浇筑，刃脚钢结构制安；2. 沉井下沉：下沉设备制安拆，土石挖、运、弃，弃方整理，排水，吸泥，井身接高，清基，封底，填充；3. 井盖制安
05010101010304	D. 水上钢沉井	t	综合	按设计图示钢料计算质量	1. 沉井制作：下料、组拼、焊接，下水拼装，刃脚压浆，灌注试验；2. 沉井下沉：下水滑道制安拆，浮运沉井下水、浮运、定位、落床，下沉设备制安拆，土石挖、运、弃，弃方整理，排水，吸泥，井身接高，清基，封底，填充；3. 井盖制安
050101010104	④ 挖孔桩	m		按设计桩长（桩顶至桩底的长度）计算	
05010101010401	A. 混凝土	圬工方	综合	按设计图示圬工体积计算	1. 桩孔开挖及防护；2. 混凝土浇筑；3. 桩头处理；4. 预埋件（含声测管）制安
05010101010402	B. 钢筋（笼）	t	综合	按设计图示钢料计算质量	钢筋（笼）制安
050101010105	⑤ 钻孔桩	m		按设计桩长（桩顶至桩底的长度）计算	
05010101010501	A. 陆上混凝土	圬工方	桩径	按设计桩长（桩顶至桩底的长度）乘以设计桩径断面积计算	1. 护筒制安拆；2. 钻孔、护壁，弃渣、泥浆清理、外运，清孔；3. 预埋件（含声测管）制安；4. 桩头处理；5. 水泥砂浆或水泥浆填充；6. 混凝土浇筑；7. 桩底高压注浆

（续）

子目编码	名称	计量单位	子目划分特征	工程量计算规则	工程（工作）内容
05010101010502	B. 水上混凝土	圬工方	桩径	按设计桩长（桩顶至桩底的长度）乘以设计桩径断面积计算	1. 护筒制安拆；2. 钻孔、护壁，弃渣、泥浆清理、外运，清孔；3. 预埋件（含声测管）制安；4. 桩头处理；5. 水泥砂浆或水泥浆填充；6. 混凝土浇筑；7. 桩底高压注浆
05010101010503	C. 钢筋（笼）	t	综合	按设计图示钢料计算质量	钢筋（笼）制安
050101010106	⑥ 沉入桩	m			
05010101010601	A. 钢筋（预应力）混凝土管桩	m	桩径	按设计图示承台底至桩底的长度计算	1. 管桩制作；2. 沉桩、接桩、送桩；3. 管桩内填充混凝土；4. 桩头处理
05010101010602	B. 钢管桩	m	桩径	按设计图示承台底至桩底的长度计算	1. 管桩制作；2. 沉桩、接桩、送桩；3. 管桩内填充混凝土；4. 桩头处理
050101010107	⑦ 管柱	m			
05010101010701	A. 钢筋（预应力）混凝土管柱	m	直径	按设计图示承台底至柱底的长度计算	1. 管柱及管靴制作；2. 下沉、接高、钻岩、吸泥、清孔；3. 钢筋（笼）骨架制安；4. 管柱及钻孔内填充混凝土；5. 柱头处理
05010101010702	B. 钢管柱	m	直径	按设计图示承台底至柱底的长度计算	1. 管柱制作；2. 下沉、接高、钻岩、吸泥、清孔；3. 钢筋（笼）骨架制安；4. 管柱及钻孔内填充混凝土；5. 柱头处理
050101010108	⑧ 挖井基础	圬工方			
05010101010801	A. 混凝土	圬工方	综合	按设计图示圬工体积计算（不含护壁圬工数量）	1. 井孔开挖；2. 预埋件制安；3. 模板制安拆；4. 混凝土、护壁混凝土浇筑
05010101010802	B. 钢筋	t	综合	按设计图示长度计算质量（不含护壁钢筋的质量）	钢筋、护壁钢筋制安
0501010102	（2）墩台	圬工方			
050101010201	① 墩高≤30m	圬工方			
05010101020101	A. 陆上混凝土	圬工方	综合	按设计图示圬工体积计算	1. 脚手架及支架搭拆；2. 模板制安拆；3. 预埋件制安；4. 混凝土浇筑；5. 防水层铺设；6. 排水管

（续）

子目编码	名称	计量单位	子目划分特征	工程量计算规则	工程（工作）内容
05010101020102	B. 陆上钢筋	t	综合	按设计图示长度计算质量	钢筋制安
05010101020103	C. 水上混凝土	圬工方	综合	按设计图示圬工体积计算	1. 脚手架及支架搭拆；2. 模板制安拆；3. 预埋件制安；4. 混凝土浇筑；5. 防水层铺设；6. 排水管
05010101020104	D. 水上钢筋	t	综合	按设计图示长度计算质量	钢筋制安
05010101020105	E. 门型墩横梁混凝土	圬工方	综合	按设计图示圬工体积计算	1. 脚手架及支架搭拆；2. 模板制安拆；3. 预埋件制安；4. 混凝土浇筑；5. 防水层铺设；6. 排水管
05010101020106	F. 门型墩横梁钢筋	t	综合	按设计图示长度计算质量	钢筋制安
05010101020107	G. 门型墩横梁钢结构	t	综合	按设计图示钢料计算质量	钢结构制安
05010101020108	H. 浆砌石	圬工方	综合	按设计图示圬工体积计算	1. 脚手架及支架搭拆；2. 砌体砌筑，镶面；3. 防水层铺设；4. 反滤层、变形缝、泄水管设置
050101010202	② 30m < 墩高≤70m	圬工方			
05010101020201	A. 陆上混凝土	圬工方	综合	按设计图示圬工体积计算	1. 脚手架及支架搭拆；2. 模板制安拆；3. 预埋件制安；4. 混凝土浇筑；5. 防水层铺设；6. 排水管
05010101020202	B. 陆上钢筋	t	综合	按设计图示长度计算质量	钢筋制安
05010101020203	C. 水上混凝土	圬工方	综合	按设计图示圬工体积计算	1. 脚手架及支架搭拆；2. 模板制安拆；3. 预埋件制安；4. 混凝土浇筑；5. 防水层铺设；6. 排水管
05010101020204	D. 水上钢筋	t	综合	按设计图示长度计算质量	钢筋制安
050101010203	③ 70m < 墩高≤140m	圬工方	综合		
05010101020301	A. 陆上混凝土	圬工方	综合	按设计图示圬工体积计算	1. 脚手架及支架搭拆；2. 模板制安拆；3. 预埋件制安；4. 混凝土浇筑；5. 防水层铺设；6. 排水管

（续）

子目编码	名称	计量单位	子目划分特征	工程量计算规则	工程（工作）内容
05010101020302	B. 陆上钢筋	t	综合	按设计图示长度计算质量	钢筋制安
05010101020303	C. 水上混凝土	圬工方	综合	按设计图示圬工体积计算	1. 脚手架及支架搭拆；2. 模板制安拆；3. 预埋件制安；4. 混凝土浇筑；5. 防水层铺设；6. 排水管
05010101020304	D. 水上钢筋	t	综合	按设计图示长度计算质量	钢筋制安
05010102	2. 上部工程	延长米			
0501010201	（1）预应力混凝土简支箱梁	孔			
050101020101	① 制架预应力混凝土简支箱梁	孔			
05010102010101	A. 预制	孔	单双线/跨度/速度	按设计图示数量计算	1. 脚手架及支架搭拆；2. 模板制安拆；3. 钢筋及预埋件制安；4. 混凝土浇筑；5. 锚具安装，制孔，预应力钢筋（钢丝、钢绞线）制安及张拉，压浆、封锚、梁端防水；6. 泄水管及盖板制安；7. 桥梁连接处混凝土凿毛；8. 场内起落及移位存放
05010102010102	B. 运架	孔	单双线/跨度/速度	按设计图示数量计算	装梁（提梁）、运梁，走行轨铺拆，倒梁、喂梁、吊梁、落梁、就位，锚栓孔灌浆
050101020102	② 支架法现浇预应力混凝土简支箱梁	孔	单双线/跨度/速度	按设计图示数量计算	1. 模板制安拆；2. 钢筋及预埋件制安；3. 泄水管及盖板制安；4. 混凝土浇筑；5. 锚具安装，制孔，预应力钢筋（钢丝、钢绞线）制安及张拉，压浆、封锚、梁端防水；6. 落梁就位
050101020103	③ 移动模架现浇预应力混凝土简支箱梁	孔	单双线/跨度/速度	按设计图示数量计算	1. 移动模架拼装，位置和标高校正，拆除；2. 合龙底模和外模并调整好预拱度；3. 支座垫板安设，泄水管及盖板制安；4. 预应力钢筋（钢丝、钢绞线）制安；5. 安设内模；6. 混凝土浇筑；7. 预应力钢筋（钢丝、钢绞线）张拉，压浆、封锚、梁端防水；8. 脱模

（续）

子目编码	名称	计量单位	子目划分特征	工程量计算规则	工程（工作）内容
050101020104	④ 移动支架节段拼装预应力混凝土简支箱梁	孔			
05010102010401	A. 预制	孔	单双线/跨度/速度	按设计图示数量计算	1. 脚手架及支架搭拆；2. 模板制安拆；3. 钢筋及预埋件制安；4. 混凝土浇筑；5. 锚具安装，制孔，预应力钢筋（钢丝、钢绞线）制安及张拉，压浆、封锚、梁端防水；6. 泄水管及盖板制安；7. 梁段连接处混凝土凿毛；8. 场内起落及移位存放
05010102010402	B. 运架	孔	单双线/跨度/速度	按设计图示数量计算	1. 节段运送；2. 吊装节段、拼装节段；3. 落梁
05010102010403	C. 湿接	孔	单双线/跨度/速度	按设计图示数量计算	1. 现浇混凝土；2. 压浆封锚
05010102010404	D. 胶接	孔	单双线/跨度/速度	按设计图示数量计算	1. 注胶；2. 压浆封锚
05010102010405	E. 预应力筋	t	综合	按设计图示下料长度计算质量（不含锚具的质量）	1. 预应力钢筋（钢丝、钢绞线）制安、张拉；2. 节段间临时张拉；3. 整跨箱梁永久预应力束张拉
0501010202	（2）制架（钢筋）预应力混凝土T梁	孔			
050101020201	① 预制	孔	跨度/速度/声屏障	按设计图示数量（单线孔）计算	1. 脚手架及支架搭拆；2. 模板制安拆；3. 钢筋及预埋件制安；4. 混凝土浇筑；5. 防护层、防水层、垫层、桥梁连接处混凝土凿毛；6. 锚具安装，制孔，预应力钢筋（钢丝、钢绞线）制安及张拉，压浆、封锚、梁端防水；7. 泄水管及盖板制安；8. 场内起落及移位存放
050101020202	② 运架	孔	跨度/速度/声屏障	按设计图示数量（单线孔）计算	装梁，运梁；桥头线路加固，走行轨铺拆，倒梁、喂梁、落梁、吊梁横隔板连接，锚栓孔灌浆

（续）

子目编码	名称	计量单位	子目划分特征	工程量计算规则	工程（工作）内容
050101020203	③ 横向联结	孔	跨度/速度/声屏障	按设计图示数量（单线孔）计算	现浇桥面板及隔板湿接缝：(1) 模板制安拆，脚手架搭拆；(2) 钢筋及预埋件制安；(3) 锚具安装，制孔，预应力钢筋（钢丝、钢绞线、钢棒）制安及张拉，压浆、封锚；(4) 混凝土浇筑；(5) 防护层、防水层
0501010203	(3) 购架（钢筋）预应力混凝土T梁	孔			
050101020301	① 价购	孔	跨度/速度/声屏障	按设计图示数量（单线孔）计算	价购
050101020302	② 运架	孔	跨度/速度/声屏障	按设计图示数量（单线孔）计算	装梁，运梁；桥头线路加固，走行轨铺拆，倒梁、喂梁、落梁、吊梁横隔板连接，锚栓孔灌浆
050101020303	③ 横向联结	孔	跨度/速度/声屏障	按设计图示数量（单线孔）计算	桥面板及隔板湿接缝：(1) 模板制安拆，脚手架及支架搭拆；(2) 钢筋及预埋件制安；(3) 锚具安装，制孔，预应力钢筋（钢丝、钢绞线）制安及张拉，压浆、封锚；(4) 混凝土浇筑；(5) 防护层、防水层
0501010204	(4) 预应力混凝土连续梁（刚构）	延长米			
050101020401	① 支架法混凝土	圬工方	综合	按设计图示圬工体积计算	1. 模板制安拆；2. 预埋件制安；3. 混凝土浇筑；4. 临时支座安拆
050101020402	② 悬浇法混凝土	圬工方	综合	按设计图示圬工体积计算	1. 模板制安拆；2. 预埋件制安；3. 混凝土浇筑；4. 挂篮安拆；5. 临时支座安拆
050101020403	③ 预应力筋	t	综合	按设计图示下料长度计算质量（不含锚具的质量）	1. 锚具安装；2. 制孔；3. 预应力钢筋（钢丝、钢绞线）制安及张拉；4. 压浆、封锚
050101020404	④ 普通钢筋	t	综合	按设计图示长度计算质量	钢筋制安
050101020405	⑤ 转体系统	处	综合	按设计图示数量计算	含由下转盘、球铰、上转盘、转体牵引系统等组成的转体结构及转动费用

（续）

子目编码	名称	计量单位	子目划分特征	工程量计算规则	工程（工作）内容
0501010205	（5）钢桁梁（钢桁拱）	t			
050101020501	① 钢桁梁（钢桁拱）成品	t	综合	按设计图示构件（含节点板）计算质量（不含支座、高强度螺栓或铆钉和附属钢结构及检修设备走行轨的质量）	钢桁梁（钢桁拱）主材
050101020502	② 钢桁梁（钢桁拱）安装	t	综合	按设计图示构件（含节点板）计算质量（不含支座、高强度螺栓或铆钉和附属钢结构及检修设备走行轨的质量）	1. 组拼（不含主材）、吊装、联结、就位；2. 临时支座安拆；3. 钢梁现场涂装
0501010206	（6）钢板梁	t			
050101020601	① 钢板梁成品	t	综合	按设计图示构件（含节点板）计算质量（不含支座、高强度螺栓或铆钉和附属钢结构及检修设备走行轨的质量）	钢板梁主材
050101020602	② 钢板梁安装	t	综合	按设计图示构件（含节点板）计算质量（不含支座、高强度螺栓或铆钉和附属钢结构及检修设备走行轨的质量）	1. 组拼（不含主材）、吊装、联结、就位；2. 临时支座安拆；3. 钢梁现场涂装
0501010207	（7）钢-混凝土结合梁	延长米			
050101020701	① 混凝土	圬工方	综合	按设计图示圬工体积计算	1. 脚手架搭拆；2. 模板制安拆；3. 预埋件（含剪力钉）制安；4. 混凝土浇筑；5. 泄水管及盖板制安；6. 预制构件安装；7. 接缝处置
050101020702	② 预应力筋	t	综合	按设计图示下料长度计算质量（不含锚具的质量）	1. 锚具安装；2. 制孔；3. 预应力钢筋（钢丝、钢绞线）制安、张拉；4. 压浆、封锚

（续）

子目编码	名称	计量单位	子目划分特征	工程量计算规则	工程（工作）内容
050101020703	③ 普通钢筋	t	综合	按设计图示长度计算质量	钢筋制安
050101020704	④ 钢梁	t			
05010102070401	A. 钢梁成品	t	综合	按设计图示构件（含节点板）计算质量（不含支座、高强度螺栓或铆钉和附属钢结构及检修设备走行轨的质量）	钢梁主材
05010102070402	B. 钢梁安装	t	综合	按设计图示构件（含节点板）计算质量（不含支座、高强度螺栓或铆钉和附属钢结构及检修设备走行轨的质量）	1. 组拼（不含主材）、吊装、联结、就位；2. 临时支座安拆；3. 钢梁现场涂装
0501010208	（8）斜拉桥	延长米			
050101020801	① 斜拉桥索塔	圬工方			
05010102080101	A. 混凝土	圬工方	综合	按设计图示圬工体积计算	1. 脚手架及支架搭拆；2. 模板制安拆；3. 预埋件制安；4. 混凝土浇筑；5. 锚箱、爬梯、避雷针制安；6. 涂装
05010102080102	B. 预应力筋	t	综合	按设计图示下料长度计算质量（不含锚具的质量）	1. 锚具安装；2. 制孔；3. 预应力钢筋（钢丝、钢绞线）制安、张拉；4. 压浆、封锚
05010102080103	C. 普通钢筋	t	综合	按设计图示长度计算质量	钢筋制安
05010102080104	D. 劲性钢骨架	t	综合	按设计图示钢骨架计算质量	金属构件制安
050101020802	② 斜拉索	t			
05010102080201	A. 斜拉索成品	t	综合	按设计图示斜拉索计算质量（不含锚具、锚板、锚箱、防腐料、缠包带的质量）	斜拉索主材、钢锚梁、索导管
05010102080202	B. 斜拉索安装	t	综合	按设计图示斜拉索计算质量（不含锚具、锚板、锚箱、防腐料、缠包带的质量）	1. 制索（不含主材）、卷盘；2. 锚具安装；3. 张拉、调索、防护；4. 切割钢束头、封锚头；5. 涂装
050101020803	③ 钢梁	t			

（续）

子目编码	名称	计量单位	子目划分特征	工程量计算规则	工程（工作）内容
05010102080301	A. 钢梁成品	t	综合	按设计图示构件（含节点板）计算质量（不含支座、高强度螺栓或铆钉和附属钢结构及检修设备走行轨的质量）	钢梁主材
05010102080302	B. 钢梁安装	t	综合	按设计图示构件（含节点板）计算质量（不含支座、高强度螺栓或铆钉和附属钢结构及检修设备走行轨的质量）	1. 组拼（不含主材）、吊装、联结、就位；2. 临时支座安拆；3. 钢梁现场涂装
050101020804	④ 预应力混凝土梁	圬工方			
05010102080401	A. 混凝土	圬工方	综合	按设计图示圬工体积计算	1. 模板制安拆；2. 预埋件制安；3. 泄水管及盖板制安；4. 混凝土浇筑
05010102080402	B. 预应力筋	t	综合	按设计图示下料长度计算质量（不含锚具的质量）	1. 锚具安装；2. 制孔；3. 预应力钢筋（钢丝、钢绞线）制安、张拉；4. 压浆、封锚
05010102080403	C. 普通钢筋	t	综合	按设计图示长度计算质量	钢筋制安
0501010209	（9）悬索桥	延长米			
050101020901	① 重力式锚碇	圬工方			
05010102090101	A. 基础开挖	m^3	综合	按设计图示开挖体积计算（含工作面及放坡数量）	1. 基坑开挖；2. 抽水；3. 基坑检查、修整；4. 基底处理；5. 混凝土浇筑
05010102090102	B. 地下连续墙导墙混凝土	圬工方	综合	按设计图示圬工体积计算	1. 场地清理及排水，2. 沟槽开挖；3. 模板制安拆；4. 混凝土浇筑；5. 钢筋及预埋件制安；6. 导墙拆除、外运
05010102090103	C. 地下连续墙混凝土	圬工方	综合	按设计图示圬工体积计算（含墙身、内衬、锚梁等结构圬工数量）	1. 地基处理；2. 铣槽开挖；3. 清底置换；4. 混凝土浇筑；5. 检测、基岩注浆；6. 预埋件制安；7. 作业平台制安拆
05010102090104	D. 地连墙钢筋	t	综合	按设计图示长度计算质量	钢筋制安
050101020902	② 隧道式锚碇	圬工方			

（续）

子目编码	名称	计量单位	子目划分特征	工程量计算规则	工程（工作）内容
05010102090201	A. 隧道锚开挖	m^3	综合	按设计图示开挖体积计算	1. 台架移动就位、测量、人工挖土石方、钻眼、爆破、找顶、防尘、施工用水抽排；2. 出渣轨道制安拆、养护；3. 出渣，运料
05010102090202	B. 洞身混凝土	圬工方	综合	按设计图示圬工体积计算	1. 喷射混凝土集中拌制、运输、机具就位、喷射、养护，清理回弹料；2. 脚手架及衬砌平台制安拆；3. 模板制安拆；4. 浇筑平台制安拆；5. 混凝土浇筑；6. 拱架制安拆
05010102090203	C. 洞身钢筋	t	综合	按设计图示长度计算质量	钢筋制安
050101020903	③ 锚体	圬工方			
05010102090301	A. 锚体混凝土	圬工方	综合	按设计图示圬工体积计算	1. 支架、作业平台制安拆；2. 模板制安拆；3. 预埋件制安；4. 混凝土浇筑
05010102090302	B. 锚体钢筋	t	综合	按设计图示钢料计算质量	钢筋制安
05010102090303	C. 锚体预应力筋	t	综合	按设计图示下料长度计算质量（不含锚具的质量）	1. 钢绞线的制安；2. 波纹管管道制安；3. 安装锚具、锚板；4. 张拉；5. 压浆；6. 封锚头
05010102090304	D. 锚固系统	t	综合	按设计图示质量计算	1. 钢构件制安；2. 预应力钢束锚固构造制安、调整及精确定位；3. 索股锚固连接构造制安、调整及精确定位；4. 定位钢支架制安、精确定位；5. 钢结构防腐涂装
050101020904	④ 索鞍	t			
05010102090401	A. 索鞍成品	t	综合	按设计图示索鞍计算质量	索鞍价购
05010102090402	B. 索鞍安装	t	综合	按设计图示索鞍计算质量	1. 支墩顶门架制安拆；2. 支架及操作平台制安拆；3. 索鞍构件吊装、移位、精确定位及固定；4. 鞍罩骨架、围壁及端罩制作加工、安装；5. 钢质梯安装；6. 气密门及水密门舱口盖安装

（续）

子目编码	名称	计量单位	子目划分特征	工程量计算规则	工程（工作）内容
050101020905	⑤ 缆索系统				
05010102090501	A. 主缆成品	t	综合	按设计图示主缆计算质量	主缆主材
05010102090502	B. 主缆安装	t	综合	按设计图示主缆计算质量	1. 塔顶平台制安拆；2. 牵引系统制安拆；3. 主缆安装、紧缆、缠丝；4. 索夹及吊索安装
050101020906	⑥ 钢梁架设	t			
05010102090601	A. 钢梁成品	t	综合	按设计图示钢梁计算质量	钢梁主材
05010102090602	B. 钢梁架设	t	综合	按设计图示钢梁计算质量	1. 钢梁节段拼装；2. 钢梁起吊、挂吊索、临时连接、梁段的体系转换；边跨钢梁姿态调整；钢梁合龙，二期恒载，线形调整；3. 缆索吊机安拆

三、隧道及明洞工程工程量清单说明及计算规则

（一）隧道及明洞工程工程量清单说明

1）隧道长度是指隧道进出口（含与隧道相连的明洞）洞门端墙墙面之间的距离，以端墙面或斜切式洞门的斜切面与设计内轨顶面的交线同线路中线的交点计算。双线隧道按下行线长度计算；位于车站上的隧道以正线长度计算；设有缓冲结构的隧道长度应从缓冲结构的起点计算。

2）隧道长度大于4000m或有辅助坑道的单、双线隧道，多线隧道及地质复杂隧道分别编列。

3）隧道正洞施工工区分为正洞进出口工区、通过辅助坑道施工正洞工区，正洞工区长度根据施工组织设计安排确定。

4）正洞施工按不同工法分为“钻爆法施工”“TBM法施工”“盾构法施工”三类，不同工法按地质围岩分级设置清单子目。

5）TBM法施工适用于采用敞开式隧道岩石掘进机设备进行开挖的隧道。为便于TBM步进、洞内拆解而采用钻爆法施工的正洞主体工程，应采用钻爆法施工相关清单子目计量。

6）盾构法施工适用于采用土压平衡盾构及泥水平衡盾构设备进行开挖的隧道。如与盾构工作井相连的是封闭式路堑（U形槽）加雨篷结构，则相关土石方开挖、地基处理、基坑围护、主体结构、雨篷等可采用类似工程清单子目计量。

7）平行导坑的横通道不单独计量，其工程内容计入平行导坑。

8）竖井的井口及井底车场工程不单独计量，其工程内容计入竖井。

9）隧道洞室防护门等与土建工程同步实施的站后相关工程均列于隧道及明洞工程中。

（二）隧道及明洞工程工程量清单计算规则

隧道及明洞工程工程量清单计算规则见表 8-18。

表 8-18　隧道及明洞工程工程量清单计算规则（节选）

子目编码	名称	计量单位	子目划分特征	工程量计算规则
10	隧道	延长米		
	甲、新建	延长米		
1001	一、×××隧道	延长米		
	Ⅰ. 建筑工程费	延长米		
100101	（一）正洞××工区（钻爆法施工）	延长米		按设计图示正洞工区长度计算
10010101	1. Ⅰ级围岩	延长米		
1001010101	（1）开挖	m^3	综合	按设计图示开挖体积计算（不含设计允许超挖、预留变形量）
1001010102	（2）衬砌	圬工方		
100101010201	① 模筑混凝土	圬工方	综合	按设计图示衬砌体积计算
100101010202	② 允许超挖采用模筑混凝土回填	延长米	综合	按设计图示围岩长度计算
100101010203	③ 预留变形量采用模筑混凝土回填	圬工方	综合	按设计图示预留变形量未变部分采用模筑混凝土回填圬工体积计算
100101010204	④ 钢筋	t	综合	按设计图示长度计算质量
1001010103	（3）支护	延长米		
100101010301	① 喷射混凝土	圬工方	综合	按设计图示喷射面积乘以设计厚度计算
100101010302	② 允许超挖采用喷射混凝土回填	延长米	综合	按设计图示围岩长度计算
100101010303	③ 预留变形量采用喷射混凝土回填	圬工方	综合	按设计图示预留变形未变部分采用喷射混凝土回填圬工体积计算
100101010304	④ 喷射纤维混凝土	圬工方	综合	按设计图示喷射面积乘以设计厚度计算
100101010305	⑤ 允许超挖采用喷射纤维混凝土回填	延长米	综合	按设计图示围岩长度计算
100101010306	⑥ 预留变形量采用喷射纤维混凝土回填	圬工方	综合	按设计图示预留变形未变部分采用喷射纤维混凝土回填圬工体积计算
100101010307	⑦ 钢筋网	t	综合	按设计图示钢料计算质量
100101010308	⑧ 格栅钢架	t	综合	按设计图示钢料计算质量（不含螺栓、螺母等质量）
100101010309	⑨ 型钢钢架	t	综合	按设计图示钢料计算质量（不含螺栓、螺母等质量）
100101010310	⑩ 超前小导管	m	综合	按设计图示小导管长度计算

（续）

子目编码	名称	计量单位	子目划分特征	工程量计算规则
100101010311	⑪ 导向墙	m^3	综合	按设计图示导向墙体积计算
100101010312	⑫ 管棚	m	综合	按设计图示管棚长度计算
100101010313	⑬ 砂浆锚杆	m	综合	按设计图示长度计算
100101010314	⑭ 中空锚杆	m	综合	按设计图示长度计算
100101010315	⑮ 自进式锚杆	m	综合	按设计图示长度计算
1001010104	（4）拱顶压浆	延长米	综合	按设计图示围岩长度计算
10010102	2. Ⅱ级围岩	延长米		
细目同<10 隧道——甲、新建——一、×××隧道——Ⅰ. 建筑工程费——（一）正洞××工区（钻爆法施工）——1. Ⅰ级围岩>				
10010103	3. Ⅲ级围岩	延长米		
细目同<10 隧道——甲、新建——一、×××隧道——Ⅰ. 建筑工程费——（一）正洞××工区（钻爆法施工）——1. Ⅰ级围岩>				
10010104	4. Ⅳ级围岩	延长米		
细目同<10 隧道——甲、新建——一、×××隧道——Ⅰ. 建筑工程费——（一）正洞××工区（钻爆法施工）——1. Ⅰ级围岩>				
10010105	5. Ⅴ级围岩	延长米		
10010106	6. Ⅵ级围岩	延长米		
100102	（二）正洞××工区（TBM 法施工）	延长米		按设计图示正洞工区长度计算
10010201	1. TBM 安拆	台次	综合	按设计图示数量计算
10010202	2. TBM 步进	延长米	综合	按设计图示步进长度计算
10010203	3. 正洞掘进	延长米		按设计图示正洞工区长度计算
1001020301	（1）Ⅰ级围岩	m^3	综合	按设计图示开挖体积计算（不含设计预留变形量）
1001020302	（2）Ⅱ级围岩	m^3	综合	按设计图示开挖体积计算（不含设计预留变形量）
1001020303	（3）Ⅲ级围岩	m^3	综合	按设计图示开挖体积计算（不含设计预留变形量）
1001020304	（4）Ⅳ级围岩	m^3	综合	按设计图示开挖体积计算（含沟槽和各种附属洞室的开挖数量）
1001020305	（5）Ⅴ级围岩	m^3	综合	按设计图示开挖体积计算（不含设计预留变形量）
1001020306	（6）Ⅵ级围岩	m^3	综合	按设计图示开挖体积计算（不含设计预留变形量）
10010204	4. 衬砌	圬工方		
1001020401	（1）模筑混凝土	圬工方	综合	按设计图示断面圬工计算

（续）

子目编码	名称	计量单位	子目划分特征	工程量计算规则
1001020402	（2）预留变形量采用模筑混凝土回填	圬工方	综合	按设计图示预留变形量未变部分回填圬工体积计算
1001020403	（3）仰拱块预制	圬工方	综合	按设计图示圬工体积计算
1001020404	（4）仰拱块运输	圬工方	综合	按设计图示圬工体积计算
1001020405	（5）钢筋	t	综合	按设计图示长度计算质量
10010205	5. 支护	延长米		按设计图示隧道长度计算
10010206	6. TBM 进出场费	元	综合	根据施工方案确定的 TBM 场外运输距离和超限运输相关规定计算

练 习 题

1. 建筑工程工程量清单由（　　）、措施项目清单、（　　）、规费项目清单和（　　）组成。
2. 建筑工程分部分项工程项目清单必须载明（　　）、项目名称、（　　）、计量单位和（　　）。
3. 建筑工程工程量清单项目编码的十二位数字的第一级（一、二位）表示（　　）代码；第二级（三、四位）表示（　　）；第三级（五、六位）表示（　　）。
4. 建筑工程其他项目清单包括（　　）、（　　）、计日工，总承包服务费。
5. 工程量清单应由（　　）填写，随招标文件发至投标人。

思 考 题

1. 什么是工程量清单？
2. 简述工程量清单的作用。
3. 建筑工程工程量清单表格有哪些？
4. 铁路工程工程量清单表格有哪些？

第九章 工程量清单计价

第一节　工程量清单计价概述

一、工程量清单计价的概念

工程量清单计价是根据国家、行业工程量清单计价规范的规定，依据工程量清单、施工现场实际及拟定的施工方案或施工组织、定额资料、工程造价信息和经验数据形成工程造价的计价方法；它是招标人编制最高投标限价或招标人公开提供工程量清单，投标人自主报价及双方签订合同价款，工程竣工结算等的计价活动。

二、工程量清单计价的应用

工程量清单计价活动涵盖建设工程施工发承包及实施阶段。主要包括：编制最高投标限价、投标报价，确定合同价，工程计量与价款支付、合同价款的调整、工程结算和工程计价纠纷处理等活动。工程量清单计价的应用过程如图 9-1 所示。在建设项目发承包阶段的计价

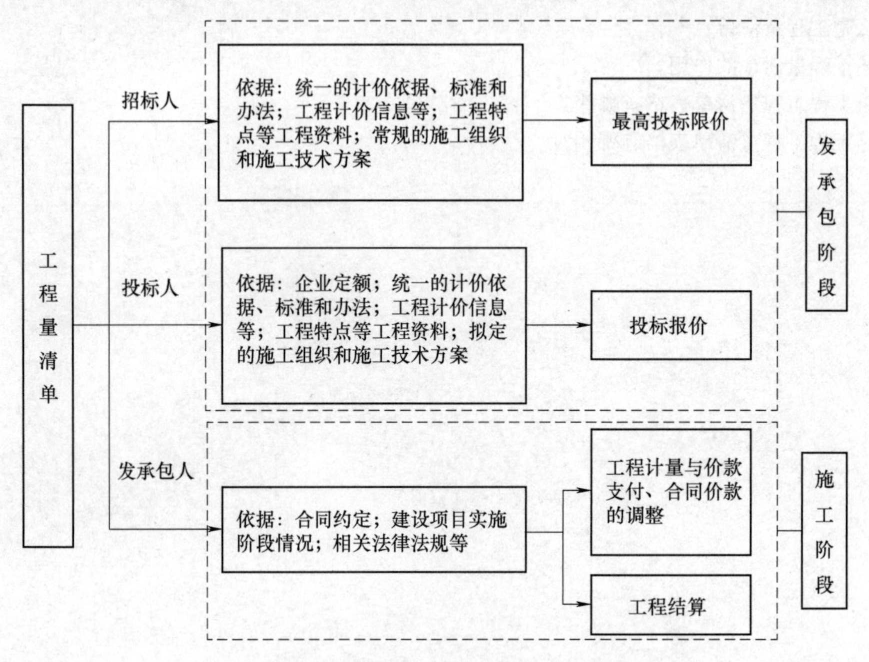

图 9-1　工程量清单计价的应用过程

活动中，招标人的主要任务是正确编制工程量清单；按当时当地的有关定额、费用标准、资源市场价格等计价依据，合理确定工程最高投标限价（招标控制价）。投标人的主要任务是根据招标人提供的工程量清单，结合现场实际和施工组织设计或施工方案，按照企业定额资源消耗水平、资源市场价及其他造价资料，自主确定投标报价。

三、工程量清单计价和定额计价的区别

在第七章施工图预算中曾讲到，确定施工图预算采用的是定额计价的方法。那么工程量清单计价和定额计价有什么区别呢？关于两者的区别，下面从建设市场发展过程中所处的定价阶段、工程量计算规则、计价依据、计价基本方法及程序四个方面进行说明。

（一）建设市场发展过程中所处的定价阶段的区别

定额计价模式更多地反映了国家定价或国家指导价阶段。计划经济时期，定额计价的方法，实行“量价合一、固定取费”的政府指令性计价模式。

国家指导价阶段，作为评标基础的标底价格要按照国家工程造价管理部规定的定额和有关取费标准确定。招标单位可以在标底价格的基础上，根据投标单位的报价，择优确定中标单位和工程中标价格。

清单计价模式则反映了市场交易定价阶段。市场交易过程中，工程量清单只规定量，不规定价，各企业可以根据自身技术水平和施工成本报价，增加了竞争性。

（二）工程量计算规则的区别

1. 编制对象与综合内容不同

工程量清单项目的工程内容是以最终产品为对象，按实际完成一个综合实体项目所需工程内容列项，其一般包括多个定额子目工程内容。定额项目主要是以施工过程为对象划分的，其包括的工程内容一般是单一的。例如，建筑物场地平整项目，工程量清单计价下，仅计列清单项目“场地平整”一项即可；定额计价模式下，需计列土方开挖、填筑、场地找平三个定额项目。铁路工程明挖基础混凝土项目，工程量清单计价下，仅计列清单项目“明挖基础混凝土”一项即可；定额计价模式下，需计列基坑挖填、脚手架及支架搭拆、模板制安拆、预埋件（含冷却管）制安、混凝土浇筑（含垫层混凝土）多项定额项目内容。

2. 工程量计算口径不同

工程量清单项目工程量计算规则是按工程实体尺寸净量计算，不考虑施工方法和施工时需要增加的余量。而定额项目计量则要考虑不同的施工方法和施工时需要增加的实际数量。例如，土石方工程，按工程量清单计价规范规定是按图示尺寸数量计算的净量，即垫层底面积乘以相应深度，如挖条形基础长 10m，宽 6m，需挖深 5m，其清单工程量为 300m^3。定额项目计量则是按实际开挖量计算，即增加了工作面使底面积大于了 60m^2，有了放坡要求又扩大了工程量，使实际开挖工程量大于了 300m^3。

3. 计量单位不同

工程量清单项目计量单位一般采用基本的物理计量单位或自然计量单位，如 m、kg、t、套等，定额中计量单位一般采用扩大物理计量单位或自然计量单位，如 100m、1000m^3。如清单项目“砖基础”计量单位是 m^3，而定额子目“砖基础”计量单位是 10m^3。

（三）计价依据的区别

1）工程量清单计价模式主要依据是国家、行业的工程量清单计价规范。例如，建筑工

程工程量清单计价，主要依据《建设工程工程量清单计价规范》（GB 50500—2013）；铁路工程工程量清单计价，主要依据《铁路工程工程量清单规范》（TZJ 1006—2020）。其性质是含有强制性条文的国家、行业标准。

2）定额计价模式的主要依据为国家、省、有关行业部门制定的各种定额，其性质是指导性。

（四）计价基本方法及程序的区别

1. 工程量清单计价基本方法及程序

投标报价下的工程量清单计价模式是在工程项目进行招标的过程中，按照国家要求的规范，由招标人提交工程量清单，然后由投标人提供投标报价，通过市场的正常竞争形成最后价格的模式。

建筑工程工程量清单计价的具体程序如下：

1）在统一的工程量清单项目设置的基础上，根据具体的设计图计算出单价清单项目的工程量。

2）单价清单项目定额子目套用，根据套用定额子目计算该清单项目综合单价。

3）依据单价清单项目工程量及综合单价计算单价清单项目的合价。

4）确定总价清单项目的费用。

5）确定其他费用（如暂列金额、暂估价、计日工、总承包服务费、规费、税金等）。

6）汇总清单项目费用及其他费用组成单位工程费。

7）汇总各单位工程费+设备、工器具购置费组成单项工程费。

8）汇总各单项工程造价+预备费+工程建设其他费用形成建设项目总造价。

2. 工程定额计价基本方法及程序

定额计价模式形成的工程造价基本上属于社会平均价格，不能反映参与竞争企业的实际消耗和技术管理水平，指令性过强，在一定程度上限制了公平竞争。

定额计价的具体程序如下：

1）按照预算定额规定的分部分项子目依据设计图逐项计算工程量。

2）根据分项工程性质选择套用相应定额，根据人工费、材料费、施工机具使用费等基础数据计算直接工程费。

3）根据各分项工程直接工程费与措施费用合计计算单位工程直接费。

4）根据单位工程直接费+间接费+税金计算单位工程造价。

5）汇总各单位工程造价+设备、工器具购置费计算单项工程造价。

6）汇总各单项工程造价+预备费+工程建设其他费用形成建设项目总造价。

第二节　建筑工程工程量清单计价

建筑工程工程量清单计价的基本原理，就是按照《建设工程工程量清单计价规范》（GB 50500—2013）的规定，在各相应专业工程工程量计算规范规定的清单项目设置和工程量计算规则的基础上，针对具体工程的设计图和施工组织设计计算出各个清单项目的工程量，根据规定的方法计算出综合单价，并汇总各清单合价得出工程总价。即

$$分部分项工程费=\sum(分部分项工程量\times相应分部分项工程综合单价)$$

措施项目费 = $\sum$各措施项目费

其他项目费 = 暂列金额+暂估价+计日工+总承包服务费

单位工程造价 = 分部分项工程费+措施项目费+其他项目费+规费+税金

单项工程造价 = $\sum$单位工程造价+设备、工器具购置费

建设项目总造价 = $\sum$单项工程造价+预备费+工程建设其他费用

上式中，综合单价是指完成一个规定清单项目所需的人工费、材料和工程设备费、施工机具使用费和企业管理费、利润以及一定范围内的风险费用，该综合单价并未包括规费和税金，因此，建筑工程的综合单价不是全费用单价，它是一种不完全单价。

一、最高投标限价的编制

最高投标限价是指根据国家或省级建设行政主管部门颁发的有关计价依据和办法，依据拟定的招标文件和招标工程量清单，结合工程具体情况发布的招标工程的最高投标限价。国有资金投资的建筑工程招标的，应当设有最高投标限价；非国有资金投资的建筑工程招标的，可以设有最高投标限价或者招标标底。《招标投标法实施条例》规定，招标人可以自行决定是否编制标底，一个招标项目只能有一个标底，标底必须保密。同时规定，招标人设有最高投标限价的，应当在招标文件中明确最高投标限价（或者最高投标限价的计算方法），招标人不得规定最低投标限价。

（一）最高投标限价的编制规定与依据

1. 编制最高投标限价的规定

1）国有资金投资的工程建设项目应实行工程量清单招标，招标人应编制最高投标限价，并应当拒绝高于最高投标限价的投标报价，即投标人的投标报价若超过公布的最高投标限价，则其投标应被否决。

2）最高投标限价应由具有编制能力的招标人或受其委托的工程造价咨询人编制。工程造价咨询人不得同时接受招标人和投标人对同一工程的最高投标限价和投标报价的编制。

3）最高投标限价应当依据工程量清单、工程计价有关规定和市场价格信息等编制，并不得进行上浮或下调。招标人应当在招标文件中公布最高投标限价的总价，以及各单位工程的分部分项工程费、措施项目费、其他项目费、规费和税金。

4）最高投标限价超过批准的概算时，招标人应将其报原概算审批部门审核。这是由于我国对国有资金投资项目的投资控制实行的是设计概算审批制度，国有资金投资的工程原则上不能超过批准的设计概算。同时，招标人应将最高投标限价报工程所在地的工程造价管理机构备查。

5）招标人应将最高投标限价及有关资料报送工程所在地或有该工程管辖权的行业管理部门工程造价管理机构备查。

2. 最高投标限价的编制依据

最高投标限价的编制依据主要包括：

1）现行国家标准《建设工程工程量清单计价规范》（GB 50500—2013）与各专业工程工程量计算规范。

2）国家或省级、行业建设主管部门颁发的计价依据、标准和办法。

3）建设工程设计文件及相关资料。

4）拟定的招标文件及招标工程量清单。

5）与建设项目相关的标准、规范、技术资料。

6）施工现场情况、工程特点及常规施工方案。

7）工程造价管理机构发布的工程造价信息，但工程造价信息没有发布的，参照市场价。

8）其他的相关资料。

（二）最高投标限价的编制内容

1. 最高投标限价的计价程序

建设工程的最高投标限价反映的是单位工程费用，各单位工程费用是由分部分项工程费、措施项目费、其他项目费、规费和税金组成。单位工程最高投标限价的计价程序见表 9-1。

表 9-1 单位工程最高投标限价的计价程序

序号	费用名称	计算方法
1	分部分项工程费	按计价规定计算，Σ各项清单工程量×分部分项工程综合单价
2	措施项目费	按计价规定计算
2.1	以“量”计算的措施项目（单价措施项目）	按计价规定计算，单价措施项目清单费=Σ措施项目工程量×措施项目综合单价
2.2	以“项”计算的措施项目（总价措施项目）	按计价规定计算，总价措施项目清单费=计算基础×费率
3	其他项目费	按计价规定估算，暂列金额+暂估价+计日工+总承包服务费
4	规费	按规定标准计算，计算基础×费率
5	税金	（分部分项工程费+措施项目费+其他项目费+规费）×增值税税率
最高投标限价		合计=1+2+3+4+5

2. 分部分项工程费的编制

分部分项工程费应根据招标文件中的分部分项工程项目清单及有关要求，按《建设工程工程量清单计价规范》有关规定确定综合单价计价。综合单价包括完成一个规定清单项目所需的人工费、材料和工程设备费、施工机具使用费、企业管理费、利润，并考虑风险费用的分摊。

综合单价=人工费+材料和工程设备费+施工机具使用费+企业管理费+利润

最高投标限价的分部分项工程费应由各单位工程的招标工程量清单中给定的工程量乘以其相应综合单价汇总而成。

（1）综合单价的组价过程。综合单价应按照招标人发布的分部分项工程项目清单的项目名称、工程量、项目特征描述，依据工程所在地区的工程计价依据和标准或工程造价指标进行组价确定。在确定清单项目综合单价时，由于清单项目一般以一个“综合实体”考虑，包括了较多的工程内容。往往需要多个定额子目的工作内容组合在一起，才能和一个清单项目的工作内容一致。即便是一个清单项目对应一个定额项目，也可能所用定额的计量单位或工程量计算规则和清单项目不同。由此，在采用定额作为计价依据确定清单综合单价时，需采用一定的方法。通常确定清单项目综合单价的方法有综合费用法和单位含量法两种。这两种方法中，单位含量法应用更广。

1）综合费用法。

① 依据提供的工程量清单和施工图，确定清单计量单位所组价的定额子目名称，并计算出相应的工程量。

② 依据工程造价政策规定或信息价确定其对应组价定额子项的人工、材料、施工机具台班单价。

③ 在考虑风险因素确定管理费费率和利润率的基础上，按规定程序计算出所组价定额子项的合价。

④ 将若干项所组价的定额子项合价相加并考虑未计价材料费除以工程量清单项目工程量，便得到工程量清单项目综合单价。对于未计价材料费（包括暂估单价的材料费）应计入综合单价。

具体组价步骤如下：

清单组价定额子项合价=清单组价定额子项工程量×[∑(人工消耗量×人工单价)+∑(材料消耗量×材料单价)+∑(施工机具台班消耗量×施工机具台班单价)+管理费和利润]

$$\text{工程量清单综合单价}=\frac{\sum\text{组价定额子项合价}+\text{未计价材料费}}{\text{工程量清单项目工程量}}$$

【例 9-1】 已知某省住宅楼工程挖条形基础土方清单项目的清单工程量为 31.40m^3，二类土。施工方案采用人工开挖，垫层顶开始放坡，坡度系数为 0.5，不增加工作面，槽边部分堆土，其他外运。根据某省级建设行政主管部门颁发的有关计价依据和办法，经计算人工挖槽工程量为 45.57m^3。如槽边堆土 35.74m^3，其余土方采用双轮车弃运至 50m 内，试计算该挖条形基础土方清单项目的综合单价。

解：该清单项目的完成包括人工挖槽和运土两项工程内容，对应某省定额的二类土人工挖槽（2m 以内）与双轮车运土 50m 内这两项定额项目。

根据该省定额工程量计算规则计算，人工挖槽（2m 以内）二类土的工程量为 45.57m^3。运土工程量为 $45.57m^3-35.74m^3=9.83m^3$。

根据该省定额确定的各项工程内容人材机消耗量及依据该省工程造价政策规定或信息价确定的人材机价格见表 9-2。

表 9-2　定额消耗量及资源价格表

定额编号				A1-11	A1-100
定额项目名称				人工挖沟槽，一、二类土，深 2m 以内	单（双）轮车运土方运距 50m 以内
定额计量单位				100m^3	100m^3
工料机名称		单位	单价（元）	定额消耗	定额消耗
人工	综合用工三类	工日	110.00	34.350	15.850
机械	电动夯实机 20~62N·m	台班	50.50	0.180	

招标人依据该省定额人材机消耗量、人材机可获取价格、管理费费率和利润率，确定挖

条形基础土方清单项目的综合单价过程如下：

人工挖沟槽（一、二类土，深 2m 以内）定额子项人材机费用 = {45.57×[(34.350×110.00)+(0.180×50.50)]÷100} 元 = 1721.86 元(人工费)+4.14 元(机械费) = 1726.00 元

单（双）轮车运土方（运距 50m 以内）定额子项人材机费用 = [9.83×(15.850×110)÷100] 元 = 171.39 元(人工费) = 171.39 元

管理费和利润的取费基数为“人工费+机械费”，管理费费率为 4%，利润率为 5%，则

管理费 = (人工费+机械费)×管理费费率 = (1721.86+4.14+171.39) 元×4% = 75.90 元

利润 = (人工费+机械费)×利润率 = (1721.86+4.14+171.39) 元×5% = 94.87 元

Σ组价定额子项合价 = 1726.00 元+171.39 元+75.90 元+94.87 元 = 2068.16 元

综合单价 = (Σ组价定额子项合价+未计价材料费)÷工程量清单项目工程量 = 2068.16 元÷31.40m^3 = 65.86 元/m^3

2）单位含量法。

① 依据提供的工程量清单和施工图，确定清单计量单位所组价的定额子项名称，并计算出相应的工程量。

② 依据工程造价政策规定或信息价确定其对应组价定额子项的人工、材料、施工机具台班单价。

③ 计算每一计量单位的清单项目所分摊的定额子目的工程数量，即清单单位含量。

清单单位含量 = 某定额子目的定额工程量÷清单工程量

④ 计算每一计量单位的清单项目所含定额子目的人工、材料、施工机具使用的费用。

每一计量单位清单项目所含某种资源（人工、材料、机械）的使用量 = 该种资源的定额单位用量×相应定额子目的清单单位含量

再根据预先确定的各种生产要素的单位价格可计算出每一计量单位清单项目所含定额子目的人工费、材料费与施工机具使用费。

人工费 = 完成单位清单项目所需人工的工日数量×人工工日单价

材料费 = Σ(完成单位清单项目所需各种材料、半成品的数量×各种材料、半成品单价)+工程设备费

施工机具使用费 = Σ(完成单位清单项目所需各种机械的台班数量×各种机械的台班单价)+Σ(完成单位清单项目所需各种仪器仪表的台班数量×各种仪器仪表的台班单价)

当招标人提供的其他项目清单中列示了材料暂估价时，应根据招标人提供的价格计算材料费，并在分部分项工程项目清单与计价表中表现出来。

⑤ 计算综合单价。企业管理费和利润的计算可按照规定的取费基数以及一定的费率取费计算，若以人工费与施工机具使用费之和为取费基数，则

企业管理费 = (人工费+施工机具使用费)×企业管理费费率

利润 = (人工费+施工机具使用费)×利润率

清单项目综合单价 = Σ单位清单项目所含定额子目的人工、材料、施工机具使用的费用+单位清单项目管理费+单位清单项目利润+单位清单项目风险费。

【例 9-2】 对例 9-1 采用单位含量法计算挖条形基础土方清单项目的综合单价。

解： 该清单项目的完成包括人工挖槽和运土两项工程内容，对应某省定额的二类土人工

挖槽（2m 以内）与双轮车运土 50m 内这两项定额项目。

根据该省定额工程量计算规则计算，人工挖槽（二类土、2m 以内）的工程量为 $45.57m^3$。

运土工程量为 $45.57m^3-35.74m^3=9.83m^3$。

根据该省定额确定的各项工程内容人、材、机消耗量及依据该省工程造价政策规定或信息价确定的人材机价格见表 9-2。

人工挖槽(二类土、2m 以内)定额子目的清单单位含量=45.57÷100÷31.4=0.01451

运土定额子目的清单单位含量=9.83÷100÷31.4=0.00313

每一计量单位的清单项目所含人工挖槽（二类土、2m 以内）定额子目的人工、材料、机械费用=0.01451×(34.350×110.00+0.180×50.50)元=54.83 元(人工费)+0.13 元(机械费)=54.96 元

每一计量单位的清单项目所含运土定额子目的人工、材料、机械费用=0.00313×(15.850×110.00)元=5.46 元(人工费)=5.46 元

管理费和利润的取费基数为“人工费+机械费”，管理费费率为 4%，利润率为 5%，则

管理费=(人工费+机械费)×管理费费率=(54.83+0.13+5.46)元×4%=2.42 元

利润=(人工费+机械费)×利润率=(54.83+0.13+5.46)元×5%=3.02 元

综合单价=54.96 元+5.46 元+2.42 元+3.02 元=65.86 元/m^3

（2）综合单价中的风险因素。为使最高投标限价与投标报价所包含的内容一致，综合单价中应包括招标文件中要求投标人所承担的风险内容及其范围（幅度）产生的风险费用。

1）对于技术难度较大和管理复杂的项目，可考虑一定的风险费用，并纳入综合单价中。

2）对于工程设备、材料价格的市场风险，应依据招标文件的规定，工程所在地或行业工程造价管理机构的有关规定，以及市场价格趋势，考虑一定率值的风险费用，纳入综合单价中。

3）税金、规费等法律、法规、规章和政策变化的风险和人工单价等风险费用不应纳入综合单价。

3. 措施项目费的编制

1）措施项目应按招标文件中提供的措施项目清单确定，措施项目分为以“量”计算和以“项”计算两种。对于可计量的措施项目，以“量”计算即按其工程量用与分部分项工程项目清单单价相同的方式确定综合单价；对于不可计量的措施项目，则以“项”为单位，采用费率法按有关规定综合取定，采用费率法时需确定某项费用的计费基数及其费率，结果应是包括除规费、税金以外的全部费用，计算公式如下：

以“项”计算的措施项目清单费=措施项目计费基数×费率

2）措施项目费中的安全文明施工费应当按照国家或省级、行业建设主管部门的规定标准计价，该部分不得作为竞争性费用。

【例 9-3】 某省定额规定：安全防护、文明施工费按照建设工程项目的实体部分与可竞争措施项目的人工费与机械费之和乘以定额给定的系数或自己测算的系数计算。若分部分项

工程费中人工费加机械费为300万元，可竞争措施项目包括混凝土、钢筋混凝土模板及支架50万元，其中人工费加机械费15万元；脚手架20万，其中人工费加机械费6万元；垂直运输费40万元，其中人工费加机械费12万元。若参考该省定额安全文明施工费系数10.90%，试求该工程在编制招标控制价时应考虑的安全文明施工费。

解：

$$(300+15+6+12)\text{万元}\times 10.90\% = 36.297\text{万元}$$

4. 其他项目费的编制

（1）暂列金额。暂列金额由招标人根据工程特点、工期长短，按有关计价规定进行估算，一般可以分部分项工程费的10%～15%为参考。

（2）暂估价。暂估价中的材料单价应按照工程造价管理机构发布的工程造价信息中的材料单价计算，工程造价信息未发布的材料单价，其单价参考市场价格估算；暂估价中的专业工程暂估价应分不同专业，按有关计价规定估算。

（3）计日工。在编制最高投标限价时，对计日工中的人工单价和施工机械台班单价应按省级、行业建设主管部门或其授权的工程造价管理机构公布的单价计算；材料应按工程造价管理机构发布的工程造价信息中的材料单价计算，工程造价信息未发布单价的材料，其价格应按市场调查确定的单价计算。

（4）总承包服务费。总承包服务费应按照省级或行业建设主管部门的规定计算，在计算时可参考以下标准：

1）招标人仅要求对分包的专业工程进行总承包管理和协调时，按分包的专业工程估算造价的1.5%计算。

2）招标人要求对分包的专业工程进行总承包管理和协调，并同时要求提供配合服务时，根据招标文件中列出的配合服务内容和提出的要求，按分包的专业工程估算造价的3%～5%计算。

3）招标人自行供应材料的，按招标人供应材料价值的1%计算。

5. 规费和税金的编制

规费和税金必须按国家或省级、行业建设主管部门的规定计算，其中：

税金=（人工费+材料费+施工机具使用费+企业管理费+利润+规费）×增值税税率

（三）编制最高投标限价时应注意的问题

1）应该正确、全面地选用行业和地方的计价依据、标准、办法和市场化的工程造价信息。其中采用的材料价格应是通过工程造价信息平台发布的材料价格，工程造价信息未发布材料单价的材料，其材料价格应通过市场调查确定。另外，未采用发布的工程造价信息时，需在招标文件或答疑补充文件中对最高投标限价采用的与造价信息不一致的市场价格予以说明，采用的市场价格则应通过调查、分析确定，有可靠的信息来源。

2）施工机械设备的选型直接关系到综合单价水平，应根据工程项目特点和施工条件，本着经济实用、先进高效的原则确定。

3）不可竞争的措施项目和规费、税金等费用的计算均属于强制性的条款，编制最高投标限价时应按国家有关规定计算。

4）不同工程项目、不同投标人会有不同的施工组织方法，所发生的措施项目费用也会有所不同，因此，对于竞争性的措施项目费用的确定，招标人应首先编制常规的施工组织设计或施工方案，然后经科学论证后再合理确定措施项目与费用。

二、投标报价的编制

投标报价是投标人响应招标文件要求所报出的，在已标价工程量清单中标明的总价。它是依据招标工程量清单所提供的工程数量，计算综合单价与合价后形成的。投标报价是投标人希望达成工程承包交易的期望价格，在不高于最高投标限价的前提下，既要保证有合理的利润空间，又要使之具有一定的竞争性。

（一）投标报价的编制原则

（1）自主报价原则。投标报价由投标人自主确定，但必须执行有关规范的强制性规定。投标报价应由投标人或受其委托的工程造价咨询人编制。

（2）不低于成本原则。《招标投标法》第三十三条规定："投标人不得以低于成本的报价竞标"。根据上述法律的规定，特别要求投标人的投标报价不得低于工程成本。

（3）风险分担原则。投标报价要以招标文件中设定的发承包双方责任划分，作为考虑投标报价费用项目和费用计算的基础。

（4）发挥自身优势原则。以施工方案、技术措施等作为投标报价计算的基本条件；以反映企业技术和管理水平的企业定额作为计算人工、材料和施工机具台班消耗量的基本依据；充分利用现场考察、调研成果、市场价格信息和行情资料，编制基础标价。

（5）科学严谨原则。报价计算方法要科学严谨，简明适用。

（二）投标报价的编制依据

1）《建设工程工程量清单计价规范》（GB 50500—2013）与各专业工程工程量计算规范。

2）企业定额。

3）国家或省级、行业建设主管部门颁发的计价依据、标准和办法。

4）招标文件、工程量清单及其补充通知、答疑纪要。

5）建设工程设计文件及相关资料。

6）施工现场情况、工程特点及投标时拟定的施工组织设计或施工方案。

7）与建设项目相关的标准、规范等技术资料。

8）市场价格信息或工程造价管理机构发布的工程造价信息。

9）其他的相关资料。

（三）投标报价的编制方法和内容

投标报价的编制过程，应首先根据招标人提供的工程量清单编制分部分项工程和措施项目清单与计价表，其他项目清单与计价表，规费、税金项目计价表，编制完成后，汇总得到单位工程投标报价汇总表，再逐级汇总，分别得出单项工程投标报价汇总表和建设项目投标报价汇总表。建设项目施工投标总价组成如图 9-2 所示。

1. 分部分项工程和措施项目清单与计价表的编制

（1）分部分项工程和单价措施项目清单与计价表的编制。承包人投标报价中的分部分项工程费和以单价计算的措施项目费应按招标文件中分部分项工程和单价措施项目清单与计价表的特征描述确定综合单价。因此确定综合单价是分部分项工程和单价措施项目清单与计

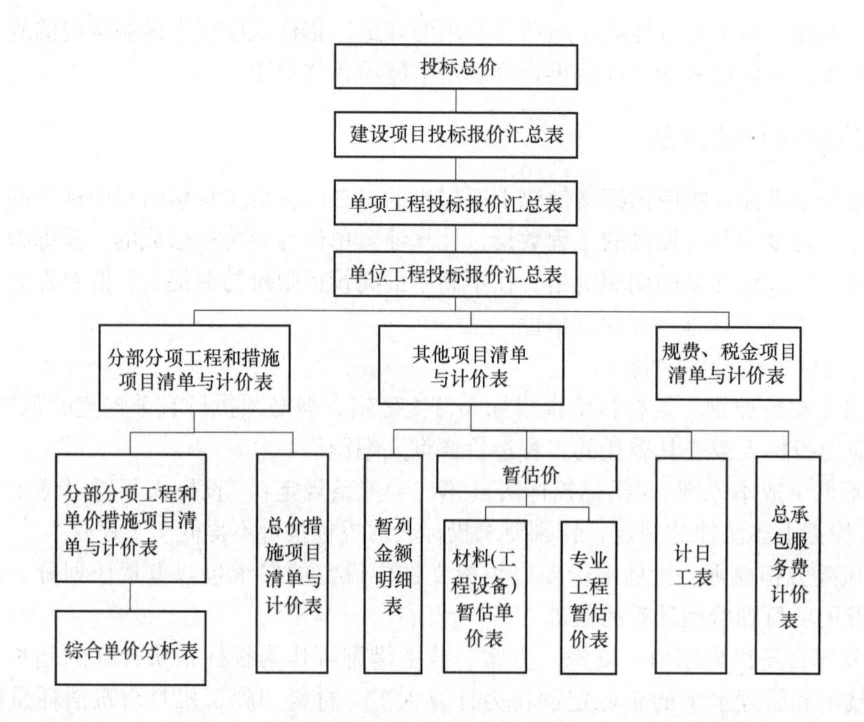

图 9-2 建设项目施工投标总价组成

价表编制过程中最主要的内容。综合单价包括完成一个规定清单项目所需的人工费、材料和工程设备费、施工机具使用费、企业管理费、利润，并考虑风险费用的分摊。

综合单价=人工费+材料和工程设备费+施工机具使用费+企业管理费+利润

1）确定综合单价时的注意事项。

① 以项目特征描述为依据。项目特征是确定综合单价的重要依据之一，投标人投标报价时应依据招标文件中清单项目的特征描述确定综合单价。在招标投标过程中，当出现招标工程量清单特征描述与设计图不符时，投标人应以招标工程量清单的项目特征描述为准，确定投标报价的综合单价。当施工中施工图或设计变更与招标工程量清单项目特征描述不一致时，发承包双方应按实际施工的项目特征，依据合同约定重新确定综合单价。

② 材料、工程设备暂估价的处理。招标文件的其他项目清单中提供了暂估单价的材料和工程设备，其中的材料应按其暂估的单价计入清单项目的综合单价中。

③ 考虑合理的风险。招标文件中要求投标人承担的风险费用，投标人应考虑计入综合单价。在施工过程中，当出现的风险内容及其范围（幅度）在招标文件规定的范围（幅度）内时，综合单价不得变动，合同价款不做调整。根据国际惯例并结合我国工程建设的特点，发承包双方对工程施工阶段的风险宜采用如下分摊原则：

a. 对于主要由市场价格波动导致的价格风险，如工程造价中的建筑材料、燃料等价格风险，发承包双方应当在招标文件中或在合同中对此类风险的范围和幅度予以明确约定，进行合理分摊。根据工程特点和工期要求，一般采取的方式是承包人承担 5%以内的材料、工程设备价格风险，10%以内的施工机具使用费风险。

b. 对于法律、法规、规章或有关政策出台导致工程税金、规费、人工费发生变化，并由省级、行业建设行政主管部门或其授权的工程造价管理机构根据上述变化发布的政策性调整，以及由政府定价或政府指导价管理的原材料等价格进行了调整，承包人不应承担此类风险，应按照有关调整规定执行。

c. 对于承包人根据自身技术水平、管理、经营状况能够自主控制的风险，如承包人的管理费、利润的风险，承包人应结合市场情况，根据企业自身的实际合理确定、利用企业定额自主报价，该部分风险由承包人全部承担。

2）综合单价确定的步骤和方法。通常确定清单项目综合单价的方法有综合费用法和单位含量法两种，单位含量法应用更广。在采用单位含量法的情况下，当分部分项工程内容比较简单，由单一计价子项计价，且《建设工程工程量清单计价规范》（GB 50500—2013）与所用企业定额中的工程量计算规则相同时，综合单价的确定只需用相应企业定额子目中的人材机费作为基数计算管理费、利润，再考虑相应的风险费用即可；当工程量清单给出的分部分项工程与所用企业定额的单位不同或工程量计算规则不同时，则需要按企业定额的计算规则重新计算工程量，并按照下列步骤确定综合单价：

① 确定计算基础。计算基础主要包括消耗量指标和生产要素单价。应根据本企业的实际消耗量水平，并结合拟定的施工方案确定完成清单项目需要消耗的各种人工、材料、施工机具台班的数量。计算时应采用企业定额或参照与本企业实际水平相近的国家、地区、行业计价依据和计价标准，并通过调整来确定清单项目的人材机单位用量。各种人工、材料、施工机具台班的单价，则应根据询价的结果和市场行情综合确定。

② 分析每一清单项目的工程内容。在招标工程量清单中，招标人已对项目特征进行了准确、详细的描述，投标人根据这一描述，再结合施工现场情况和拟定的施工方案确定完成各清单项目实际应发生的工程内容。必要时可参照《建设工程工程量清单计价规范》（GB 50500—2013）中提供的工程内容，有些特殊的工程也可能出现规范列表之外的工程内容。

③ 计算工程内容的工程数量与清单单位的含量。每一项工程内容都应根据企业定额的工程量计算规则计算其工程数量，当企业定额的工程量计算规则与清单的工程量计算规则相一致时，可直接以工程量清单中的工程量作为工程内容的工程数量。

当采用清单单位含量计算人工费、材料费、施工机具使用费时，还需要计算每一计量单位的清单项目所分摊的工程内容的工程数量，即清单单位含量。

清单单位含量=某工程内容的企业定额工程量÷清单工程量

④ 分部分项工程人工、材料、施工机具使用费用的计算。以完成每一计量单位的清单项目所需的人工、材料、施工机具用量为基础计算，即

每一计量单位清单项目某种资源的使用量=该种资源的企业定额单位用量×相应企业定额条目的清单单位含量

再根据预先确定的各种生产要素的单位价格可计算出每一计量单位清单项目的分部分项工程的人工费、材料费与施工机具使用费。

人工费=完成单位清单项目所需人工的工日数量×人工工日单价

材料费=∑（完成单位清单项目所需各种材料、半成品的数量×各种材料、半成品单价）+工程设备费

施工机具使用费=∑（完成单位清单项目所需各种机械的台班数量×各种机械的台班单价）+∑（完成单位清单项目所需各种仪器仪表的台班数量×各种仪器仪表的台班单价）

当招标人提供的其他项目清单中列示了材料暂估价时，应根据招标人提供的价格计算材料费，并在分部分项工程项目清单与计价表中表现出来。

⑤ 计算综合单价。企业管理费和利润的计算可按照规定的取费基数以及一定的费率取费计算，若以人工费与施工机具使用费之和为取费基数，则

$$企业管理费=(人工费+施工机具使用费)\times企业管理费费率$$

$$利润=(人工费+施工机具使用费)\times利润率$$

将上述五项费用汇总，并考虑合理的风险费用后，即可得到清单综合单价。分部分项工程及单价措施项目综合单价计算程序见表9-3。

表 9-3 分部分项工程及单价措施项目综合单价计算程序（单位含量法） （单位：元）

序号	费用项目	计算方法
1	人工费	Σ(单位清单项目所需人工费)
2	材料费	Σ(单位清单项目所需各种材料费)
3	施工机具使用费	Σ(单位清单项目所需各种施工机具使用费)
4	企业管理费	(1+3)×费率
5	利润	(1+3)×费率
6	风险因素	按招标文件或约定
7	综合单价	1+2+3+4+5+6

根据计算出的综合单价，可编制分部分项工程和单价措施项目清单与计价表，见表9-4。

表 9-4 分部分项工程和单价措施项目清单与计价表

工程名称：××小区物业办公楼工程　　　　标段：　　　　第　页　共　页

序号	项目编码	项目名称	项目特征描述	计量单位	工程量	金额（元）		
						综合单价	合价	其中 暂估价
		……						
	0105 混凝土及钢筋混凝土工程							
6	010503001001	基础梁	C30 预拌混凝土	m^3	208	356.14	74077	
7	010515001001	现浇构件钢筋	HPB300 光圆钢筋Φ10	t	200	4787.16	957432	800000
		……						
		分部小计					2432419	800000
		……						
	0117 措施项目							
16	011701001001	综合脚手架	砖混、檐高 22m	m^2	10940	19.80	216612	
		……						
		分部小计					738257	
		合计					6318410	800000

3）工程量清单综合单价分析表的编制。为表明综合单价的合理性，投标人应对其进行单价分析，以作为评标时的判断依据。综合单价分析表的编制应反映上述综合单价的编制过程，并按照规定的格式进行，见表 9-5。

表 9-5 工程量清单综合单价分析表

工程名称：××小区物业办公楼工程　　　　标段：　　　　第　页　共　页

<table>
<tr><td colspan="2">项目编码</td><td colspan="3">010515001001</td><td>项目名称</td><td colspan="2">现浇构件钢筋</td><td>计量单位</td><td>t</td><td>工程量</td><td>200</td></tr>
<tr><td colspan="12">清单综合单价组成明细</td></tr>
<tr><td rowspan="2">定额编号</td><td rowspan="2">定额名称</td><td rowspan="2">定额单位</td><td rowspan="2">数量</td><td colspan="4">单价（元）</td><td colspan="4">合价（元）</td></tr>
<tr><td>人工费</td><td>材料费</td><td>机械费</td><td>管理费和利润</td><td>人工费</td><td>材料费</td><td>机械费</td><td>管理费和利润</td></tr>
<tr><td>A4-329</td><td>现浇构件钢筋</td><td>t</td><td>1.0</td><td>294.75</td><td>4327.70</td><td>62.42</td><td>101.01</td><td>294.75</td><td>4327.70</td><td>62.42</td><td>101.01</td></tr>
<tr><td colspan="2">人工单价</td><td colspan="6">小计</td><td>294.75</td><td>4327.70</td><td>62.42</td><td>101.01</td></tr>
<tr><td colspan="2">80 元/工日</td><td colspan="6">未计价材料费（元）</td><td colspan="4"></td></tr>
<tr><td colspan="8">清单项目综合单价（元）</td><td colspan="4">4784.88</td></tr>
<tr><td rowspan="5">材料费明细</td><td colspan="5">主要材料名称、规格、型号</td><td>单位</td><td>数量</td><td>单价（元）</td><td>合价（元）</td><td>暂估单价（元）</td><td>暂估合价（元）</td></tr>
<tr><td colspan="5">光圆钢筋Φ10 以内</td><td>t</td><td>1.07</td><td>—</td><td>—</td><td>4000.00</td><td>4280.00</td></tr>
<tr><td colspan="5">镀锌铁丝</td><td>kg</td><td>8.64</td><td>4.00</td><td>34.56</td><td></td><td></td></tr>
<tr><td colspan="7">其他材料费</td><td>—</td><td>13.14</td><td>—</td><td></td></tr>
<tr><td colspan="7">材料费小计</td><td>—</td><td>47.70</td><td>—</td><td>4280.00</td></tr>
</table>

注：表中“数量 1.07”是单位材料净用量与损耗量之和。

管理费和利润取“人工费+机械费”的 28%。

（2）总价措施项目清单与计价表的编制。对于不能精确计量的措施项目，应编制总价措施项目清单与计价表。投标人对措施项目中的总价项目投标报价应遵循以下原则：

1）措施项目的内容应依据招标人提供的措施项目清单和投标人投标时拟定的施工组织设计或施工方案确定。

2）措施项目费由投标人自主确定，但其中安全文明施工费必须按照国家或省级、行业建设主管部门的规定计价，不得作为竞争性费用。招标人不得要求投标人对该项费用进行优惠，投标人也不得将该项费用参与市场竞争。某地方总价措施项目费计算程序见表 9-6。

表 9-6 某地方总价措施项目费计算程序　　（单位：元）

序号	费用项目		计算方法
1	分部分项工程费		Σ(分部分项工程费)
1.1	其中	人工费	Σ(人工费)
1.2		施工机具使用费	Σ(施工机具使用费)
2	单价措施项目费		Σ(单价措施项目费)
2.1	其中	人工费	Σ(人工费)
2.2		施工机具使用费	Σ(施工机具使用费)

（续）

序号	费用项目	计算方法
3	总价措施项目费	3.1+3.2
3.1	安全文明施工费	(1.1+1.2+2.1+2.2)×费率
3.2	其他总价措施项目费	(1.1+1.2+2.1+2.2)×费率

投标报价时总价措施项目清单与计价表的编制，见表9-7。

表9-7 总价措施项目清单与计价表

工程名称：××小区物业办公楼工程　　标段：　　第 页 共 页

序号	项目编码	项目名称	计算基础	费率（%）	金额（元）	调整后费率（%）	调整后金额（元）	备注
1	011707001001	安全文明施工	人工费+机械费	10.90	332340			
2	011707002001	夜间施工	人工费+机械费	1.01	30795			
3	011707004001	二次搬运	人工费+机械费	1.62	49394			
4	011707005001	冬雨季施工	人工费+机械费	2.84	86591			
5	011707007001	已完工程及设备保护	人工费+机械费	0.5	15245			
		……						
合计					514365			

2. 其他项目清单与计价表的编制

其他项目费主要由暂列金额、暂估价、计日工以及总承包服务费组成。某地方其他项目费计算程序见表9-8。

表9-8 某地方其他项目费计算程序　（单位：元）

序号	费用项目		计算方法
1	暂列金额		按招标文件
2	暂估价		2.1+2.2
2.1	其中	材料暂估价/结算价	Σ(材料暂估价×暂估数量)/Σ(材料结算价×结算数量)
2.2		专业工程暂估价/结算价	按招标文件/结算价
3	计日工		3.1+3.2+3.3+3.4+3.5
3.1	其中	人工费	Σ(人工价格×暂定数量)
3.2		材料费	Σ(材料价格×暂定数量)
3.3		施工机具使用费	Σ(施工机具台班价格×暂定数量)
3.4		企业管理费	(3.1+3.3)×费率
3.5		利润	(3.1+3.3)×费率
4	总承包服务费		4.1+4.2
4.1	其中	发包人发包专业工程	Σ(项目价值×费率)
4.2		发包人提供材料	Σ(项目价值×费率)
5	其他项目费		1+2+3+4

其他项目清单与计价汇总表见表 9-9。

表 9-9 其他项目清单与计价汇总表

工程名称：××小区物业办公楼工程　　标段：　　第 页 共 页

序号	项目名称	金额（元）	结算金额（元）	备注
1	暂列金额	800000		明细详见表 9-10
2	暂估价	160000		
2.1	材料（设备）暂估价/结算价	—		明细详见表 9-11
2.2	专业工程暂估价/结算价	160000		明细详见表 9-12
3	计日工	19100		明细详见表 9-13
4	总承包服务费	42600		明细详见表 9-14
	……			
合计		1021700		—

注：材料暂估单价进入清单项目综合单价，此处不汇总。

投标人对其他项目费投标报价时应遵循以下原则：

1）暂列金额应按照招标人提供的其他项目清单中列出的金额填写，不得变动，见表 9-10。

表 9-10 暂列金额明细表

工程名称：××小区物业办公楼工程　　标段：　　第 页 共 页

序号	项目名称	计量单位	暂定金额（元）	备注
1	自行车棚工程	项	200000	正在设计图纸
2	工程量清单工程量偏差和设计变更	项	200000	
3	政策性调整或材料价格波动	项	200000	
4	其他		200000	
暂列金额合计			800000	

注：此表由招标人填写，也可只列暂定金额总额，投标人应将上述暂列金额计入投标总价中。

2）暂估价不得变动和更改。暂估价中的材料、工程设备暂估价必须按照招标人提供的暂估单价计入清单项目的综合单价，见表 9-11。

表 9-11 材料（工程设备）暂估单价及调整表

工程名称：××小区物业办公楼工程　　标段：　　第 页 共 页

<table>
<tr><th rowspan="2">序号</th><th rowspan="2">材料（工程设备）名称、规格、型号</th><th rowspan="2">计量单位</th><th colspan="2">数量</th><th colspan="2">暂估（元）</th><th colspan="2">确认（元）</th><th colspan="2">差额±(元)</th><th rowspan="2">备注</th></tr>
<tr><th>暂估</th><th>确认</th><th>单价</th><th>合价</th><th>单价</th><th>合价</th><th>单价</th><th>合价</th></tr>
<tr><td>1</td><td>HPB300 圆钢Φ10</td><td>t</td><td>200</td><td></td><td>4000</td><td>800000</td><td></td><td></td><td></td><td></td><td></td></tr>
<tr><td>2</td><td>HRB335 螺纹钢Φ12～Φ25</td><td>t</td><td>500</td><td></td><td>3800</td><td>1900000</td><td></td><td></td><td></td><td></td><td></td></tr>
<tr><td></td><td>……</td><td></td><td></td><td></td><td></td><td></td><td></td><td></td><td></td><td></td><td></td></tr>
<tr><td colspan="3">合计</td><td></td><td></td><td></td><td>2700000</td><td></td><td></td><td></td><td></td><td></td></tr>
</table>

注：1. 此表由招标人填写，并在备注栏说明暂估价的材料拟用在哪些清单项目上，投标人应将上述材料暂估单价计入工程量清单综合单价报价中。

2. 材料包括原材料、燃料、构配件以及按规定应计入建筑安装工程造价的设备。

专业工程暂估价必须按照招标人提供的其他项目清单中列出的金额填写，见表 9-12。

材料、工程设备暂估单价和专业工程暂估价均由招标人提供，为暂估价格，在工程实施过程中，对于不同类型的材料与专业工程采用不同的计价方法。

表 9-12　专业工程暂估价及结算价表

工程名称：××小区物业办公楼工程　　　　标段：　　　　第　页　共　页

序号	工程名称	工程内容	暂估金额（元）	结算金额（元）	差额±(元)	备注
1	大厅钢网架	合同图纸中标明的钢网架的制作、运输、安装	160000			
	……					
合计			160000			

注：此表由招标人填写，投标人应将上述专业工程暂估价计入投标总价中。

3）计日工应按照招标人提供的其他项目清单列出的项目和估算的数量，自主确定各项综合单价并计算费用，见表 9-13。

表 9-13　计日工表

工程名称：××小区物业办公楼工程　　　　标段：　　　　第　页　共　页

编号	项目名称	单位	暂定数量	综合单价（元）	合价（元）
一	人工				
1	普工	工日	150	43.8	6570
2	技工（综合）	工日	100	58.4	5840
人工小计					12410
二	材料				
1	钢筋（规格、型号综合）	t	0.5	4000	2000
2	水泥 42.5 级	t	4	230	920
3	中砂	t	10	28	280
4	碎石（5~40mm）	t	15	36	540
5	标准砖（240mm×115mm×53mm）	千块	1	203	203
材料小计					3943
三	施工机械				
1	滚筒式混凝土搅拌机 500L 以内	台班	3	170	510
2	灰浆搅拌机（200L）	台班	2	110	220
3	混凝土振捣器（平板式）	台班	2	20	40
施工机械小计					770
企业管理费和利润（按人工费+机械费的 15%计算）					1977
总计					19100

注：此表项目名称、数量由招标人填写，编制招标控制价时，单价由招标人按有关计价规定确定；投标时，单价由投标人自主报价，计入投标总价中。

4）总承包服务费应根据招标人在招标文件中列出的分包专业工程内容和供应材料、设备情况，按照招标人提出的协调、配合与服务要求和施工现场管理需要自主确定，见表 9-14。

表 9-14　总承包服务费计价表

工程名称：××小区物业办公楼工程　　　　标段：　　　　第　页　共　页

序号	项目名称	项目价值（元）	服务内容	计算基础	费率（%）	金额（元）
1	发包人发包专业工程	160000	1. 按专业工程承包人的要求提供施工工作面并对施工现场进行统一管理，对竣工资料进行统一整理汇总 2. 为专业工程承包人提供垂直运输机械和焊接电源接入点，并承担垂直运输费和电费	项目价值	5%	8000
2	发包人供应材料	3460000	对发包人供应的材料进行验收及保管和使用发放	项目价值	1%	34600
	……					
合计						42600

3. 规费、税金项目清单与计价表的编制

规费和税金应按国家或省级、行业建设主管部门的规定计算，不得作为竞争性费用。这是由于规费和税金的计取标准是依据有关法律、法规和政策规定制定的，具有强制性。因此，投标人在投标报价时必须按照国家或省级、行业建设主管部门的有关规定计算规费和税金。规费、税金项目计价表的编制，见表 9-15。

表 9-15　规费、税金项目清单与计价表

工程名称：××小区物业办公楼工程　　　　标段：　　　　第　页　共　页

序号	项目名称	计算基础	计算基数	费率（%）	金额（元）
1	规费	人工费+机械费	3048988	16.6	506132
1.1	社会保险费				
（1）	养老保险费				
（2）	失业保险费				
（3）	医疗保险费				
（4）	工伤保险费				
（5）	生育保险费				
1.2	住房公积金				
2	税金	分部分项工程费+措施项目费+其他项目费+规费	8360607	9	752455
合计					1258587

注：“计算基础”可为“直接费”，“人工费”或“人工费+机械费”。

4. 投标报价的汇总

投标人的投标总价应当与组成工程量清单的分部分项工程费、措施项目费、其他项目费和规费、税金的合计金额相一致，即投标人在进行工程量清单招标的投标报价时，不能进行投标总价优惠（或降价、让利），投标人对投标报价的任何优惠（或降价、让利）均应反映在相应清单项目的综合单价中。某地方投标报价计算程序见表9-16。

表9-16 某地方投标报价计算程序 （单位：元）

序号	费用项目		计算方法
1	分部分项工程费		Σ(分部分项工程费)
1.1	其中	人工费	Σ(人工费)
1.2		施工机具使用费	Σ(施工机具使用费)
2	单价措施项目费		Σ(单价措施项目费)
2.1	其中	人工费	Σ(人工费)
2.2		施工机具使用费	Σ(施工机具使用费)
3	总价措施项目费		Σ(总价措施项目费)
4	其他项目费		Σ(其他项目费)
4.1	其中	人工费	Σ(人工费)
4.2		施工机具使用费	Σ(施工机具使用费)
5	规费		(1.1+1.2+2.1+2.2+4.1+4.2)×费率
6	税金		(1+2+3+4+5)×费率
7	含税工程造价		1+2+3+4+5+6

投标人某单位工程投标报价汇总表，见表9-17。

表9-17 某单位工程投标报价汇总表

工程名称：××小区物业办公楼工程　　　　第　页 共　页

序号	汇总内容	金额（元）	其中：暂估价（元）
1	分部分项工程及单价措施项目	6318410	800000
1.1	A.1土（石）方工程	400000	
1.2	A.2桩与地基基础工程	750000	
1.3	A.3砌筑工程	1765000	
1.4	A.4混凝土及钢筋混凝土工程	2432419	800000
1.5	A.6金属结构工程	100000	
1.6	A.7屋面及防水工程	400000	
1.7	A.8防腐、隔热、保温工程	780000	
	……		
2	措施项目（总价措施项目）	514365	
2.1	其中：安全文明施工费	332340	
3	其他项目	1021700	160000

（续）

序号	汇总内容	金额（元）	其中：暂估价（元）
3.1	其中：暂列金额	800000	
3.2	其中：专业工程暂估价	160000	160000
3.3	其中：计日工	19100	
3.4	其中：总承包服务费	42600	
4	规费	506132	
5	税金	752455	
投标报价合计=1+2+3+4+5		9113062	

注：本表适用于单位工程招标控制价或投标报价的汇总，如无单位工程的划分，单项工程汇总也使用本表汇总。

【例9-4】　某市内7层房屋建筑工程分部分项工程费为623500元，其中人工费与施工机具使用费之和为180000元；单价措施项目费为260000元，其中人工费与施工机具使用费之和为72000元，无二次搬运费，其他项目费为90000元，其中人工费与施工机具使用费之和为8500元。试计算清单计价模式下含税工程造价。

解：查“某省建筑安装工程费用定额”（2013版）可知，安全文明施工费费率为13.28%，其他总价措施项目费费率为0.65%，规费费率为24.72%，税率为3.41%，根据某省规定的计价程序，清单计价模式下含税工程造价计算程序见表9-18。

表9-18　清单计价模式下含税工程造价计算程序

序号	费用项目		计算方法	计算结果（元）
1	分部分项工程费		Σ（分部分项工程费）	623500
1.1	其中：人工费与施工机具使用费之和			180000
2	措施项目费		2.1+2.2	295104
2.1	单价措施项目费			260000
2.1.1	其中：人工费与施工机具使用费之和			72000
2.2	总价措施项目费		2.2.1+2.2.2	35104
2.2.1	其中	安全文明施工费	（1.1+2.1.1）×13.28%	33466
2.2.2		其他总价措施项目费	（1.1+2.1.1）×0.65%	1638
3	其他项目费			90000
3.1	其中：人工费与施工机具使用费之和			8500
4	规费		（1.1+2.1.1+3.1）×24.72%	64396
5	不含税工程造价		1+2+3+4	1073000
6	税金		5×3.41%	36589
7	含税工程造价		5+6	1109589

第三节 铁路工程工程量清单计价

铁路工程工程量清单计价的基本原理，就是按照《铁路工程工程量清单规范》（TZJ 1006—2020）的规定，在《铁路工程工程量清单规范》规定的清单子目设置和工程量计算规则基础上，针对具体工程的设计图和施工组织设计计算出各个清单子目的工程量，根据规定的方法计算出综合单价，并汇总各清单合价得出工程总价。即

$$子目工程费=\sum(子目工程量\times相应子目综合单价)$$

$$单项工程造价=子目工程费+暂列金额+计日工+自购设备费$$

公式中的子目工程量，是根据《铁路工程工程量清单规范》规定的清单子目设置和工程量计算规则所计算的各工程子目的工程量。具体的工程量计算规则见第八章第五节的内容。公式中的综合单价是全费用单价。它是完成最低一级的清单子目计量单位全部具体工程（工作）内容所需的人工费、材料费、施工机具使用费、价外运杂费、填料费、施工措施费、特殊施工增加费、间接费、税金以及招标文件和合同中明确的一定范围内的风险费用。

铁路工程编制工程招标控制价和投标报价，要依据铁路项目工程量清单进行编制。招标工程如设招标控制价的，招标人应根据招标文件中的工程量清单和有关要求、施工现场实际情况、合理的施工组织与方法以及按照行业造价管理部门发布的有关工程造价计价标准进行编制。

在编制投标报价时，投标人应根据招标文件中的工程量清单和有关要求、施工现场实际情况及拟定的施工方案或施工组织设计，结合投标人的施工、管理水平及市场价格信息自主填报。

本节主要说明投标人依据招标人提供的工程量清单进行自主报价，形成投标报价。

一、投标报价的编制原则

（1）自主报价原则。投标报价由投标人自主确定，但必须执行有关规范的强制性规定。投标报价应由投标人或受其委托的工程造价咨询人编制。

（2）不低于成本原则。《招标投标法》第三十三条规定：“投标人不得以低于成本的报价竞标”。根据上述法律的规定，特别要求投标人的投标报价不得低于工程成本。

（3）风险分担原则。投标报价要以招标文件中设定的发承包双方责任划分，作为考虑投标报价费用项目和费用计算的基础。

（4）发挥自身优势原则。以施工方案、技术措施等作为投标报价计算的基本条件；以反映企业技术和管理水平的企业定额作为计算人工、材料和机具台班消耗量的基本依据；充分利用现场考察、调研成果、市场价格信息和行情资料，编制基础标价。

（5）科学严谨原则。报价计算方法要科学严谨，简明适用。

二、投标报价的编制依据

1）计价规范与专业工程工程量计算规范。

2）企业定额。

3）国家或省级、行业建设主管部门颁发的计价依据、标准和办法。
4）招标文件、工程量清单及其补充通知、答疑纪要。
5）建设工程设计文件及相关资料。
6）施工现场情况、工程特点及投标时拟定的施工组织设计或施工方案。
7）与建设项目相关的标准、规范等技术资料。
8）市场价格信息或工程造价管理机构发布的工程造价信息。
9）其他的相关资料。

三、工程量清单计价格式

工程量清单计价应采用统一格式。工程量清单计价格式随招标文件发至投标人。

工程量清单计价表格包括：

1. 封面（见图 9-3）

封面应按规定内容填写、签字、盖章。

建设项目名称：

标段：

工程量清单投标报价表

投标人：（单位签字盖章）

法定代表人或授权代理人：（签字盖章）

编制时间：

图 9-3　铁路工程工程量清单计价封面

2. 投标报价总额表（见图 9-4）

投标报价总额应按已标价工程量清单投标报价总表中的“投标报价总额”填写。

建设项目名称：

标段：

投标报价总额（小写）：

（大写）：

投标人：（单位签字盖章）

法定代表人或授权代理人：（签字盖章）

编制时间：

图 9-4　投标报价总额

3. 已标价工程量清单表

已标价工程量清单表格应由投标人填写。

（1）已标价工程量清单投标报价总表（见表 9-19）。已标价工程量清单投标报价总表各章节的金额应与已标价工程量清单章节表的金额一致。暂列金额按招标文件规定的费率计算。

表 9-19　已标价工程量清单投标报价总表

标段：　　　　　　　　　　　　　　　　　　　　　　　　　　　　　　　　　第　页　共　页

章号	节号	名称	金额（元）
第一章	01	迁改工程	……
第二章		路基工程	……
	02	区间路基土石方	……
	03	站场土石方	……
	04	路基附属工程	……
第三章		桥涵工程	28253009
	05	特大桥	28253009
	06	大桥	
	07	中小桥	
	08	框架桥	
	09	涵洞	
第四章		隧道及明洞工程	……
	10	隧道	……
	11	明洞	……
第五章		轨道工程	……
	12	正线	……
	13	站线	……
	14	线路有关工程	……
第六章		通信、信号、信息及灾害监测工程	……
	15	通信	……
	16	信号	……
	17	信息	……
	18	灾害监测	……
第七章		电力及电力牵引供电工程	……
	19	电力	……
	20	电力牵引供电	……
第八章		房屋工程	……
	21	旅客站房	……
	22	其他房屋	……
第九章		其他运营生产设备及建筑物	……
	23	给排水	……
	24	机务	……
	25	车辆	……

（续）

章号	节号	名称	金额（元）
	26	动车	……
	27	站场	……
	28	工务	……
	29	其他建筑及设备	……
第十章	30	大型临时设施和过渡工程	……
第十一章	31	其他费	……
第一章至第十一章清单合计 A			……
暂列金额 B			……
含在暂列金额中的计日工			……
自购设备费用 C			……
投标报价总价 A+B+C			……

（2）已标价工程量清单章节表（见表 9-20）。已标价工程量清单章节表中的综合单价应与工程量清单子目综合单价分析表中的综合单价一致。

已标价工程量清单章节表和工程量清单子目综合单价分析表中的子目编码、名称、计量单位、工程数量应与招标人提供的招标工程量清单一致。

表 9-20　已标价工程量清单章节表

标段：　　　　　　　　　　　　　　　　　　第　页　共　页

第 03 章　桥涵工程					
子目编码	名称	计量单位	工程数量	金额（元）	
				综合单价	合价
05	特大桥	延长米	574. 11	49211. 84	28253009
0501	一、复杂特大桥	延长米	574. 11	49211. 84	28253009
050101	（一）×××特大桥	延长米	574. 11	49211. 84	28253009
	Ⅰ. 建筑工程费	元			28253009
05010101	1. 下部工程	圬工方	25000. 75	1130. 09	28253009
0501010101	（1）基础	圬工方	12966. 9	1575. 8	20433212
050101010101	① 明挖	圬工方	261. 4	1229. 03	321269
05010101010101	A. 混凝土	圬工方	261. 4	1120. 81	292980
05010101010102	B. 钢筋	t	6. 374	4438. 19	28289
050101010102	② 承台	圬工方	6382. 7	751. 53	4796794
05010101010201	A. 陆上承台混凝土	圬工方	6382. 7	587. 59	3750404
05010101010202	B. 陆上承台钢筋	t	235. 777	4438. 05	1046390

（续）

第03章　桥涵工程					
子目编码	名称	计量单位	工程数量	金额（元）	
				综合单价	合价
050101010105	⑤ 钻孔桩	m	2580.11	5935.85	15315149
05010101010501	A. 陆上混凝土	圬工方	6322.8	2422.21	15315149
0501010102	（2）墩台	圬工方	12033.85	649.82	7819797
050101010201	① 墩高≤30m	圬工方	12033.85	649.82	7819797
05010101020101	A. 陆上混凝土	圬工方	12033.85	474.6	5711265
05010101020102	B. 陆上钢筋	t	419.203	5029.86	2108532
第03章　合计28253009元					
其他章节内容省略					

4. 计日工费用计算表

（1）计日工人工费计算表（见表9-21）。

（2）计日工材料费计算表（见表9-22）。

（3）计日工施工机具使用费计算表（见表9-23）。

（4）计日工费用汇总表（见表9-24）。

计日工费用计算表中的人工、材料、施工机具名称、计量单位和相应数量应与招标人提供的计日工表一致，工程竣工后按实际完成的数量结算费用。

计日工费用的计算和建筑工程计日工的计算相似，可参考表9-13的计算方法。

表9-21　计日工人工费计算表

标段：　　　　　　　　　　　　　　　　　　　　　　　　第　页　共　页

序号	名称	计量单位	数量	金额（元）	
				单价	合价
计日工人工费合计（元）					

表9-22　计日工材料费计算表

标段：　　　　　　　　　　　　　　　　　　　　　　　　第　页　共　页

序号	名称及规格	计量单位	数量	金额（元）	
				单价	合价
计日工材料费合计（元）					

表 9-23 计日工施工机具使用费计算表

标段： 第 页 共 页

序号	名称及型号	计量单位	数量	金额（元）	
				单价	合价
计日工施工机具使用费合计（元）					

表 9-24 计日工费用汇总表

标段： 第 页 共 页

名称	金额（元）	
1. 计日工人工费合计		
2. 计日工材料费合计		
3. 计日工施工机具使用费合计		
计日工费用总额（元）（结转“已标价工程量清单投标报价总表”）		

5. 甲供材料设备表

（1）甲供材料费计算表（见表 9-25）。

（2）甲供设备费计算表（见表 9-26）。

甲供材料费计算表中的材料代号、材料名称及规格、计量单位、交货地点、数量、不含税单价等应与招标人提供的甲供材料数量及价格表一致。

甲供设备费计算表中的专业名称、设备代号、设备名称及规格型号、安装子目编码、计量单位和数量等应与招标人提供的甲供设备数量及价格表一致。

表 9-25 甲供材料费计算表

标段： 第 页 共 页

序号	材料代号	材料名称及规格	计量单位	交货地点	数量	不含税单价（元）			不含税合价（元）
						出厂价	运杂费	综合单价	
合计（元）									
税金（元）									
甲供材料费合计元（元）									

表 9-26 甲供设备费计算表

标段： 第 页 共 页

序号	专业名称	设备代号	设备名称及规格型号	安装子目编码	交货地点	计量单位	数量	不含税单价（元）			不含税合价（元）
								出厂价	运杂费	综合单价	
合计（元）											
税金（元）											
甲供设备费合计（元）											

6. 自购设备费计算表（见表 9-27）。

自购设备费计算表中的专业名称、设备代号、设备名称及规格型号、安装子目编码、计量单位和数量等应与招标人提供的自购设备数量表一致，单价由投标人自主填报。

表 9-27 自购设备费计算表

标段： 第 页 共 页

序号	专业名称	设备代号	设备名称及规格型号	安装子目编码	计量单位	数量	不含税单价（元）	不含税合价（元）
合计（元）								
税金（元）								
自购设备费合计（元）								

7. 工程量清单子目综合单价分析表（见表 9-28）。

工程量清单子目综合单价分析表应由投标人根据自身的施工和管理水平按综合单价组成分项自主填写，但间接费中的规费和税金应按国家有关规定计算。

铁路工程清单子目的综合单价是全费用单价。针对每个计价工程子目的综合单价，其内涵为：

1）包括完成该计价工程子目中全部工程（工作）内容的费用。该计价工程子目所包含的工程内容的确定不能根据经验随意列算，要根据清单计价规范中对应的该计价工程子目的“工程（工作）内容”进行确定。

2）包括完成该计价工程子目中每项工程内容的所有费用，包括施工成本、利润、税金和一般风险费。

综合单价应包括但不限于以下费用：

1）人工费。人工费是指直接从事建筑安装工程施工的生产工人开支的各项费用。包括基本工资、津贴和补贴、生产工人辅助工资、职工福利费、生产工人劳动保护费。

表 9-28 工程量清单子目综合单价分析表

标段： 第 页 共 页

第03章 桥涵工程												
子目编码	名称	计量单位	综合单价组成（元）									综合单价（元）
			人工费	材料费	机具使用费	填料费	价外运杂费	施工措施费	特殊施工增加费	间接费	税金	
05	特大桥	延长米										
0501	一、复杂特大桥	延长米										
050101	（一）×××特大桥	延长米										
	Ⅰ. 建筑工程费	元										
05010101	1. 下部工程	圬工方										
0501010101	（1）基础	圬工方										
050101010101	① 明挖	圬工方										
05010101010101	A. 混凝土	圬工方	515.68	305.89	195.41			19.23		48.27	36.33	1120.81
05010101010102	B. 钢筋	t	300.6	3870.57	87.39			10.2		25.57	143.86	4438.19
050101010102	② 承台	圬工方										
05010101010201	A. 陆上承台混凝土	圬工方	140.77	303.55	99.13			7.16		17.94	19.04	587.59
05010101010202	B. 陆上承台钢筋	t	300.6	3870.45	87.44			10.17		25.53	143.86	4438.05
050101010105	⑤ 钻孔桩	m										
05010101010501	A. 陆上混凝土	圬工方	191.58	627.61	1338.83			52.89		132.78	78.52	2422.21
0501010102	（2）墩台	圬工方										
050101010201	① 墩高≤30m	圬工方										
05010101020101	A. 陆上混凝土	圬工方										
05010101020102	B. 陆上钢筋	t	544.68	3936.48	303.8			23.32		58.54	163.04	5029.86
其他章节清单综合单价分析省略												

2）材料费。材料费是指购买施工过程中耗用的构成工程实体的原材料、辅助材料、构配件、零件、半成品、成品所支出的费用和不构成工程实体的周转材料的摊销费。包括材料原价、运杂费、采购及保管费。投标报价时，材料费均按运至工地的价格计算。

材料分为甲供材料、自购材料两类。甲供材料是指在工程招标文件和合同中约定，由建设单位招标采购供应的材料；自购材料是指在工程招标文件和合同中约定，由工程承包单位自行采购的材料。

3）施工机具台班费。施工机具台班费由折旧费、检修费、维护费、安装拆卸费、人工费、燃料动力费、其他费组成。

4）填料费。填料费是指购买不作为材料对待的土方、石方、渗水料、矿物料等填筑用料所支出的费用。

5）措施费。措施费是包括施工措施费和特殊施工增加费。

6）间接费。间接费是包括施工企业管理费、规费和利润。

7）税金。税金是指按照设计预算构成及国家税法等有关规定计算的增值税额。

8）一般风险费用。一般风险费用是指投标人在计算综合单价时应考虑的招标文件中明示或暗示的风险、责任、义务或有经验的投标人都可以应该预见的费用。包括招标文件明确应由投标人考虑的一定幅度范围内的物价上涨风险，工程量增加或减少对综合单价的影响风险，采用新技术、新工艺、新材料的风险以及招标文件中明示或暗示的风险、责任、义务或有经验的投标人都可以及应该预见的其他风险费用。

铁路工程工程量清单综合单价的组价过程和本章第二节建筑工程招标控制价和投标报价中的综合单价的组价过程相似。铁路工程的综合单价组价过程可参照建筑工程的综合单价组价方法来确定。不同之处是，建筑工程的综合单价为部分费用综合单价，其综合单价中未包括规费和税金，铁路工程的综合单价为全费用单价。

【例 9-5】 某铁路工程中，采用工程量清单方式计价，对桥梁墩台 C30 进行综合单价分析，已知该项目编制期工料机费为 325 元/m^3，其中人工费 80 元/m^3，材料费 185 元/m^3，施工机具使用费 60 元/m^3，运杂费为 50 元/m^3，施工措施费费率为 10%，无特殊施工费，间接费费率为 26.4%，税率为 11%。

解：混凝土分项工程综合单价为 472.86 元/m^3，分析计算过程见表 9-29。

表 9-29 桥梁墩台混凝土分项工程综合单价计算表

序号	费用名称	综合单价（元/m^3）计算式	计算结果（元/m^3）
1	人工费		80
2	材料费		185
3	施工机具使用费		60
4	运杂费		50
5	直接工程费	1+2+3+4	375

（续）

序号	费用名称	综合单价（元/m^3）计算式	计算结果（元/m^3）
6	施工措施费	(1+3)×10%	14
7	直接费	5+6	389
8	间接费	(1+3)×26.4%	37
9	税金	(7+8)×11%	46.86
10	综合单价	7+8+9	472.86

该项的综合单价分析表见表9-30。

表9-30　工程量清单子目综合单价分析表

标段：　　　　第　页　共　页

第××章×××												
子目编码	名称	计量单位	综合单价组成（元）									综合单价（元）
			人工费	材料费	施工机具使用费	填料费	价外运杂费	施工措施费	特殊施工增加费	间接费	税金	
	桥梁墩台混凝土	m^3	80	185	60		50	14	0	37	46.86	472.86

练　习　题

1. 某铁路工程，招标工程量清单中挖土方工程量为25000m^3，定额子目工程量为30000m^3，挖土方定额人工费为10元/m^3，材料费为2元/m^3，施工机械使用费为3元/m^3，企业管理费取人材机费用之和的14%，利润率取人材机费用与管理费之和的8%。规费取人材机费用之和的3%，税金的取费基数为“直接费+间接费”，税率为5%。不考虑其他因素，该挖土方工程的综合单价为（　　）元/m^3。

2. 某建筑工程采用《建设工程工程量清单计价规范》（GB 50500—2013），招标人提供的工程清单中挖土方的工程量为2600m^3，投标人根据某施工方案计算出的挖土方作业量为4300m^3，完成该分项工程所需的人材机总费用为76000元，管理费为20000元，利润为5000元，其他因素均不考虑，则根据已知条件，投标人应报综合单价为（　　）元/m^3。

3. 某高层商业办公综合楼工程建筑面积为90586m^2。根据计算，建筑工程造价为2300元/m^2，安装工程造价为1200元/m^2，装饰装修工程造价为1000元/m^2，以上的工程造价均不含进项税，其中定额人工费占分部分项工程造价的15%。措施费以分部分项工程费为计费基础，其中安全文明施工费费率为1.5%，其他措施费费率合计1%。其他项目费合计800万元，规费以人工费为计算基础，规费费率为8%，税率为9%，计算招标控制价。

思　考　题

1. 什么是工程量清单计价？

2. 工程量清单计价和定额计价有哪些区别?
3. 简述最高投标限价计价程序。
4. 简述综合费用法下，建筑工程分部分项工程综合单价的组价过程。
5. 简述单位含量法下，建筑工程分部分项工程综合单价的组价过程。
6. 建筑工程工程量清单计价表格有哪些?
7. 铁路工程工程量清单计价表格有哪些?

参考文献

［1］ 杨会云，王红平. 工程计价原理［M］. 北京：机械工业出版社，2010.

［2］ 刘芳，章疾雯，等. 铁路工程概预算与工程量清单计价［M］. 北京：人民交通出版社，2010.

［3］ 张岩俊，曹立辉. 土木工程概预算［M］. 2 版. 北京：机械工业出版社，2014.

［4］ 中华人民共和国城乡建设部. 建设工程工程量清单计价规范：GB 50500—2013［S］. 北京：中国计划出版社，2013.

［5］ 国家铁路局. 铁路工程预算定额：第二册 桥涵工程：TZJ 2002—2017［S］. 北京：中国铁道出版社，2017.

［6］ 国家铁路局. 铁路工程基本定额：TZJ 2000—2017［S］. 北京：中国铁道出版社，2017.

［7］ 国家铁路局. 铁路工程施工机具台班费用定额：TZJ 3004—2017［S］. 北京：中国铁道出版社，2017.

［8］ 国家铁路局. 铁路工程材料基期价格：TZJ 3003—2017［S］. 北京：中国铁道出版社，2017.

［9］ 国家铁路局. 铁路基本建设工程设计概（预）算编制办法：TZJ 1001—2017［S］. 北京：中国铁道出版社，2017.

［10］ 国家铁路局. 铁路基本建设工程设计概（预）算费用定额：TZJ 3001—2017［S］. 北京：中国铁道出版社，2017.

［11］ 国家铁路局规划与标准研究院. 铁路工程工程量清单规范：TZJ 1006—2020［S］. 北京：中国铁道出版社有限公司，2020.

［12］ 河北省工程建设造价管理总站. 河北省建设工程施工机械台班单价［M］. 北京：中国建材工业出版社，2012.

［13］ 河北省工程建设造价管理总站. 全国统一建筑工程基础定额河北省消耗量定额：HEBGYD-A—2012［S］. 北京：中国建材工业出版社，2012.

［14］ 河北省工程建设造价管理总站. 全国统一建筑装饰装修工程消耗量定额河北省消耗量定额：HEBGYD-B—2012［S］. 北京：中国建材工业出版社，2012.

［15］ 河北省工程建设造价管理总站. 河北省建筑、安装、市政、装饰装修工程费用标准：HEBGFB-1—2012［S］. 北京：中国建材工业出版社，2012.

［16］ 李前进. 工程估价原理与清单计价实务［M］. 北京：人民交通出版社，2009.

［17］ 全国造价工程师职业资格考试培训教材编委会. 建设工程造价管理［M］. 北京：中国计划出版社，2021.

［18］ 全国造价工程师职业资格考试培训教材编委会. 建设工程技术与计量 土建部分［M］. 北京：中国计划出版社，2021.

［19］ 全国造价工程师职业资格考试培训教材编委会. 建设工程计价［M］. 北京：中国计划出版社，2021.

［20］ 陈小娟，谢斌. 铁路与公路工程概预算及工程量清单计价［M］. 北京：人民交通出版社股份有限公司，2014.